国家出版基金项目
NATIONAL PUBLICATION FOUNDATION

涡轮机械与推进系统出版项目
航空发动机技术出版工程

航空发动机及航改燃机健康管理技术

李建榕 吴 新 陈雪峰 等 著

科学出版社

北 京

内 容 简 介

本书围绕航空发动机及航改燃机健康管理系统主题,重点介绍该系统的基本概念、系统构建、方案设计、关键技术及工程应用方法等。全书共9章:第1章介绍航空发动机及航改燃机健康管理的基本概念,技术内涵及研究发展现状;第2章为健康管理系统总体设计;第3章为机载与地面系统设计;第4章为状态监视传感器与数据采集;第5章为发动机健康管理算法;第6章为发动机维修保障;第7章为系统验证与确认;第8章介绍民航和军用发动机健康管理典型应用案例;第9章为健康管理技术发展趋势。

本书可供航空发动机及航改燃机健康管理系统工程设计人员使用,也可作为航空发动机及航改燃机领域科研人员及高年级本科生、研究生的参考书。

图书在版编目(CIP)数据

航空发动机及航改燃机健康管理技术 / 李建榕等著
. -北京:科学出版社,2022.11
(航空发动机技术出版工程)
国家出版基金项目　涡轮机械与推进系统出版项目
ISBN 978－7－03－073283－5

Ⅰ.①航… Ⅱ.①李… Ⅲ.①航空发动机－故障修复
Ⅳ.①V263.6

中国版本图书馆 CIP 数据核字(2022)第 181942 号

责任编辑:徐杨峰 / 责任校对:谭宏宇
责任印制:黄晓鸣 / 封面设计:殷　靓

科 学 出 版 社 出版
北京东黄城根北街 16 号
邮政编码:100717
http://www.sciencep.com

南京展望文化发展有限公司排版
广东虎彩云印刷有限公司印刷
科学出版社发行　各地新华书店经销

*

2022 年 11 月第　一　版　　开本:B5(720×1000)
2025 年 2 月第五次印刷　　印张:20 1/4
字数:391 000

定价:160.00 元
(如有印装质量问题,我社负责调换)

涡轮机械与推进系统出版项目

顾问委员会

主任委员

张彦仲

委 员

（以姓名笔画为序）

尹泽勇　乐嘉陵　朱　荻　刘大响　杜善义

李应红　张　泽　张立同　张彦仲　陈十一

陈懋章　闻雪友　宣益民　徐建中

航空发动机技术出版工程

专家委员会

航空发动机技术出版工程

编写委员会

航空发动机及航改燃机健康管理技术
编写委员会

涡轮机械与推进系统出版项目

序

　　涡轮机械与推进系统涉及航空发动机、航天推进系统、燃气轮机等高端装备。其中每一种装备技术的突破都令国人激动、振奋,但是由于技术上的鸿沟,使得国人一直为之魂牵梦绕。对于所有从事该领域的工作者,如何跨越技术鸿沟,这是历史赋予的使命和挑战。

　　动力系统作为航空、航天、舰船和能源工业的"心脏",是一个国家科技、工业和国防实力的重要标志。我国也从最初的跟随仿制,向着独立设计制造发展。其中有些技术已与国外先进水平相当,但由于受到基础研究和条件等种种限制,在某些领域与世界先进水平仍有一定的差距。在此背景下,出版一套反映国际先进水平、体现国内最新研究成果的丛书,既切合国家发展战略,又有益于我国涡轮机械与推进系统基础研究和学术水平的提升。"涡轮机械与推进系统出版项目"主要涉及航空发动机、航天推进系统、燃气轮机以及相应的基础研究。图书种类分为专著、译著、教材和工具书等,内容包括领域内专家目前所应用的理论方法和取得的技术成果,也包括来自一线设计人员的实践成果。

　　"涡轮机械与推进系统出版项目"分为四个方向:航空发动机技术、航天推进技术、燃气轮机技术和基础研究。出版项目分别由科学出版社和浙江大学出版社出版。

　　出版项目凝结了国内外该领域科研与教学人员的智慧和成果,具有较强的系统性、实用性、前沿性,既可作为实际工作的指导用书,也可作为相关专业人员的参考用书。希望出版项目能够促进该领域的人才培养和技术发展,特别是为航空发动机及燃气轮机的研究提供借鉴。

张彦仲

2019 年 3 月

航空发动机技术出版工程

序

航空发动机被誉称为工业皇冠之明珠,实乃科技强国之重器。

几十年来,我国航空发动机技术、产品及产业经历了从无到有、从小到大的艰难发展历程,取得了显著成绩。在世界新一轮科技革命、产业变革同我国转变发展方式的历史交汇期,国家决策进一步大力加强航空发动机事业发展,产学研用各界无不为之振奋。

迄今,科学出版社于 2019 年、2024 年两次申请国家出版基金,安排了"航空发动机技术出版工程",确为明智之举。

本出版工程旨在总结、推广近期及之前工作中工程、科研、教学的优秀成果,侧重于满足航空发动机工程技术人员的需求,尤其是从学生到工程师过渡阶段的需求,借此也为扩大我国航空发动机卓越工程师队伍略尽绵力。本出版工程包括设计、试验、基础与综合、前沿技术、制造、运营及服务保障六个系列,2019 年启动的前三个系列近五十册任务已完成;后三个系列近三十册任务则于 2024 年启动。对于本出版工程,各级领导十分关注,专家委员会不时指导,编委会成员尽心尽力,出版社诸君敬业把关,各位作者更是日无暇晷、研教著述。同道中人共同努力,方使本出版工程得以顺利开展、如期完成。

希望本出版工程对我国航空发动机自主创新发展有所裨益。受能力及时间所限,当有疏误,恭请斧正。

2024 年 10 月修订

前　言

　　航空工业已经历 100 余年的发展历程,航空发动机及航改燃机作为武器装备的"心脏",为航行提供推进动力的同时,其工作的安全可靠直接影响着装备的使用。随着时代发展和科技进步,发动机技术指标不断提升、结构日趋复杂、动力配装批量逐渐增大,对发动机工作情况的判断评估已不能简单依靠有限参数监视、人工分析检查、基于传感器模型的离线故障诊断等传统手段实现,发动机批量使用过程中的维护保障也由以预防为主的定时维修向基于状态的视情维修发展,用户对发动机的安全性、可靠性及使用维护性提出了更高的要求,对发动机健康管理系统的需求日益迫切,工程使用将成为必然。

　　发动机健康管理系统的概念起步于 20 世纪 50 年代,在这个时期,装备用户采用的发动机健康状态监视手段以人工检查和机载参数阈值监测为主。20 世纪 70~80 年代,随着机载健康状态监视技术的逐步发展,发动机逐渐具备机载振动监视、机载综合诊断、机内测试能力,于 20 世纪 90 年代投入工程应用,发动机普遍装备独立的数字诊断单元,具备振动、滑油在线监视能力。21 世纪以来,随着信息化和人工智能技术的发展,发动机健康管理技术实现同步跨越,目前健康管理系统已是新研型号的必备功能和标志性特征,国外第三代、第四代航空发动机及航改燃机发动机均配有发动机健康管理系统。

　　美国 F/A-18E/F 战斗机 F414-GE-400 发动机装配的状态监视系统在 40 余架战斗机上开展了超过 15 000 h 的飞行试验,在美国海军应用评估阶段取得了 100% 异常检测率和零虚警率的优异成绩。CH-53 重型运输直升机和 SH-60R/S 直升机上装配了直升机健康管理监视系统,针对直升机驱动部件及其旋转机械部件进行振动监视。F35 联合攻击战斗机 F135 发动机设置了独立综合发动机诊断装置,应用先进算法和智能模型,采用双全权限数字发动机控制系统和独立发动机综合诊断装置的模式,集成了先进传感器、诊断算法和智能发动机模型,实现了实时监视、诊断、预测和管理发动机的健康状态。1997 年,美国国家航空航天局启动航空安全计划(Aviation Safety Program, AvSP),目标是在 25 年内将航空事故率降低 90%。美国军方在研制多用途可承受先进涡轮发动机(versatile affordable advanced turbine engine，VAATE）时，提出降低 60% 维修费用的总目标，通过预测部件寿命来预防部件失效，使非计划内的换发平均间隔时间增加 75%，通过先进诊断技术提高排故效率，使单位维修操作工作量减少 50%。公开资料显示，F135 五代发动机的排故时间缩短到 15 min，较现役 F110、F100 等发动机的排故时间缩短了 94%。美国、德国、法国、日本、英国和丹麦等国家的船舶工业界通过对在线采集到的性能、状态参数进行分析，及时掌握船舶系统中设备的健康状态，发现存在的问题，预防潜在故障的发生，并制定和执行相应的维修维护策略，预计将运行风险降低 50%，使系统维护维修成本降低 25%~50%。1997~2003 年，美国海军应用诊断预测技术，使水面舰艇意外停机次数减少 82%，使舰船增加了 41% 的主机运行时间，20% 以上的任务部署时间实现了优化，取得了良好收益。

我国健康管理技术研究起步相对较晚，由于发动机自身具有复杂非线性特征和全寿命周期使用不确定性，同时发动机运行过程中还涉及气动热力学、机械动力学、燃烧传热学、金属非金属材料特征等多学科模型，这为解决健康管理研究领域技术问题带来了挑战。随着重大科技专项的实施，发动机研制中的各项关键技术取得突破，发动机健康管理系统作为未来型号发展的必备功能及标志性特征受到了特别重视，以中国航空发动机集团有限公司（简称中国航发）为核心成立了"健康管理项目"技术团队，围绕概念明晰、系统构建、方案设计方法、关键技术及工程应用等开展了大量技术研究工作，结合工程型号研制背景，已逐步取得了一定的研究成果。总结研制经验，掌握技术关键，共享研究成果，归纳整理提炼技术研究中形成的方法、算法、标准和工具，是本书的编写初衷。

本书由中国航空发动机研究院的李建榕研究员担任主编，中国航发沈阳发动机研究所的吴新研究员、西安交通大学的陈雪峰教授担任副主编，本书编委以航发"健康管理项目"技术团队成员为主，吸纳成员在各专业方向的技术特点，发挥院校老师在算法领域的优势，秉承"构筑技术体系，理论结合实践，对标工程应用"的编制原则，结合航空发动机及航改燃机工程型号关键技术与基础研究成果和经验，借鉴国内外相关标准规范，对健康管理系统需求分析、方案设计、算法设计、验证与确认等研发流程中所涵盖的基础原理、技术方法进行梳理、归纳、分析和总结，阐明发动机健康管理技术在型号工程应用中的主要技术目标、系统设计方法、关键技术和实施途径，为更好地开展该领域的工程应用研究提供有效帮助。

本书的编写出版依托于"航空发动机技术出版工程"设计系列，在此向科学出版社表示真诚的感谢！参与本书创作成员包括中国航空发动机研究院的孔祥兴、张学宁、荆甫雷、梁宁宁、范满意、孙泽茹，中国航发上海商用航空发动机制造有限责任公司的赵奇，中国航发沈阳发动机研究所的张瑞、杨旭，中国航发湖南动力机械研究所的郭腊梅、张红安，中国航发四川燃气涡轮研究院的何云、沈晓薇、童万军、冯晓媛，以及南京航空航天大学的黄金泉、鲁峰、左洪福教授，西北工业大学的缑林峰教授,西安交通大学的王诗彬、孙闯、耿佳副教授。在本书编写过程中,借鉴了中航工业航空动力控制系统研究所姚华副所长、中国航发沈阳发动机研究所曹茂国副总师的诸多建议,特此表示感谢!

本书涉及多领域及跨学科研究,专业知识面广,技术更新快,作者水平有限,定有疏漏与不足之处,恳请读者批评指正。

李建榕
2022 年 5 月

目　录

第1章　概　　论

第2章　健康管理系统总体设计

第6章 发动机维修保障

第7章 系统验证与确认

第8章 健康管理典型应用

第9章 健康管理技术发展趋势

第1章
概　　论

1.1　基　础　知　识

1.1.1　航空发动机及航改燃机简介

1. 基本结构及工作原理

航空发动机是热机的一种,遵循热机的工作原则:通过进气、压缩、燃烧和排气四个阶段,在高压条件下输入能量,低压条件下释放能量。发动机主机部件主要包括风扇、高压压气机、燃烧室、涡轮、加力燃烧室、尾喷管,发动机附件系统主要包括健康管理系统、滑油系统、附件传动系统、起动和点火系统、燃油系统、控制系统、空气系统等,如图1.1所示。

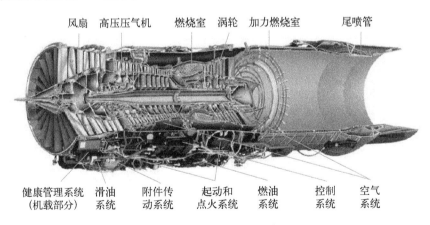

风扇　高压压气机　　　燃烧室　涡轮　加力燃烧室　　　　尾喷管

健康管理系统　滑油　　附件传　起动和　　燃油　　　控制　　空气
（机载部分）　系统　　动系统　点火系统　系统　　　系统　　系统

图 1.1　某涡扇发动机主机部件示例图

风扇、高压压气机、燃烧室、涡轮、加力燃烧室等是航空发动机的核心部件,高压压气机、燃烧室、高压涡轮组成核心机,风扇与低压涡轮组成低压转子组件。风扇、高压压气机用于提高气流压力,空气流流过时,风扇和压气机工作叶片对气流做功,使气流的压力、温度升高。压缩气流进入燃烧室与喷入的燃料混合燃烧,产生高温高压的燃气,实现从燃料的化学能到燃气机械能的转换。从燃烧室流出的高温高压燃气,通过涡轮膨胀做功将燃气的部分内能转化为机械能,用以带动风扇、压气机旋转。从涡轮流出的高温高压燃气在尾喷管中继续膨胀,沿发动机轴向从喷口向后高速排出,使发动机获得反作用的推力。对于带加力的航空发动机,涡轮后的剩余空气在加力燃烧室中继续燃烧,使燃气进一步升温、膨胀,产生高能量的燃气,经过尾喷管高速喷出,产生附加推力。

民用航空发动机、航改燃机与军用航空发动机结构略有不同,其一般没有加力燃烧室,另外民用航空发动机有反推装置,因此控制系统需要完成反推装置的控制。航改燃机低压转子与负载连接,通过转轴输出功率,燃气从涡轮和尾喷管排出,燃气的热能转化为涡轮、负载及压气机等转动部件的机械能,如图 1.2 所示。

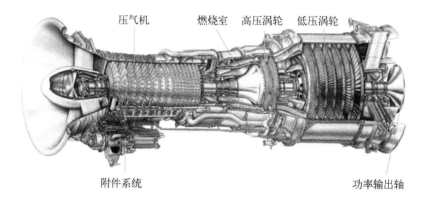

压气机　　燃烧室　高压涡轮　低压涡轮

附件系统　　　　　　　　　　　　　　功率输出轴

图 1.2　某航改燃机结构示例图

燃油系统功能是为燃烧室燃烧和伺服系统作动输送清洁的满足特定压力要求的燃油。控制系统功能是在整个飞行包线内控制主燃烧室和加力燃烧室的流量,完成发动机的起动、停车和推力调节,并通过调节风扇进口可调叶片和压气机可调静子叶片的角度及尾喷管面积,使发动机性能在全包线范围内达到最佳。附件传动系统的主要功能是完成起动机到发动机转子的功率传递并从高压转子提取功率。滑油系统主要是对发动机轴承、齿轮和某些摩擦进行有效的润滑和冷却,确保发动机工作的安全和寿命。起动和点火系统的主要功能是实现发动机的起动运转,起动系统包括空气起动系统和电起动系统两种形式,点火系统用来点燃燃烧室中的油气混合物。空气起动系统分为内部空气系统和外部空气系统,内部空气系统主要用于部件的冷却和封严、转子系统轴向压力平衡及轴承腔加压等,外部空气系统主要用于发动机附件的冷却通风、涡轮主动间隙控制、压气机放气及静子叶片调节等。发动机健康管理系统主要包括机载子系统(简称机载系统)和地面数据处理系统(简称地面系统),通过对发动机飞行过程中的数据进行监测分析,检查发动机测量参数是否超标,判断发动机当前的状态并预测发动机发生故障的时间和位置,以及主要部件的剩余使用寿命(remaining usage life, RUL),为发动机维修提供指导和建议,实现发动机可靠性、维修性、安全性的显著提升。

2. 发动机测量参数

以某型民用涡扇发动机为例,发动机的测量参数主要包括气路测量参数、振动测量参数、滑油测量参数、燃油系统及空气系统测量参数等。气路测量参数通常包括发动机高/低压转子转速及各截面温度、压力测量参数;振动测量参数通常包括发动机进气道机匣、中介机匣、涡轮后机匣及附件机匣等部位的振动测量参数;滑油测量参数通常包括滑油系统温度、滑油压力、滑油滤压差、液位、金属屑末等测量参数;燃油系统测量参数通常包括燃油流量、燃油回路温度、燃油压力、油滤压差等;空气系统测量参数通常包括空气管路中的腔温、腔压,以及可调静子导叶位置等,如图 1.3 所示。

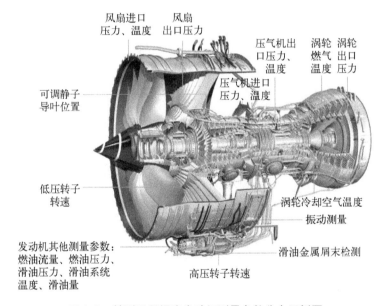

图 1.3 某型民用涡扇发动机测量参数分布示例图

1.1.2 健康管理基本概念

1. 发动机健康状态含义

发动机健康状态可定义为发动机及其组成系统的整体工作状态,是发动机系统、子系统、外场可更换单元(line replaceable unit, LRU)和车间可更换单元(shop replaceable unit, SRU)在执行设计功能时所表现出的能力状态。健康状态可描述为正常状态、非正常状态。

1) 正常状态

正常状态为发动机、发动机部件、发动机系统或子系统健康状态的统称,说明发动机有能力应对所处的工作环境,按照设计的性能完成规定的任务。

2）非正常状态

非正常状态指实际工作状态与正常（或期望）的工作状态偏差很大，该偏差值可以是单个被测变量或者一组变量，包括异常、故障、失效三种基本类型。

异常：发动机、发动机部件、发动机系统或子系统的非正常状态。

故障：发动机、发动机部件、发动机系统或子系统已知的或可重复的非正常状态。

失效：发动机、发动机部件、发动机系统或子系统性能降级，处于不能提供预期功能的非正常状态。

2. 发动机健康管理含义

发动机健康管理概念源于状态监视，围绕发动机异常和故障状态两个基本监视概念，即诊断和预测。简单地说，诊断指寻找当前和过去的异常或故障状态的过程，而预测指根据当前检测的异常或故障，对发动机的未来性能、功能或能力进行估算的过程。发动机故障诊断是指在一定工作环境下通过数据分析技术来检测和识别发动机某种功能的退化、故障或失效，分析退化或失效的原因，确定故障发生的部位及严重程度。发动机故障预测是指综合利用监测参数、使用情况、当前环境和工作条件、试验数据、历史经验等各种数据信息，借助发动机特征参数变化规律及数学模型，在故障或退化导致系统功能失效之前进行检测，并避免未来的部件故障、退化等，可以表示为剩余使用寿命或达到特定退化水平及部件故障风险不可接受点的时间。

20 世纪 90 年代以来，由于联合攻击战斗机的自主后勤新需求，预测已经成为发动机监视系统的重点，监视功能逐渐集成了维修计划、维修管理和后勤功能。于是，发动机监视系统逐步发展成为具有诊断、预测及维护全面功能的发动机预测与健康管理（engine prognostics and health management，EPHM）系统，通常称为发动机健康管理（engine health management，EHM）系统。

发动机健康管理系统利用传感器获取系统的数据信息，根据故障诊断及预测分析的结果，分析、评估系统的健康状态及部件的剩余使用寿命，判断是否继续运行、是否补偿、是否需要隔离或紧急停机等，并提示发动机用户采取必要措施并提供维修需求信息。

发动机健康管理系统构成如图 1.4 所示，其通常是由机载系统和地面系统组成，机载系统由机载监测单元、专用传感器、发动机电缆及健康监测单元组成，地面系统由数据管理中心、地面数据处理计算机和地面健康管理软件组成。发动机健康管理系统建立在对发动机信息的采集、处理、辨识和融合的基础上，综合利用发动机机理、信息技术、人工智能等学科方面的研究成果，采取积极主动的措施来监视发动机的健康状态，以及预测发动机性能变化趋势、部件故障发生时机和剩余使用寿命，为采取必要的措施来缓解发动机的性能衰退提供指导，为部件故障或失效的决策和执行过程提供帮助。

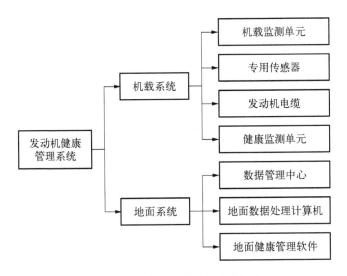

图 1.4　发动机健康管理系统构成

1.1.3　航空发动机及航改燃机典型故障

1. 典型故障分类

航空发动机及航改燃机故障类别与模式繁多,发动机故障类型主要包括性能故障、结构故障和附件系统故障等。

发动机性能故障是指发动机稳态工作或动态工作过程中,气体流路中的气动参数不符合设计规律,导致发动机性能不合格而产生的故障。我国发动机故障统计显示,发动机性能故障占全部故障的 10%~20%,多表现为发动机推力下降、推力不稳、排气温度过高、耗油率高、空中熄火和喘振、转速摆动等。从发动机故障部位的局部气流场来看,故障原因可能是发动机局部形状不符合要求,从而导致气流流路损失增加或温度场分布异常。

发动机结构故障是由于结构件或机械部件断裂引发的故障。结构故障范围广、种类多,后果比较严重,据统计,结构故障占发动机全部故障的 60%~70%,对发动机安全构成主要威胁,故障表现形式包括叶片断裂、轮盘爆裂、断轴、鼓筒裂纹、机匣裂纹、火焰筒裂纹、空气及油液管路裂纹或断裂等,多为零组件设计不合理、使用工况不当导致的故障,直接原因为强度不足导致破裂与损伤、高周疲劳损伤、低周疲劳损伤、热疲劳损伤、蠕变与疲劳交互损伤等。

发动机附件系统故障主要包括齿轮及传动系统故障、轴承及润滑系统故障、燃油及控制系统故障,故障表现形式主要包括齿轮破裂、压陷与磨损剥落、花键磨损、传动杆断裂、轴承磨损、滑油消耗量过大、滑油压力脉动过大、燃油附件活门故障、执行机构故障、燃油流量不稳等。发动机附件系统故障原因复杂多样,主要包括疲劳断裂、结构共振、设计加工误差、装配误差、负载变化、元器件老化、产品质量差等。

2. 典型故障概述

1) 发动机性能故障

表示燃气涡轮发动机性能的主要参数包括发动机推力(或功率)和耗油率。另外,发动机排气温度与性能的相关性较强,间接反映涡轮前燃气温度情况,不允许超过限值;加速时间要短,不允许超过规定数值;发动机工作稳定可靠,不允许非正常自动停车等。发动机运行过程中,气体流路中的局部参数异常会导致发动机总体性能不合格,使推力减小、耗油率增加、排气温度过高、起动时间过长或加速超温,甚至引起发动机自动停车,发动机排气温度突增示例见图1.5。为避免严重事故发生,针对性能故障,健康管理系统设计指南要求对排气温度、转子转速、燃油流量等关键性能测量参数进行状态监视,并且基于模型估计和关键参数变化对性能趋势变化进行分析。

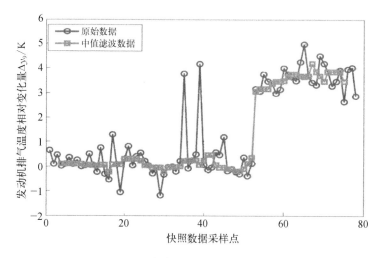

图 1.5　发动机排气温度突增示例

2) 发动机结构故障

发动机结构故障的危害性与严重性普遍较高,许多发动机重大故障和飞行事故都是由结构故障引发的。按照故障发生部位,结构故障可划分为结构系统故障、叶片故障、轮盘故障、主轴与转子系统故障、燃烧室故障等,下面逐项对每种结构型故障的内涵、形态、成因、监测方式等展开介绍。

(1) 结构系统故障。

结构故障指燃气涡轮发动机结构承力系统中的承力框架及壳体、支承结构、空气系统管路,以及燃、滑油管路等部分产生的结构损伤故障。故障产生的原因主要是设计、工艺、制造等方面存在缺陷,在发动机使用过程中产生磨损、应力集中,从而使物理结构产生变形、裂纹甚至断裂,结构系统故障会使发动机强度下降、振动增大、性能退化,甚至导致空中停车。典型的结构系统故障模式包括发动机机匣主体裂纹、机匣隔热腔变形、发动机放气带断裂、轴承回油管裂纹或断裂、通漏油箱空气导管断裂、转子偏摆超差过大、燃气发生器转子卡滞等,引气管断裂和机匣裂纹示例分别如图 1.6 和图 1.7 所示。对于结构故障,健康管理系统可对发动机气路、滑油监测参数、振动信号进行监控和分析,发现发动机异常工作状态并实施故障定位。

图 1.6 发动机引气管断裂示例   图 1.7 发动机内机匣裂纹示例

（2）叶片故障。

叶片是航空发动机及航改燃机的重要件之一,其所处的工作环境十分严峻,承受着较高的离心负荷、气动负荷、温度,以及大气温差负荷和振动的交变负荷等,压气机叶片还承受发动机进气道外来物的冲击,受风沙、潮湿的侵蚀,涡轮叶片受燃气的腐蚀和高温热应力等,这些因素都使叶片发生结构损伤的概率大大增加。发动机叶片故障模式种类较多,可能引发发动机振动异常和气路工作参数恶化。

叶片故障模式随不同的工况环境影响而有所不同,主要包括压气机及静子叶片裂纹、断裂、外物打伤、变形、磨蚀、型面划伤、涡轮及其导向叶片裂纹、表面烧伤、蠕变伸长、局部颈缩、腐蚀等,部分示例如图 1.8 和图 1.9 所示。

图 1.8 压气机叶片变形、掉块示例   图 1.9 涡轮工作叶片断裂示例

常见的叶片故障成因包括外物损伤、强度不足和高低周疲劳损伤,其中以疲劳损伤和蠕变居多,大多数叶片故障模式不会直接导致灾难性事故,但是故障逐渐发

展会导致气路部件故障、气路零部件磨损故障,以及叶片的疲劳断裂。对于发动机叶片损伤所引起的气路流道故障,可通过健康管理系统对气路、振动信号的综合分析,进行故障诊断和隔离;对于气路零部件的磨损,可以通过气路分析来跟踪和评估气路性能衰退趋势。另外,对于叶片寿命,可通过寿命管理技术评估其剩余使用寿命,规划更换时间。

（3）轮盘故障。

航空发动机及航改燃机轮盘,如涡轮盘、压气机轮盘和风扇轮盘等是发动机的重要件、关键件。轮盘结构复杂、转速很高、工作气流中含有腐蚀性介质,涡轮盘和压气机后几级轮盘的工作温度比较高,且轮缘和轮心间的温差也很大,故轮盘的工作条件十分恶劣,使用过程中易发生裂纹、断裂、破裂等结构损伤。根据统计,常见的轮盘故障模式主要包括压气机轮盘辐板断裂、轮缘疲劳断裂、卡环槽断裂、轮盘破裂,以及涡轮盘中心孔胀大与裂纹、偏心孔变形与裂纹、轮盘与主轴连接销钉孔变形、外缘封严篦齿裂纹、榫槽底部裂纹、榫齿根部裂纹、榫齿表面晶体脱落等,部分示例如图 1.10 和 图 1.11 所示。

图 1.10　发动机轮盘裂纹示例

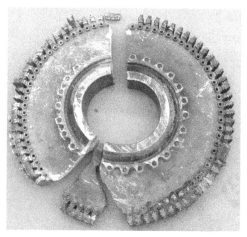

图 1.11　涡轮盘破裂示例

压气机轮盘故障成因主要是设计加工存在缺陷,发动机工作中激发共振,引发疲劳损伤。涡轮盘故障成因主要是承受较大的温差、应力集中、腐蚀等,引发高低周疲劳及蠕变的复合作用。所有轮盘和绝大多数轮缘的破裂都是属于非包容性的,轮盘的碎片打穿发动机机匣后,便可能切断油路和操纵系统,穿透油箱与座舱,对乘员和飞机造成严重威胁,轮盘破裂往往会引发灾难性事故。为了保障发动机安全可靠工作,应从结构、强度、振动、工艺和材料等各方面采取积极措施,尽力减少轮盘故障。针对轮盘这类断裂关键件,可通过健康管理系统监视其高低周疲劳损伤并记录超限事件,对剩余使用寿命进行评估,进而对维修进行规划。

（4）主轴与转子系统故障。

航空发动机及航改燃机主轴与转子系统是连接压气机与涡轮部件并将涡轮功率传递给压气机的重要零部件，其结构的主要故障形式是主轴断裂及转子系统振动，可导致发动机丧失工作能力，从而引发致命性事故，发动机转子系统结构及振动测点布局示例如图 1.12 所示（图中 1～5 表示转子交点）。

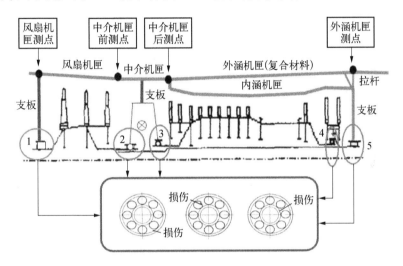

图 1.12 发动机转子系统结构及振动测点布局示例

由于发动机主轴是传递涡轮功率和各种载荷的主要零件，其受力情况非常复杂，承受的载荷包括涡轮功扭矩、气体轴向压差拉伸载荷、弯曲载荷、附加弯矩及振动载荷等，从而引起疲劳断裂和转子系统的振动。转轴故障主要包括裂纹和热弯曲，裂纹故障主要由转轴所传递的扭转载荷剪应力引起，发动机转子系统处在高温环境下，而温度场具有不均匀性，从而引起热弯曲，热弯曲会导致叶尖间隙减小，叶片与机匣之间易产生摩碰，转子系统振动加剧。此外，发动机停车后，在转子系统的冷却过程中，因自然对流换热，转子也会产生热弯曲变形，再次起动时，转子就会产生很大的振动。摩碰也是导致转子系统产生热弯曲的因素，摩碰过程中，由于摩擦生热，转子摩碰部位与非摩碰部位产生温度梯度，从而导致热弯曲。对于发动机转子，不平衡、不对中、转子摩碰是常见的故障模式，转子不平衡主要由加工误差、安装误差、转子系统损伤等引起，不对中故障一般分为联轴器不对中和支承不对中两大类，前者包括平行不对中、偏角不对中和复合不对中，后者包括轴承偏角不对中和标高不对中。当转子振动的幅值超过间隙值时，就会导致摩碰故障，摩碰会导致转子系统振动进一步加剧，强烈的摩碰故障有可能引发转子系统的失稳，造成更为严重的事故。

据国内外情况统计，主轴与转子系统故障较为普遍，主要故障成因包括高周疲劳破坏、低周疲劳破坏、刚性不足、磨损疲劳、疲劳与蠕变交互作用、转子系统振动破坏等,发动机转子系统故障模式与特征示例如表 1.1 所示。针对主轴与转子系统振动故障,发动机健康管理系统都配置机载振动监视功能,可实现在线的频谱分析;对于压气机轴与涡轮轴的断裂故障,一般可通过寿命管理技术监视其损伤和剩余使用寿命。

表 1.1　发动机转子系统故障模式与特征示例

故　障　模　式	基　本　表　现
转子临界	基频振动,在临界转速下,振动值增大
机匣局部共振	转速与共振频率重合,振动值增大,水平与垂直差异较大
转子不平衡过大	基频振动随转速增大而增大
转静子摩碰	转速基频和二倍频明显,有时有分频出现,背景频率增多、增大,频谱成分变丰富

(5) 燃烧室故障。

燃烧室分为主燃烧室和加力燃烧室,燃烧室故障与燃烧、加热过程密切相关,不仅会损坏其自身结构,而且危及热端部件,甚至可能危及飞机的安全。燃烧室多发故障零部件包括火焰筒、燃油喷嘴、喷射油道等,主要故障模式包括火焰筒结构裂纹、掉块、局部变形,喷嘴积炭、堵塞、裂纹,喷射油道漏油、堵塞等,部分示例如图 1.13 和图 1.14 所示。

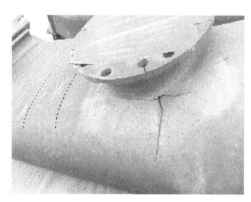

图 1.13　燃烧室过渡段裂纹

图 1.14　燃烧室过渡段断裂

由于主燃烧室和加力燃烧室的工作条件、燃烧过程的组织不同,其故障成因、表征不同。主燃烧室位于压气机和涡轮之间,通过喷嘴和火焰筒组织燃烧过程,是发动机中承受热负荷最大的部件,其故障成因包括以下几种:受高温热应力引起的故障,此类故障多发生在火焰筒头部、筒身、燃气导管及后安装边等部位,热应力会引起结构的变形、裂纹、掉块等;而受机械振动引起的故障,多发生在联焰管上,导致联焰管锁扣裂纹、火焰筒进气孔镶套松动等,也会导致喷嘴头部螺帽松动,这些都会使火焰拖长,并且烧伤或烧毁导向叶片、工作叶片、尾喷管等;积碳和腐蚀引起的故障,对喷嘴的影响最大,使燃油喷嘴表面发生破坏而引起燃油雾化受阻、火焰拖长,进而烧蚀叶片和尾喷管;燃烧过程组织不善引起的故障,是因为燃油与空气不匹配或者分布不均匀,导致燃烧室出口温度场及全台发动机的燃气温度场不均匀,使发动机总体性能受到影响。

加力燃烧室的特点是气体流速更快、加力进口温度较高、进口压力较低、燃气中的含氧量较少,利用喷嘴和火焰稳定器组织燃烧。加力燃烧室主要故障包括加热振荡引起的故障,以及气流和燃烧过程激发薄壁加力筒体振动,从而影响燃烧过程并造成筒体、稳定器的损坏。另外还有燃烧过程位置不当引起的故障:在稳定器后的其他区域产生火焰,导致稳定器烧蚀、隔热屏及加力筒体烧伤或烧穿等。对于燃烧室故障,健康管理系统主要通过气路参数的监视和诊断,对气路故障、点火故障进行检测与隔离,发动机上一般设有熄火探测器,先进发动机上还设有喷嘴堵塞监视、主燃烧室压力监视等功能。

3)附件系统故障

(1)齿轮及传动系统故障。

齿轮及传动系统将发动机转子的功率、转速传输到附件并驱动附件以一定的转速和转向工作,一般由内部传动装置和外部传动装置组成,如图 1.15 所示。齿轮及传动系统的主要故障多发零部件包括传动齿轮和传动轴,此类故障将诱发或导致发动机的重要件产生重大故障,如中央传动齿轮断裂会使发动机突然停车。

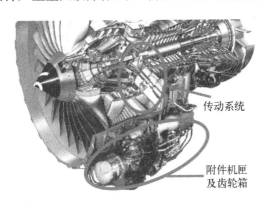

传动系统

附件机匣及齿轮箱

图 1.15 齿轮及传动系统结构示意图

齿轮及传动系统的故障模式随不同的结构和工况环境影响而有所变化,常见的故障模式包括齿轮机械磨损脱落、齿轮共振疲劳断裂、外物损伤疲劳断裂、轴与杆的损伤断裂等,部分示例如图 1.16~图 1.19 所示,其中以齿轮共振疲劳断裂最为严重。

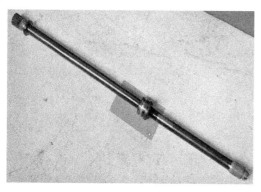

图 1.16　中央传动杆中间轴承磨损

图 1.17　齿轮表面裂纹

图 1.18　齿牙掉块

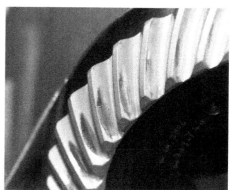

图 1.19　齿面磨损

　　常见的齿轮故障形式有齿面磨损、点蚀、轮齿裂纹和断齿等,其中齿面磨损通常是润滑不充分、滑油清洁度不够导致的。特别地,当滑油中含有一定尺度以上的磨粒时,会发生磨粒磨损,对齿面的损伤尤为严重。磨损会使齿廓形貌发生变化,齿侧间隙变大,导致轮齿减薄甚至发生断齿。齿轮在啮合过程中既有滚动,又有滑动,由此产生的载荷和脉动力会使轮齿深处产生脉动循环剪应力,如果剪应力的水平超过齿轮材料的疲劳极限,接触表面就会产生疲劳裂纹。裂纹逐渐扩展,齿面上有小片金属发生剥落,形成小的坑洼,即点蚀。点蚀进一步发展,连成较大的面积时,会产生剥落。在齿轮传递扭矩的过程中,轮齿根部承受着脉冲循环形式的弯曲应力,该应力一旦超过材料的疲劳极限,轮齿根部就会产生疲劳裂纹,裂纹逐步扩展,轮齿剩余强度随之减小,不足以承受所传递的载荷,就会发生断齿。另外,齿轮故障会导致传动系统振动和噪声水平的上升。

　　综上所述,齿轮及传动系统故障涉及的因素较多,故障模式多样,对发动机具有很大的危害性,甚至造成飞机事故。对于齿轮及传动系统磨损故障,健康管理系统通常利用滑油监测其健康状态,可采用全液流滑油金属屑传感器对滑油金属屑数量和成分进行监测。另外,通过附件机匣振动总量监测可观察到附件齿轮箱的异常状态。

(2) 轴承及润滑系统故障。

燃气轮机轴承及润滑系统作为高速旋转机械传动的"关节"和"滑膜液",是发动机系统中故障多发的部件之一。综合考虑传动效率、结构可靠性、振动、润滑等方面的要求,航空发动机转子系统和传动系统主要采用滚动轴承,其结构示意图如图 1.20 所示。而润滑系统主要通过油液润滑的手段,对发动机转子及传动系统中的齿轮和轴承进行润滑,达到降低磨损的作用。

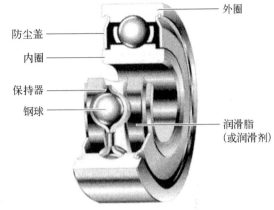

图 1.20　滚动轴承结构示意图

大约有 90% 的滚动轴承故障与内圈或外圈缺陷有关,10% 的故障与滚动体或者保持架故障有关。滚动轴承的失效模式主要包括机械磨损失效、滚动体或滚道疲劳失效、胶合失效、腐蚀失效、断裂失效、零件表面压痕失效等,点蚀、剥落、保持架断裂、滚子偏磨、打滑等损伤形式尤为常见,部分示例如图 1.21 和图 1.22 所示。点蚀是由于接触疲劳或异物侵入滑油造成的,点蚀逐渐发展,连成较大的片域时就称为剥落。保持架断裂是由于滚子与保持架之间的碰撞力过大,超出了保持架的强度极限。另外,当轴承过热时,游隙变小,保持架运转受限或卡死时也会导致断裂故障的发生。滚子偏磨:滚子振动导致其运动轨迹偏离设计角度,与滚道或套圈引导边产生过渡磨损。打滑是高速轴承最常见的故障形式,就滚动轴承的工作

图 1.21　滚子与外圈剥落

图 1.22　滚珠梨皮状点蚀

机理而言,一定量的滑动是不可避免的,也是必需的,轴承组件相对滑动的意义在于提供拖动力。油液润滑零部件的磨损故障主要发生在发动机及附件传动系统的轴承、齿轮等零部件部位,故障产生机理包括疲劳磨损、磨料磨损、黏着磨损和腐蚀磨损。磨损产生的金属碎屑一般会通过滑油进入润滑系统,滑油磨粒金属含量超标指示和滑油铁系金属碎屑分别如图 1.23 和图 1.24 所示。

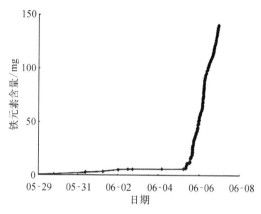

图 1.23　滑油磨粒金属含量超标指示

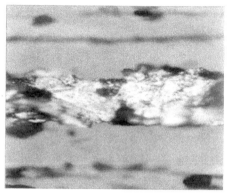

图 1.24　滑油铁系金属碎屑

轴承及润滑系统故障的危害性很大,可能引发转子抱轴、零件大面积磨损,甚至导致空中停车和严重飞行事故。从保障主轴承安全与更换的角度考虑,健康管理系统需要设置主轴承监视功能。国外一般通过高频振动、滑油碎屑监视两条技术途径实现早期故障检测和失效前告警功能。主轴承剩余使用寿命的预测一般可通过物理失效模型和数据驱动模型实现,为主轴承维修提供依据。对于润滑系统,除了对润滑部件状态进行监视外,国外还针对性地开发了滑油系统监视器及滑油品质监视器。

（3）燃油与控制系统故障。

航空发动机及航改燃机在变化的外界条件下工作,控制系统根据发动机的进口条件和指令来调节供油量和几何位置,保障发动机性能要求,其构成如图 1.25 所示。燃油与控制系统故障是指系统中部件或元器件失效而导致整个系统功能恶化,按系统结构可划分为燃油泵故障、控制器故障、执行机构故障、传感器故障等;按故障形式可划分为元部件参数随时间变化的突变性"硬"故障和渐变性"软"故障,以及元部件老化、容差不足、接触不良引发的间隙故障。

当前,发动机控制以全权限数字控制系统为主,发动机燃油与控制系统比较复杂,组成元件种类繁多,工作条件恶劣,且系统中的某些元件存在薄弱环节,导致系统故障率高,失效模式和故障现象也多种多样,燃油泵调节器结构如图 1.26 所示。

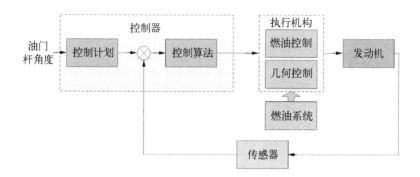

图 1.25　发动机燃油与控制系统构成

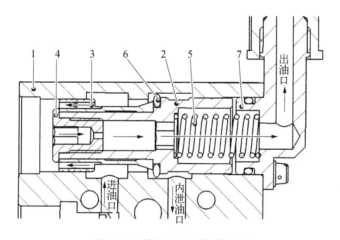

图 1.26　某燃油泵调节器结构

1 -壳体;2 -阀芯体;3 -阀芯压套;4 -喷嘴螺钉;5 -弹簧;6 -密封圈;7 -出口端盖

对于燃油泵,其失效模式主要是旋转及运动部件的磨损,以及疲劳断裂;对于液压活门等精密偶件,其主要失效模式是由于工作环境污染引起的紧涩卡死故障;对于薄膜、橡胶密封等元件,其故障主要是性能退化,失效模式表现为老化、开裂等;对于弹簧,其主要失效模式为疲劳;对于某些与供油特性相关的节流元件,如油门开关、燃油分配器等,其主要失效模式表现为特性变化,可造成供油压力脉动,从而引起转速摆动,如图 1.27 所示。

另外,控制系统故障还包括传感器故障、执行机构和电子控制器故障。燃油与控制系统作为发动机核心系统,其一旦出现故障,后果非常严重,可导致空中停车、严重飞行事故。燃油与控制系统同发动机性能具有直接的耦合关系,如图 1.28 和图 1.29 所示,对于故障信息明显的"硬"故障,可以结合机内测试(built-in test, BTT)实现故障检测。对于故障信息缓慢变化的"软"故障,则可以结合模型的方法实现故障检测。通过机内测试,可以完成控制器通道、燃油控制伺服控制回路、几何控制伺服回路、传感器故障检测。先进发动机控制系统一般都嵌入机载实时自调整模型,自调整模型用于发动机气路部件性能退化趋势的跟踪与故障诊断,同时进行气路控制传感器、作动筒、燃油控制计量活门的故障诊断与隔离。

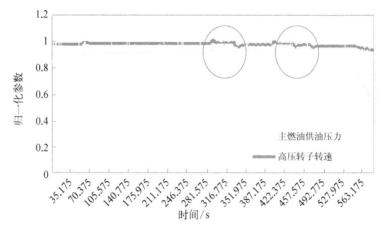

图 1.27　主燃油及转速参数摆动

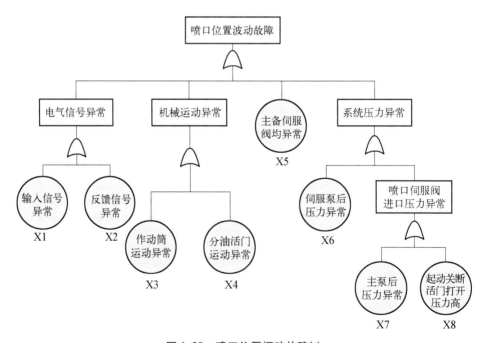

图 1.28　喷口位置摆动故障树

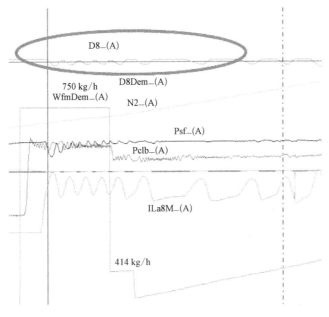

图 1.29　喷口面积 A_8 反馈信号［D8_（A）］出现明显摆动

1.2　航空发动机及航改燃机健康管理技术内涵

1.2.1　使用模式

随着发动机技术的发展、性能的提升、结构的复杂化,对发动机的可靠性和维护性提出了更高的要求。发动机的安全性、可靠性和维修性是健康管理系统的主要目标,是发动机从定期维护向视情维护转变和零部件视情生产的基础。发动机健康管理系统中的机载系统和地面系统分别通过传感器测量、总线通信、无线电通信、卫星传输等手段获取飞机、发动机的相关数据信息,采用机载和地面健康管理算法相结合的方式,实现发动机健康状态分析和评估功能,机载系统提供发动机功能和物理状态的实时或近实时信息,地面系统深入评估可能影响安全运行的情况,以提供检查或维修建议,并有针对性地排除故障,以改进功能性能,预测备件需求并进行维修保障管理。航空发动机及航改燃机健康管理系统的使用模式分别如图1.30 和图 1.31 所示。

航空发动机及航改燃机健康管理系统通常分为机载系统和地面系统。机载系统通过对传感器数据的处理和分析,实现对发动机的状态监测功能,并将重要告警信息及时发送给驾驶舱;同时,通过诊断分析算法对获取的数据进行分析,实现发动机故障诊断、趋势分析和寿命管理功能,最后把采集的数据和分析的结果送到机

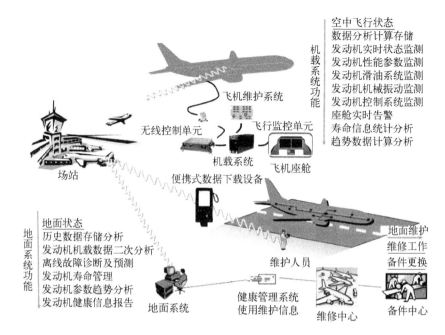

图 1.30 航空发动机健康管理系统使用模式示意图

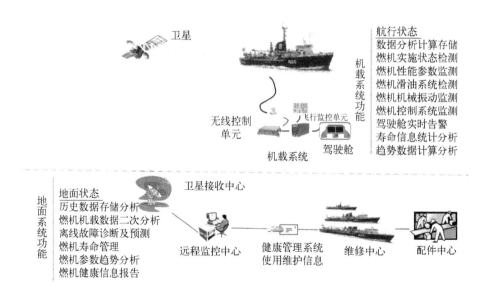

图 1.31 航改燃机健康管理系统使用模式示意图

载系统。地面系统通过无线电、卫星等通信方式或数据下载设备将数据传输至地面进行数据处理。地面系统接收到机载系统的数据后,进行数据的存储管理和二次分析,生成发动机健康信息报告并把报告发送给维修中心,维修中心根据发动机的健康状况提前准备备件和制定维修方案,这样可以大幅度减少备件数量,降低维护成本,缩短维修时间。

1.2.2 基本功能

发动机健康管理系统的四项基本功能包括状
态监测、故障诊断、趋势分析、寿命管理,通过机载
和地面系统协同实现不同的功能算法,如图 1.32
所示。

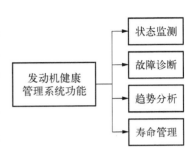

图 1.32 发动机健康管理
系统功能

状态监测功能通过分析获取的发动机参数,对
测量参数与发动机模型进行对比分析,判断参数是
否存在超限和异常增量特征,将判断结果记录在机
载事件报告中,飞行结束后将报告发送给地面系
统,指导维护人员开展相关检查和维护工作。

故障诊断功能一般由机载和地面故障诊断算法共同实现。机载故障诊断模块
通过特征提取算法对参数进行实时分析,提取超限特征和增量异常特征,并将参数
异常特征与部件、系统故障模式的参数权值进行实时匹配,计算故障概率,生成机
载故障报告。在飞行结束后,地面系统将根据下载的机载数据,采用基于发动机数
学模型的故障诊断算法、智能故障诊断算法(神经网络、支持向量机)或基于历史
数据的故障诊断算法(贝叶斯故障诊断网络)等进行综合诊断分析,将得到的结论
与机载诊断结果进行对比分析,若结论一致,则输出维修报告,指导维护人员操作;
若结论不一致,则通过人工辅助分析确定故障结论,对机载或地面故障诊断软件
进行升级和优化。

趋势分析通常分为短时趋势分析和长期趋势分析两种。短时趋势分析算法可
实时判断参数异常增量特征,为机载状态监测和故障诊断提供数据分析结果。长
期趋势分析主要侧重于发动机性能参数分析,在机载系统中,通过趋势分析参数提
取算法,提取特定条件下的性能参数,并记录趋势数据。在地面系统中,按架次和
时间绘制趋势数据图,与发动机模型进行对比,分析发动机衰减状况,预测发动机
或部件失效时间,为地面维修和保障资源规划提供依据。

寿命管理功能:在机载状态下实现发动机日历寿命累计,统计发动机一类、二
类循环,生成寿命统计报告。在飞行结束后,将这些结果传输给地面,在地面系统
中根据发动机限寿件清单,采用雨流计数法或低循环疲劳寿命消耗模型等对发动
机关键和重要件的剩余使用寿命进行评估,生成寿命消耗报告,并根据寿命消耗速
率来预测维护时间,为发动机维护准备提供支持。

在地面系统中,通过信息融合技术和算法将机载和地面各种健康管理分析算
法生成的信息进行融合,生成综合检查、维护和维修报告,评估发动机的健康状态
并提出维修建议,优化发动机保障资源,缩短维修时间。地面系统将这些使用维护

信息提供给地面维护人员,并可以通过内部网络发送给维修中心、备件中心等部门,进行维护前的准备。同时,地面系统还根据基地(机群)内发动机的健康状况,对发动机进行维修排队,为飞机换发、发动机维修提供支持,从而保证发动机安全可靠的运行,提高维修效率,提高飞机出勤率。

1.2.3　技术体系

根据健康管理系统组成和功能进行技术分解,健康管理系统研制中包含的主要技术包含总体设计技术、地面系统设计技术、机载系统设计技术、功能算法设计技术、综合仿真验证技术五个方面,如图 1.33 所示。

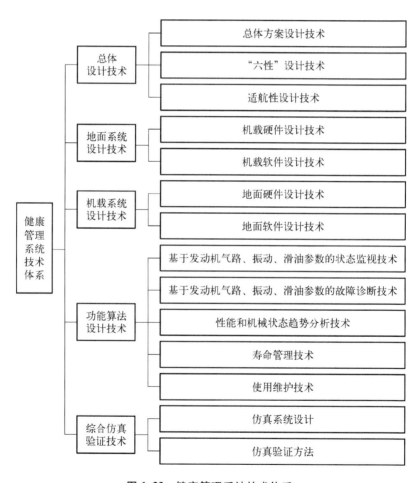

图 1.33　健康管理系统技术体系

其中,总体设计技术包括总体方案设计技术、"六性"设计技术、适航性设计技术三个方面;地面系统设计技术可分为地面硬件设计技术和地面软件设计技术两个方面;机载系统设计技术可分为机载硬件设计技术、机载软件设计技术两个方面;功能算法设计技术包括基于发动机气路、振动、滑油参数的状态监视技术和故障诊断技术、性能和机械状态趋势分析技术,以及寿命管理技术、使用维护技术五个方面;综合仿真验证技术包括仿真系统设计与仿真验证方法两个方面。

1.2.4 技术指标

健康管理系统指标定量表示用户所期望获得的功能特性。发动机健康管理系统设计围绕系统、部件各种可能发生的故障开展,综合发动机故障发生概率、影响、危害等级、测试性等因素,根据业务需求确定健康管理功能设计对发动机子系统、重要件及故障类型的覆盖程度及技术要求。诊断和预测性能指标用于量化评价健康管理所包含的诊断和预测功能算法的基本性能,主要包括准确率、精度、及时性等,诊断与预测是健康管理技术的核心。20 世纪 90 年代以来,国内外大量技术标准和指南中为特定的诊断及预测应用场景制定了相应的性能评价指标。

1. 诊断性能指标

诊断用于检测故障特点并确定根本原因。诊断的底线是以及时准确的方式检测、隔离故障,并有足够的分辨率识别出特定故障部件。诊断活动分为机载和地面评估、实时与长期趋势跟踪、部件级和系统级推理等,诊断活动的性能评估主要分为四类诊断指标,主要分述如下。

(1) 诊断性能统计。在一段时间内收集到系统级诊断评估的统计数据,这些数据可表明各种子系统或组件可能存在的多种故障模式,主要技术指标包括故障检测率(fault detect rate, FDR)、故障检测准确率(detect accuracy rate, DAR)、故障漏报率(fault negative rate, FNR)、故障误报率(false positive rate, FPR)、故障隔离分类率(isolation and classification rate, ICR)、故障隔离错分率(isolation and misclassification rate, IMR)等,具体定义如下所述。

故障检测率:检测到的故障案例数与系统实际发生故障案例之比,即

$$FDR = \frac{c + d}{b + d} \tag{1.1}$$

故障检测准确率:正确分类案例数与待评估案例总数之比,即

$$DAR = \frac{a + d}{a + b + c + d} \tag{1.2}$$

故障漏报率:系统实际存在故障时未检测到的故障次数与总案例数之比,即

$$FNR = \frac{b}{b + d} \tag{1.3}$$

　　故障误报率：系统实际上不存在故障时检测到的故障次数与总案例数之比，即

$$FPR = \frac{c}{a + c} \tag{1.4}$$

式中，a、b、c、d 的含义如表 1.2 所示。

表 1.2　故障检测混淆矩阵

故障检测结果	无　故　障	有　故　障
无故障	a	b
有故障	c	d

　　故障隔离分类率：故障正确分类的比率，即

$$ICR = \sum_{i=1}^{n} P_{ii} \tag{1.5}$$

式中，P_{ii} 的含义如表 1.3 所示，为矩阵中的对角元素。

　　故障隔离错分率：故障错误分类的比率，即

$$IMR = \sum P_{ij} \quad (\forall i \neq j) \tag{1.6}$$

式中，P_{ij} 的含义如表 1.3 所示，为矩阵中的非对角元素。

表 1.3　故障隔离性能矩阵

故障隔离结果	故障实际状态			
	模式 1	模式 2	⋯	模式 n
模式 1	P_{11}	P_{21}	⋯	P_{n1}
模式 2	P_{12}	P_{22}	⋯	P_{n2}
⋮	⋮	⋮	⋮	⋮
模式 n	P_{1n}	P_{2n}	⋯	P_{nn}

　　（2）准确率和精度。检测故障并评估其严酷度的准确率和精度，可确定对噪声、可变性等系统不确定性进行诊断评估的置信水平，主要技术指标包括误差和估计精度两方面，误差定义了偏离期望输出值的基本概念，估计精度通过计算估计值

在真实值周围的误差范围得到。其中,误差指标包括均方误差(mean square error, MSE)、平均绝对误差(mean absolute error, MAE),精度指标包括样本标准差、样本中位数的平均绝对偏差(mean absolute difference, MAD),具体定义如下所述。

均方误差:

$$\mathrm{MSE}(i) = \frac{1}{L} \sum_{I=1}^{L} \Delta^I(i)^2 \tag{1.7}$$

式中,L 为样本数量;i 为样本点;Δ 为测量真实值与诊断估计值之差。

平均绝对误差:

$$\mathrm{MAE}(i) = \frac{1}{L} \sum_{I=1}^{L} |\Delta^I(i)| \tag{1.8}$$

样本标准差:

$$S(i) = \sqrt{\frac{\sum_{I=1}^{L} [\Delta^I(i) - M]^2}{n-1}} \tag{1.9}$$

式中,M 代表样本误差的平均值。

样本中位数的平均绝对偏差:

$$\mathrm{MAD}(i) = \frac{1}{n} \sum_{I=1}^{n} |\Delta^I(i) - M| \tag{1.10}$$

式中,$M = \mathrm{median}_I[\Delta^I(i)]$,代表样本误差的平均值,其中 median_I(中值)是 $\frac{n+1}{2}$ 阶统计量。

(3) 检测的鲁棒性。存在噪声和其他不确定因素的情况下,诊断算法抵抗各种可能改变诊断结果因素(环境、使用、设计等)干扰的能力,主要技术指标包括检测阈值、检测灵敏度、检测稳定性,具体定义如下所述。

检测阈值:衡量诊断算法能够以规定的置信度水平检测到的最小故障严重程度的能力,计算公式为

$$检测阈值 = 1 - S(c) \tag{1.11}$$

式中,$S(c)$ 为置信水平为 c 时的故障严重程度(百分数形式)。

检测灵敏度:诊断系统应能够检测载荷、速度、噪声、任务循环等各种工作状态下的全量程异常情况,该指标用来衡量两种不同工况状态下的诊断成功函数之间的差异,计算公式为

$$检测灵敏度 = 1 - \sqrt{\int_0^1 \left[C_1(s) - C_2(s) \right]^2 \mathrm{d}s} \qquad (1.12)$$

式中，$C_1(s)$ 为状态 1 下的成功函数；$C_2(s)$ 为状态 2 下的成功函数；s 为故障严重程度。

检测稳定性：通过对诊断成功函数中每个点的峰峰值之差求积分，该指标量化了故障过渡出现的置信度波动量。

$$检测稳定性 = 1 - \sqrt{\int_0^1 \left[C_H(s) - C_L(s) \right]^2 \mathrm{d}s} \qquad (1.13)$$

式中，$C_H(s)$ 为成功函数在严重度为 s 处的最大值；$C_L(s)$ 为成功函数在严重度为 s 处的最小值；s 为故障严重程度。

（4）响应时间。响应时间用来评估检测的及时性，同时要保持准确率和精度，进行迅速有效的诊断推理操作，主要技术指标包括检测时间和隔离时间，其中检测时间表示从故障模拟开始至第一次检测到故障所用的时间；隔离时间表示从故障模拟开始至获得故障隔离集合所用的时间。

2. 预测性能指标

预测是指检测、隔离和诊断部件故障的能力，以及确定这些部件的准确 RUL 的能力。预测的底线是尽可能准确、提前地预测部件或消耗品的 RUL，有助于后勤管理、维修规划、告警和机群范围内的规划。从维修角度看，预测是指检测到早期失效状态，到失效前一直持续进行监视，并在有充分时间进行维修的前提下发出"立即进行维修"的告警信息。预测与诊断在一定程度上具有内部联系，若一个系统不能可靠地检测到故障，则也不能准确地估计出部件的 RUL。通过有限的信息预报未来，结果存在诸多不确定性。并且，预测算法性能评估需要了解真实的寿命终止时刻（end of life，EOL），这在实际的应用场景中具有难度。因此，已经提出的大多数预测性能指标常用于离线性能评估，只有少数指标可用于在线性能评估。

预测指标的使用需要假设实施预测中的一些特征，预测程序可能很早就预报出发动机系统或部件的健康状态，或由关键故障的检测或隔离等事件触发。一旦触发预测程序后，预测算法就根据预先定义的 EOL 标准或失效阈值预测 RUL。此外，随着时间的推移，当有更多关于系统健康的信息可用时，预报估计值应能够持续更新和改进。最后，预报本身的不确定性必须加以考虑，已有多种方法采用 RUL 概率分布表征不确定性。主要的离线预测性能指标包括预测范围、$\alpha - \lambda$ 性能、相对准确率等，主要的在线预测性能指标包括 RUL 在线精度、动态标准偏差等，定义如下。

预测范围：定义为预测算法在预期的置信水平下所能提供的最大提前告警时间。

$\alpha - \lambda$ 性能：相对于预期准确率水平 α 的改进量，可表达为任意指定时间 λ 处的 RUL 百分比,表征越接近于 EOL,预测算法的准确率和精度越高。

相对准确率:定义为在任意给定时刻,预测算法相对于 EOL 的量化准确程度,计算任意给定时刻的 RUL 误差与实际 RUL 的归一化值。

RUL 在线精度:在任意给定时刻,通过量化 95% 的置信区间 CI(i) 的长度与预报的 RUL 的归一化值,量化并跟踪预报 RUL 的分布精度。对于 RUL 在线精度较高的算法,表示其精度较高或置信边界较窄。

动态标准偏差:定量表示在某一时间窗内预报的稳定性,计算时间窗内单个预报值之间的方差。

1.3 航空发动机及航改燃机健康管理研究发展现状

1.3.1 健康管理技术发展现状

1. 发动机气路健康管理技术

气路分析技术利用发动机气路流道中的测量参数推算发动机整机及部件的状态或性能。对于与发动机性能相关的故障和退化,可以通过对气路建模,并监控估计参数的偏差进行识别,通过开展偏差的趋势分析,可以检测性能问题并将其隔离到特定的发动机部件。对于民航发动机,气路分析通常在稳态巡航点上进行,现代民航发动机中还需要分析起飞和爬升飞行状态下的非稳态数据,目的是监控某些参数在特定工况的最坏情况。对于军用航空发动机,起飞状态往往是理想的分析状态。随着计算机性能的提升,机载分析的可行性在逐渐提高,这些分析算法的表现主要取决于所获取信号的信噪比及参考模型的精度。

当前,三类主要的气路故障诊断方法包括:① 基于机理模型的方法;② 基于数据驱动的方法;③ 基于知识推理的方法。基于机理模型的方法研究起步较早,在工程中得到了广泛应用。1972 年,有学者提出了故障影响系数矩阵法,该方法根据航空发动机健康状态参数(如流量、效率)和测量参数之间的线性相互关系开展气路故障识别和定位。20 世纪 90 年代,有学者提出了加权最小二乘(weighted least square, WLS)法,在美国通用电气(General Electronic, GE)公司的 TEMPER 软件中得到应用,成功利用多型发动机平台完成故障诊断验证。基于数据驱动的方法主要包括粗糙集模型、小波分析法、概率分析法、数据融合等,美国 Arnold 工程发展中心开发的涡轮发动机实时诊断系统,主要通过机载测量信号的处理和分析来辨识传感器、部件、发动机故障。基于知识推理的方法已经得到工程应用,主要包括故障树、模糊逻辑、神经网络、人工智能、专家诊断系统等。1999 年,西门子动力服务部门开发了基于规则的故障诊断专家系统 GT - AID。英国四所大学和罗尔斯·罗伊斯公司(简称罗·罗公司)等合作开发了实时远程故障诊断系统,将故障诊断技术整合到网络上,为气路故障诊断和视情维护提供更好的决策支持。

国外的发动机健康管理当前已经发展到工程验证阶段,早期研究阶段的演示验证表明,实施发动机健康管理能够显著提升发动机性能,并使发动机的使用和维修保障费用降低,可靠性和安全性获得提高。美国海军 A－7E 飞机 TF－41 发动机监视系统是健康管理技术最早获得的成功应用,装配该系统后,A－7E 飞机的平均故障率由每 10 万 h 的 11 次下降至 1 次,每小时维修人时减少 64%。F/A－18E/F 超级大黄蜂 F414－GE－400 发动机配装的飞行中发动机状态监控系统(inflight engine condition monitoring system, IECMS)经过大于 15 000 h 的严格飞行试验并在超过 40 架战斗机上进行了机群装机评估,在美国海军应用评估阶段获得 100% 的发动机异常检测率和零虚警率。F35 联合攻击战斗机安装的 F135 发动机采用双全权限数字发动机控制(full authority digital engine control, FADEC)系统和独立综合发动机诊断装置(composite engine diagnosis unit, CEDU)模式,提出了分层区域预测与健康管理系统的概念,集成了先进传感器、诊断算法和增强型机载实时自调整模型(enhanced self tuning on-board real-time model, eSTORM)来实时监视、诊断、预测和管理发动机的健康状态,实现了控制传感器在线诊断和部件故障在线隔离,显著提高了发动机使用安全性。

20 世纪 80 年代末起,国内相关院校和科研机构在航空发动机气路预测与健康管理方面展开了一系列研究工作。20 世纪 90 年代,有相关学者提出了故障因子模型,该方法通过选择适当的主因子组成主因子方程进行故障诊断,提出了故障相关性准则及合理性准则,对诊断结果进行优化。主因子模型方法允许的测量参数个数小于故障数,与常规的算法有很大不同。1988 年,北京航空航天大学等单位联合开发了经验模态分解(empirical mode decomposition, EMD)软件,该软件利用主因子模型方法对 JT9D－7R4 发动机上已有的 35 个故障样本进行诊断,其诊断正确率达到 75% 以上,取得良好的经济效益。

21 世纪之后,国内高校从各方面开展了健康管理技术的研究。中国民航大学对航空发动机气动热力参数进行趋势分析,建立了发动机气动热力参数趋势分析的数学模型,并将上述模型应用于 JT9D 发动机的气动热力参数趋势分析。中国人民解放军空军第一航空学院利用飞参数据,结合故障树,借助气路分析对发动机进行状态监控、故障分析和事故预测。烟台海军航空工程学院建立了利用故障因子概念诊断发动机故障的数学模型,运用发动机的正常数据和模拟故障数据进行了仿真。西北工业大学采用故障相似系数方法进行气路故障的隔离和辨识,并根据某型涡扇发动机实测数据验证了方法的有效性。南京航空航天大学开展了基于机载自适应模型的在线诊断及模糊诊断的研究,中国人民解放军国防科技大学在贝叶斯网络诊断研究方面颇有建树,中国人民解放军空军工程大学在基于支持向量机的发动机故障诊断、预测模型、模式辨别、起动过程建模等方面取得了技术突破。

2. 发动机振动健康管理技术

在航空发动机轴承与转子系统状态监视、故障诊断研究和应用方面,普遍采用基于振动信号分析的健康管理技术。通过分析发动机振动信号特征的变化及衰退趋势,实现旋转机械系统或部件的故障诊断及失效预测,从而预防灾难性故障的发生。

据统计,70%以上的航空发动机机械故障可通过振动形式表现出来,振动监视已被证实是最可靠的转子及传动部件故障诊断技术手段。通过对振动状态进行监视,分析发动机关键部位的振动响应特征,指导维护人员开展相关检查和维护工作。振动监视功能用于检测发动机全转速范围内的危险振动状态,分为机载部分和地面部分,机载部分主要将测量的振动值与振动阈值作对比;地面部分对采集的数据作进一步分析,利用更复杂的算法及模型,预测发动机振动趋势。在基于振动信号处理的故障诊断及预测方面,传统的信号分析技术有时域分析及以傅里叶变换为核心的谱分析,这些方法在发动机故障诊断特征提取中发挥了重要的作用,应用也较为广泛。振动信号的特征提取是振动故障诊断及预测的关键技术之一,尤其是微弱故障信号的特征提取,是发动机故障诊断、预测的技术难点。

例如,针对主轴承故障早期存在高频窄带可测信号的特点,美国 SWAN 公司、IMPACT 公司在 F135 发动机主轴承预测与健康管理系统中开发了冲击能量、应力波分析等超高频振动分析技术。美国空军研究实验室研发了主轴承同步采样信号增强技术、综合同步采样技术、基于包络分析的高频振动分析技术等,应用这些技术可有效提高信号的信噪比、提取主轴承微弱故障信号。

振动故障诊断最早在直升机上得到了发展,英国 Stewart 公司于 20 世纪 90 年代初期开发了直升机健康和使用监视系统(health and usage monitoring system,HUMS),着重针对直升机发动机及传动系统等部件的振动状态进行监视,HUMS 的成功应用使直升机发生严重故障事件的概率大大降低。罗·罗公司 T900 发动机的 EHM 系统实现了发动机振动信号监测、发动机滑油碎屑监测、风扇平衡监测、风扇损伤监测等功能。

在涡扇发动机新机研制或服役过程中,一般在压气机机匣、涡轮机匣、附件传动机匣中装有加速度传感器,对发动机振动状态进行监测。例如,F119 发动机在中介机匣、后支撑环及附件机匣位置安装了 3 个加速度传感器,采集相应位置的振动信号,并利用基于整数阶振动加速度均方根(root mean square,RMS)值及非整数阶振动加速度 RMS 值的傅里叶变换谱分析技术进行实时频谱分析。EJ200 装有 2 个机载加速度传感器,分别安装在中介机匣及后支撑环上,监测振动加速度幅值、非整数阶振动加速度 RMS 值及残余振动能量幅值。此外,机载监视系统还可提供振动特征参数趋势分析及超限预报功能,并根据振动故障模式库进行振动故障隔离。EJ200 可检测和诊断的振动故障模式如下:发动机衰退导致的不平衡,低压压气机转子叶片结冰,高压转子弯曲,鸟撞及叶片掉块,挤压油膜、摩碰、连接松动引起的转子不稳定,轴承降级等。F135 发动机的中介机匣、后支撑环及附件机匣安装 3 个加速度传感器,除采用离散傅里叶变换分析技术进行实时频谱处理外,还针对风扇叶片开发了电涡流在线监测技术,用于直接监视叶片的叶尖间隙和位置。此外,现代民航发动机振动监视系统可以提供振动的振幅和相位信号,在必要时可以在试车台或停机坪对低压转子进行本机动平衡。

我国航空发动机振动故障诊断技术研究起步于 20 世纪 80 年代初,并于 1987 年成立中国振动工程学会故障诊断专业委员会,该学会的成立促进了故障诊断理论研究及技术应用的发展。20 世纪 80 年代,上海交通大学采用基于傅里叶变换的谱分析技术完成了 AN－24 发动机的诊断工作,是航空发动机振动故障诊断的典型成功案例。中国航空工业集团公司上海航空测控技术研究所研制了直升机健康管理系统 CA－HUMS,其机载系统对直升机发动机及传动系统振动信号进行实时监测,检查振动量是否超限;地面系统同时采用维护诊断系统和专家数据库支持系统进行数据分析,实现对发动机及传动系统状态的趋势分析,对数据进行综合处理后形成数据报表。军队科研单位相继研制了机匣测振仪、主轴承振动故障预警装置等设备。对于当前发动机型号研制和工程应用,我国基本实现了机载振动状态监测,正开展振动故障诊断技术攻关。

3. 发动机滑油健康管理技术

发动机滑油监视技术主要分为滑油系统性能(压力、温度、消耗量、油滤旁路指示等)监视、滑油碎屑监视、滑油品质监视等,从而判断滑油状态参数是否超限及是否发生异常变化。滑油油样分析及故障诊断、预测的常用方法包括:滑油理化分析、铁谱分析、光谱分析、屑末分析等,这些诊断方法较早地在发动机上应用并沿用至今。其中,滑油碎屑早期故障诊断技术是滑油监视关键技术之一。国外采用灵敏的传感器获得颗粒的相关故障信息,利用先进的特征获取及处理方法,将故障征兆与故障模式关联起来,从而达到滑油故障诊断的目的。

20 世纪 50 年代起,滑油碎屑监测技术在国外航空发动机上开始应用;60 年代早期,美军开始在发动机中推广应用电子碎屑探测器代替磁屑收集器;至今,欧洲军用及民用发动机上的磁屑收集器仍有广泛应用,为了量化评估精细碎屑,光谱分析在这一时期也得到应用。近年来,F119、F135 发动机装配使用了机载感应式全液流碎屑监视器,并且增加了滑油品质监视和基于静电的滑油碎屑在线监视。EJ200 发动机采用了机载滑油碎屑系统在线数据监测系统(online data monitoring system,ODMS),监视滑油消耗及滑油碎屑。与此同时,光学或 X 射线荧光技术也开始逐渐在滑油系统的机载及离机监视方面得到应用。

4. 发动机寿命管理技术

航空发动机寿命是体现安全性和经济性的量化指标,寿命管理通过监控发动机关键件寿命来保证发动机和飞机的飞行安全和适航性要求,同时尽可能多地利用其使用寿命,降低经济成本。寿命监控手段和方法依赖于航空电子测控技术的发展和对寿命消耗监控技术认识的水平,也与发动机控制系统的发展密切相关。发动机寿命消耗监控技术大体可分为人工监控、综合换算率监控、机载历程记录仪监控、预测与健康管理四个阶段。

进入 21 世纪以来,欧美航空工业强国基于机载历程记录仪理念和技术手段,发展出了发动机预测与健康管理系统。该阶段,寿命监控部分与发动机状态监控系统高度融合,典型系统包括 F101 - GE - 102 发动机中心综合测试系统、F110 - GE - 100 发动机监测系统、F119 发动机的两个双通道 FADEC 与 CEDU 机载系统、EJ200 发动机健康监测系统,这些系统具有以下特点:零部件寿命设计完全依赖于材料数据库内容;广泛应用了基于断裂力学的技术和方法;综合时域模型得到发展;采用损伤容限方法控制寿命,寿命可以达到可接受裂纹长度或深度所对应寿命的 2/3;可以单独地跟踪每个关键部位;寿命单位不是工作小时;监控系统已经融合到发动机设计和发展程序中。

F119 发动机可以在线计算关键件的使用寿命消耗情况,包括热端部件的持久/蠕变寿命、低循环疲劳寿命、起动次数、加力点火次数、发动机工作时间、发动机飞行时间、发动机总累计循环次数等使用参数,并由 CEDU 实现。F135 发动机分层区域预测与健康管理系统可以在线计算和跟踪关键件的使用寿命消耗情况,并能够根据任务剖面实时计算关键系统和零部件的剩余使用寿命情况,从而实时评估发动机遂行预订任务的能力。EJ200 发动机机载系统根据飞行任务剖面数据计算零部件的寿命消耗情况,并实时更新。

国内发动机寿命监控技术水平介于综合换算率监控与机载历程记录仪监控阶段。前者采用监控设备记录飞行中的发动机基本参数,由于无法完成机载实时处理和计算,将这些记录下载到地面站,用于分析消耗的低循环疲劳数。由于获得的飞行剖面数据数量非常有限,必须采用换算率对发动机机群进行寿命消耗监控。后者利用具有实时处理计算功能的机载设备,可以科学、准确地记录关键件循环寿命和整机工作小时、大状态工作时间等寿命参数,广泛应用于发动机零部件及整机的寿命监控与管理,具有以下特点:增加了零部件的循环寿命指标;配备了寿命监控和载荷数据机载记录系统;装配寿命监控和载荷数据机载记录系统的飞机可以获得部分飞机、发动机的数据;可以实时进行机载数据采集、处理与计算;可以实现具体零部件的寿命管理而不是整台发动机。

5. 发动机控制系统健康管理技术

现代航空发动机对高推重比、低油耗、长寿命、多目标、宽工况等特性指标要求不断提升,发动机控制系统中控制算法的复杂性和控制变量数目也在不断提高。FADEC 系统已逐步替代机械液压控制系统,其系统结构十分复杂,是软硬件高度耦合的多变量机电混合控制系统,由于其特定的工作环境,许多部件都工作在高温、强振动、强电磁干扰的恶劣环境中,故障率较高,要求系统具有极高的安全性和可靠性。应用常规的机内测试技术进行故障检查,不能做到对所有输入、输出及中间过程故障信息的全覆盖,例如,对于信号变化在工作范围之内的故障及变化缓慢的故障,则难以做出正确的故障诊断。因此,在航空发动机控制系统领域提出了健康管理技术的研究需求。

FADEC系统的三大主要环节是电子控制器、执行机构和传感器。其中,电子控制器已经具备模块化、双通道、机内测试等功能,具有一定的容错能力。而执行机构和传感器的工作环境复杂、恶劣、分布面广、数据量大,而且传感器安装部位特殊,其往往成为最容易发生故障的部件。为了提高执行机构和传感器的可靠性,必须避免严重性故障,减少一般性故障的发生,针对执行机构及传感器的故障诊断技术成为研究关注的焦点。对于控制系统,故障发生的时间、形式和相互关系都呈现出一定的多样性,可根据不同的准则对故障进行分类。按照发生部位,可将其分为传感器故障、执行机构故障和元部件故障;按照发生时间,可将其分为突发性故障、渐变性故障;根据故障持续的时间,可将其分为永久性和间断性故障等;按照发生形式,可将其分为乘性和加性故障;按故障间的相互关系,可将其分为单故障、多故障等。控制系统健康管理是指对系统运行状态和异常情况进行诊断,并根据诊断结论分析,为系统故障恢复提供依据。要对系统进行故障诊断,首先要分析诊断对象的功能、特性,建立诊断标准或判据,然后设计合理的技术方法,取得诊断对象当前的运行状态信息,并对这些信息进行处理,最后将状态信息与诊断标准进行比较分析,从而判断系统的状态,给出诊断结果,确定维修策略。

20世纪90年代初,美国国防部和美国国家航空航天局(National Aeronautics and Space Administration, NASA)联合推动实施了综合高性能涡轮发动机技术(Integrated High Performance Turbine Engine Technology, IHPTET)计划,提出要建立健全的航空发动机性能监视与故障诊断系统。我国将航空发动机控制系统的故障诊断列为专项研究,解决航空发动机控制系统可靠性设计技术难题,提高控制系统的工作可靠性。至今,控制系统的故障诊断技术业已取得了很大的进展,总体上采取解析冗余的思想,利用系统不同部件在功能上的冗余关系,通过估计技术获取冗余信息,进而形成残差,再对残差信息加以处理,最终得到系统的故障信息,可以分为基于系统模型的方法和不依赖于模型的方法两大类。

对于控制系统,在其系统设计中,一般都涉及建立系统模型的问题,所建立的模型可以直接用于故障诊断。同时,基于模型的方法能够更加充分地利用系统内部深层信息,有利于对故障进行隔离、辨识,因此得到了广泛的应用和更多的关注。在基于模型的方法中,基于观测器方法的实时监测性能优越、设计方案通用性强,数十年来一直是炙手可热的研究领域。然而,这种方法不可避免地存在着对精确数学模型过度依赖的问题,现有的建模方法很难准确描述航空发动机这一高度复杂的强非线性系统的每一个细节,且在实际工作过程中,在外界干扰因素无法预测的同时,受性能衰退等因素的影响,发动机的参数将不断变化,因此提高航空发动机控制系统故障诊断的鲁棒性至关重要。基于模型的故障诊断与控制回路如图1.34 所示。

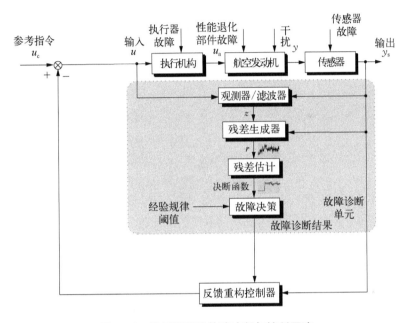

图 1.34　基于模型的故障诊断与控制回路

　　该方法的基本思想是设计检测滤波器或观测器,然后根据滤波器的输出值与真实系统进行比较,产生残差,残差中包含着丰富的故障信息,对残差进行分析、处理,可实现系统的故障诊断。设计检测滤波器或观测器时,不仅要保证滤波器的稳定性,还要要求产生的残差能够识别系统发生的故障。当滤波器稳定时,在正常的工作条件下,滤波器或观测器的初始误差会渐渐消除,滤波器将准确地跟踪系统的响应,输出误差将保持为零,除非考虑噪声、干扰或系统未建模部分的效应。当系统中某一部件发生故障时,滤波器的模型将不能正确地反映发生故障后的系统特性,输出误差将不为零。根据故障滤波器的设计限制,输出误差应具有方向性,某个部件的故障对应一定方向的输出误差。

　　状态估计方法依赖精确的数学模型,利用系统的定量模型和可测信号重建某一可测量的变量,将估计值与测量值进行比较,构成残差序列,再从残差中提取故障特征参数并根据特征参数实现故障诊断。基于状态估计的故障诊断方法主要包括观测器方法和故障检测滤波器方法,观测器方法主要包括 Luenberger 观测器法、滑模观测器法、未知输入观测器法、自适应观测器法等;故障检测滤波器方法主要包括多目标优化的滤波器法、Kalman 滤波器法、传递函数迹最小化的最优随机滤波法。

在信号处理、通信和现代控制系统中,需要对一个随机动态系统的状态进行估计,由一个测量装置对系统状态进行测量,通过记录的测量值对状态进行最优估计。采用 Kalman 滤波方法对航空发动机控制系统进行故障诊断时有很好的针对性,因此 Kalman 算法是故障信号处理的主要方法。

目前,基于模型的系统状态估计方法是指利用控制系统的标称模型和可测信息,设计观测器/滤波器,进行状态重构。残差由观测器/滤波器的输出与实际系统输出的差值生成。由于 Kalman 滤波对突变性故障("硬"故障)和渐变性故障("软"故障)始终具有强跟踪能力,可更好地实现故障检测和分离。20 世纪 80 年代中期,基于 Kalman 滤波原理,美国 NASA 刘易斯(Lewis)研究中心针对发动机控制系统传感器故障检测、隔离、重构问题提出了先进检测、隔离和调节(advanced detection, isolation, and accommodation, ADIA)算法,并在 F100 发动机上进行了试验验证。20 世纪 90 年代,美国在 IHPTET 计划中对其作进一步完善,ADIA 算法是目前已进入工程应用阶段的较为成功的故障诊断方法。

另外,滑模变结构的特点使得基于滑模观测器(sliding-mode observer, SMO)的故障诊断方法对于系统中存在的不确定因素具有极强的鲁棒性,其等效输出误差注入项的逼近特性能够实现故障动态特性的估计和重构,以便更好地认识和分析故障。从最初将滑模观测器应用于故障诊断系统,基于滑模观测器的故障诊断方法得到了广泛研究,在诸多领域成功应用。最初,这些方法更适用于检测大幅度故障,对早期的故障检测和隔离缺乏有效的技术途径。近几年,国内外学者针对航空发动机控制系统中的执行机构和传感器故障,考虑系统存在的不确定性和非线性,采用基于滑模观测器的方法进行了故障特性估计研究。为了实现故障的准确估计,通过故障与不确定因素的解耦,对系统存在的干扰和不确定因素进行抑制。

1.3.2   健康管理系统研究现状

1. 健康管理系统发展概述

随着航空发动机及航改燃机面临的可靠性、安全性、经济性和维修保障等问题日益凸显,传统的定时维修方式已难以满足需求。视情维修具有规模小、效率高、经济性好,尤其是可避免重大灾难性事故的显著优势,成为航空发动机的先进维修方式。视情维修的前提是能够对发动机状态进行实时监视,即根据发动机的工作情况来评估发动机的性能状态并确定是否需要返厂修理及确定维修内容和维修级别。为实现对发动机的监视功能,现代的航空发动机及航改燃机都装备了更加先进的发动机状态监控设备和故障诊断系统,利用发动机健康管理系统除可以监视和管理发动机的使用、技术状态、寿命消耗外,还可进一步分析发动机的故障原因,从而提高发动机的使用可靠性、飞行的安全性和发动机的利用率,并且减少发动机的航材储备、维修工时、燃油消耗。

1974 年,普拉特·惠特尼公司(简称普惠公司或 P&W 公司)开发了第一代发动机状态监控(engine condition monitoring, ECM)系统,该程序需要在主机中装载 3 500 张打孔式卡片,使用程序比较烦琐,因此未得到广泛应用。与此同时,美国通用电气公司推出了地基发动机监控(ground-based engine monitoring, GEM)系统,该系统只具备发动机单元体性能监视能力。普惠公司于 1983 年 4 月发布了 ECM Ⅱ,该程序仍然为单机程序。在这一时期,美国通用电气公司相继研发了飞机数据发动机表现趋势(aircraft data engine performance trending, ADEPT)监控系统和燃气涡轮发动机分析系统(System for the Analysis of Gas turbine Engines, SAGE),ADEPT 监控系统和 SAGE 均为单机版监控软件,且具备发动机整机状态监视能力。

1999 年 6 月,普惠公司发布的发动机健康监视(engine health monitoring, EHM)系统集成了复杂的发动机机群管理工具,EHM 软件提供了强大的发动机状态监控功能和机群管理功能,即 ECM Ⅱ 和第三代涡轮发动机辅助监视(turbine engine aids monitoring Ⅲ, TEAM Ⅲ)系统的集成。目前,普惠公司已停止对 EHM 软件更新。随着网络信息技术和通信技术的快速发展,互联网的便捷性促使发动机监控技术朝着网络化方向发展。目前,各大发动机制造商都已推出网络版的监控系统,用于取代原有的单机版监控软件,如通用电气公司的远程诊断(remote diagnosis, RD)系统、myGEAviation 系统和普惠公司的先进诊断和发动机管理(advanced diagnostic and engine management, ADEM)系统。部分发动机主流健康管理系统如表 1.4 所示。

表 1.4　部分发动机主流健康管理系统

研发公司	健康管理系统英文缩写	健康管理系统英文全称	监视范围
普惠公司	ECM	engine condition monitoring	单元体
	ECM Ⅱ	engine condition monitoring Ⅱ	发动机
	TEAM Ⅲ	turbine engine aids monitoring Ⅲ	单元体
	EHM	engine health management	发动机 单元体
	ADEM	advanced diagnostic and engine management	发动机 单元体

研发公司	健康管理系统英文缩写	健康管理系统英文全称	监视范围
通用电气公司	ADEPT	aircraft data engine performance trending	发动机
	GEM	ground-based engine monitoring	单元体
	SAGE	System for the Analysis of Gas turbine Engines	发动机
	RD	remote diagnosis	发动机
	myGEAviation	myGEAviation	发动机

2. 典型健康管理系统架构分析与对比

本节对单机版和网络版健康管理系统的架构分别进行分析,从宏观层面介绍健康管理系统软硬件的组成模块及各模块之间的联系,并总结单机版 SAGE 系统和 EHM 系统、网络版健康管理系统 myGEAviation 和 ADEM 系统,以及单机版和网络版的系统架构的特点和区别,为研究者建立合适的系统架构提供借鉴。

1）单机版健康管理系统架构分析与对比

SAGE 和 EHM 的整体架构基本相似,主要由物理层、数据层和应用层构成,具体架构内容如图 1.35 所示,下面根据该图从物理层、数据层和应用层三个方面分析 SAGE 和 EHM 的特点和区别。

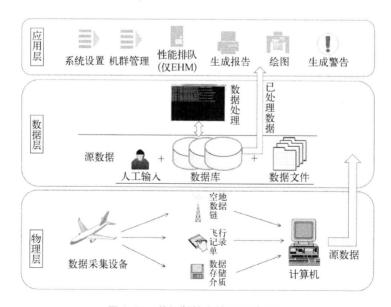

图 1.35　单机版健康管理系统架构

（1）物理层。

物理层由硬件设施组成,只有具备这些硬件设施才可构成完整的健康管理系统。由于 SAGE 和 EHM 的开发年代相近,两者在硬件设施方面没有本质区别,硬件设施主要包括数据采集设备、数据转移设备(包括空地数据链、飞行记录单、数据存储介质)、计算机。

（2）数据层。

数据层是健康管理系统的核心组成部分,该层的优劣直接决定健康管理系统性能的高低。数据层是以数据库为载体,实现数据的输入和识别、数据格式转化、数据处理等功能。其中,输入系统的原始数据、经格式转化后的数据、数据处理过程所产生的中间变量、数据计算结果均存放于数据库中。SAGE 和 EHM 的数据层实现的功能相同,但实现层面的主要区别包括三个方面:首先,两者分别采用不同的数据库技术;其次,数据格式有所区别且互不兼容;最后,基线计算、排气温度(exhaust gas temperature, EGT)裕度计算、数据平滑等具体数据处理算法也有所区别。

（3）应用层。

应用层也称为人-机交互层,由健康管理系统的各功能模块组成(数据处理模块除外,属于数据层),其主要功能是按照用户的指令从数据层调取数据,并以规定的格式向用户显示,如生成报告、图形和警告,其余辅助功能包括系统常规功能选项设置、机群管理等。SAGE 和 EHM 应用层在功能方面基本相近,主要区别在于EHM 增加了基于 EGT 指数的性能排队和基于增广健康参数的单元体性能分析功能。

2）网络版健康管理系统架构分析与对比

网络版健康管理系统 myGEAviation 和 ADEM 系统的整体架构基本相似,主要由物理层、数据层和应用层构成,具体架构内容如图 1.36 所示,下面从物理层、数据层和应用层三个方面分析 myGEAviation 和 ADEM 系统的特点和区别。

（1）物理层。

My GE Aviation 和 ADEM 系统在物理层方面无太大区别,硬件设施主要包括数据采集设备、数据(包括空地数据链、飞行记录单)转移设备、防火墙、交换机、代工厂厂家主服务器。相比单机版健康管理系统,网络版健康管理系统在物理层发生了较大变化,主要体现在两个方面:一是网络版数据传输路径以空地数据链为主,基本取消了存储介质的使用;二是软件运行平台由个人计算机转变为代工厂厂家主服务器。

（2）数据层。

在数据层方面,myGEAviation 系统基本延续了 SAGE 系统的标准,ADEM 系统则延续了 EHM 系统的标准。myGEAviation 和 ADEM 系统主要在数据格式和数据

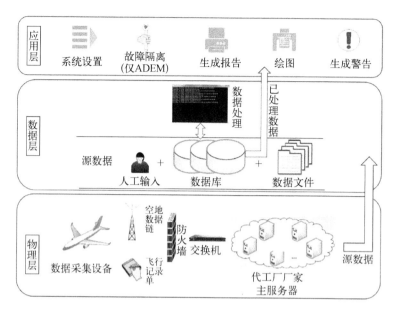

图 1.36　网络版健康管理系统架构

计算公式方面存在差异,因为不同公司有其各自的设计思路和习惯。此外,网络版健康管理系统与对应的单机版健康管理系统之间存在较大区别,主要体现在四个方面:一是数据输入方式有所区别,网络版的人工输入数据通道仅作为备份使用;二是数据格式兼容性有所区别,网络版可直接识别飞机通信寻址与报告系统(aircraft communications addressing and reporting system,ACARS)报文;三是数据量有所区别,网络版数据量巨大,对数据处理能力和速度提出了更高要求;四是数据库有所区别,网络版数据量和数据传输速度要求有显著提升,传统的数据库不足以支持其稳定运行。

(3)应用层。

网络版健康管理系统的应用层很大程度上延续了单机版健康管理系统的标准,将单机版中功能相近的模块进行融合,且交互界面已经过多次改良,更加符合使用者的习惯。此外,网络版与单机版健康管理系统的应用层还存在如下区别:第一,网络版中,发动机用户不具备机群更改的权限,必须由代工厂厂家重新配置机群;第二,网络版内部的默认设置更加合理,配置权限相比单机版系统有所减少;第三,网络版增加诊断功能;第四,网络版绘图功能显著增强。

3. 系统运行载体与数据传输方式分析与对比

前面通过对比不同时期和不同厂家的健康管理系统在整体架构上的区别和特点,从宏观层面分析了健康管理系统的发展历程。本章节重点分析物理层中的两个基本元素,即健康管理系统运行载体(计算机)和数据传输路径的发展历史,讨论不同健康管理系统的区别和特点。

1）健康管理系统运行载体

随着计算机技术和网络技术的发展，发动机监控系统的运行载体也经历了较大改变。早期的健康管理系统，如 GEM 系统，只能安装在美国国际商用机器（International Business Machines，IBM）公司生产的主机服务器上运行。受当时计算机技术的制约，软件运行速度缓慢、操作过程复杂且软件监视功能单一，只能用于部分单元体性能监控。由于 GEM 系统与 IBM 绑定，为使用 GEM 健康管理系统，发动机用户还需购买 IBM 服务器，这无形中增加了监视成本。ADEPT 监控系统是 GE 公司开发的第一代可在个人计算机（person computer，PC）上运行的发动机监视软件，与 GEM 系统相比，其使用的便捷性有了较大提高，监视范围也从单元体覆盖到发动机整机。由于 ADEPT 监控系统在很大程度上延续了 GEM 系统的功能，加上当时的 PC 普及程度较低，ADEPT 监控系统也可在 IBM 主服务器中运行。普惠公司于 1987 年通过 FORTRAN66 程序语言编写出 ECM Ⅱ系统，该系统完成了对 PC 的兼容，由于 PC 版 ECM Ⅱ系统具有友好的界面设计和良好的使用效果，该系统得到了广泛应用。

随着 PC 和 Windows 系统的迅速普及，SAGE 可在 Windows 和 Unix 环境中运行，且不再局限于 IBM 计算机。因此，SAGE 系统在运行速度和操作的便捷性方面要远优于 ADEPT 监控系统，SAGE 也因此成为使用范围最广、最成熟的单机版发动机监视软件之一。随着互联网技术和计算机技术的发展，通用电气和普惠公司将单机版发动机监视软件升级为网络版本，因此 My GE Aviation 和 ADEM 系统已经逐步取代 SAGE 和 EHM。网络版的优势在于，用户无须安装计算机客户端软件，使用浏览器连接互联网即可实现监视发动机的目的。

2）数据传输路径

数据采集、传输和输入方式在不同版本健康管理系统中的区别较大。此外，数据传输路径和数据输入格式在历代版本中也有较大差异，本小节介绍健康管理系统在此方面的发展历程。

（1）数据传输方式和路径。

GEM 系统开发年代较早，当时无线通信技术并不成熟，加上当时健康管理系统功能简单，所需参数数量较少，因此主要依靠机组观察仪表并记录发动机运行数据，以手动的方式将数据输入健康管理系统。ADEPT 和 ECM Ⅱ系统同时具备手动输入数据和从存储设备中读取数据的能力。用户可通过机载设备采集发动机运行数据，将其存储至软盘、磁带等设备，将存储设备插入计算机后，健康管理系统可读取相关数据。SAGE 和 EHM 系统除延续了 ADEPT 监控系统的输入方式外，还可使用 ACARS 空地数据链传输数据，其优点在于能够对发动机进行实时监控。ACARS 数据传输量有限，且服务价格昂贵，故 ACARS 一般只适用于在起飞和巡航阶段传输重要的发动机参数。得益于信息技术的进步,在 RD 和 ADEM 系统中,空地数据链在数据传输方式中的占比极高,几乎不再依靠存储介质转移数据。发动机产生的原始运行数据直接通过 ACARS 传输至 GE 和普惠公司,用户无须收集和输入数据。

典型健康管理系统的数据传输路径如图 1.37 所示,图中左侧为单机版健康管理系统(EHM 和 SAGE)的数据传输路径,右侧为网络版健康管理系统(RD 和 ADEM)系统的数据传输路径。单机版与网络版健康管理系统在数据传输路径方面的区别在于以下几点:一是网络版健康管理系统几乎完全采用自动的方式采集和输入数据;二是网络版健康管理系统实现了数据的多方共享,单机版数据仅限于发动机用户;三是网络版的数据传输方式以空地数据链和互联网为主,而单机版主要依靠存储介质和无线电方式传输数据。

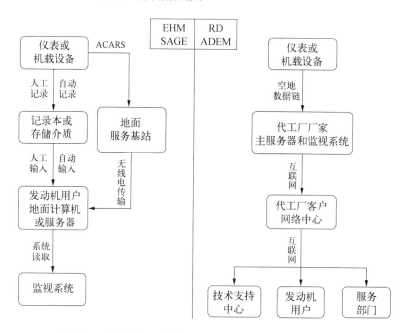

图 1.37   单机版和网络版健康管理系统数据传输路径对比

(2)数据的格式和兼容性。

发动机健康管理系统只能读取特定格式的文件,因此采集到的参数需要经过格式转化后才可输入监控系统。GEM 系统只能读取 AIF 格式的文件,ADEPT 监控系统只能读取 DT1 或 DT2 格式的文件,SAGE 系统只能读取 SGE(SAGE general file)格式的文件。SAGE 是在 ADEPT 基础上发展的健康管理系统,因此在 SAGE 系统的内部嵌有格式转化程序,可将 DT1、DT2 格式文件转化为 SGE 格式文件。此外,GE 公司提供独立的格式转化软件,可将 AIF 格式文件转化为 SGE 格式文件。

EHM 系统则可同时兼容 FILM（P&W ECM Ⅱ file maintenance）、GGAN（P&W ECM Ⅱ gas generator）和 DFM（P&W TEAM Ⅲ data file management ）格式文件。RD 和 ADEM 系统具备强大的数据识别能力，RD 系统除可识别 DT1、DT2、SGE 格式文件外，还可直接读取 ACARS 报文，可节省格式转化所耗的时间，增加发动机性能监视的时效性。

4. 数据处理模块功能分析与对比

ECM 系统、GEM 系统和 ADEPT 系统的开发年代较早，数据处理流程和功能较简单，数据处理方式老旧，此处不再讨论。SAGE 和 EHM 系统在数据处理方面各成体系，且算法相对更加成熟。My GE Aviation 和 ADEM 系统除在数据处理速度和数据量方面有所提高外，在算法上几乎完全延续了 SAGE 和 EHM 的标准。SAGE 和 EHM 系统的数据处理方式是 GE 和 P&W 两家公司的代表，通过对两者进行研究和对比，可为健康管理系统的研发提供借鉴。

1）数据处理流程和功能分析与对比

SAGE 和 EHM 系统在数据处理的总体流程上大致相同，主要包括基线计算、偏差值计算、起飞 EGT 裕度计算、初始化、平滑处理、压缩处理。下面分别讨论 SAGE 和 EHM 系统在数据处理方式上的具体区别和各自的优缺点。

在发动机基线和偏差量计算方面，SAGE 和 EHM 系统在发动机基线计算方法上有着完全不同的两种思路，SAGE 系统中，发动机各参数基线由发动机运行环境（高度、马赫数、空调引气状态、外界大气总温）和修正风扇转速共同决定，即每一环境均有其对应的基线；而 EHM 系统默认每一型号发动机只具有一条在标准大气状态下的基线。SAGE 和 EHM 系统使用相同算法计算发动机巡航参数的偏差量，唯一区别在于 SAGE 系统仅计算 EGT、低压转速 n_1、主燃油流量 FF 的偏差量，而 EHM 系统还需计算高压转速 n_2 的偏差量，这意味着通过 EHM 系统报告评估发动机性能趋势和诊断故障时有更多的依据，有助于工程师进行维修决策。

起飞 EGT 裕度评估方面，SAGE 系统在计算起飞 EGT 裕度时需将 n_1 和 EGT 的值换算至标准大气状态下，还需考虑发动机机型、运行环境、引气状态、发动机推力级别等因素对 EGT 裕度的影响，最终求得的 EGT 裕度为海平面高度下对应发动机拐点温度时的值。EHM 系统对 EGT 裕度有两种定义，分别是实际最差情况下的 EGT 裕度和海平面 EGT 裕度，除了在 SAGE 系统中计算 EGT 裕度时所需考虑的影响因素外，还需要根据 EGT 分路影响和空气总温对 EGT 反复修正。相对于 SAGE 系统，EHM 系统计算 EGT 裕度时考虑的因素更全面，计算和修正步骤更加细致，但增加了运算时间。随着计算机运行速度的提升，两者的计算时间差异逐渐变小。

初始化处理方面，EHM 和 SAGE 系统采用相同的初始化处理方式，均为发动机安装或换发后的前十个数据点的均值。两者不同之处在于 SAGE 系统还需对数据进行再初始化处理，再初始化处理是指计算在翼发动机近期内各个参数偏差值的均值,再初始化值可代表在翼发动机近期的性能水平,通过对比可评估发动机当前的衰退程度。从上述分析可知,增加再初始化功能,可帮助工程师更准确地从整体上掌握发动机的性能衰退程度。

野点处理和数据平滑算法方面,EHM 和 SAGE 系统均采用 2σ 方法判定数据点是否为野点。两者对野点的处理方式略有区别,SAGE 系统遇到第一个野点时,用上一平滑数据点代替该野点;EHM 系统则保留该野点,但用小写字母表示该点在标尺中的位置(正常数据点用大写字母表示)。EHM 系统采用十点平滑法对数据进行平滑处理,SAGE 系统则采用指数平滑法。两者采用的平滑算法不同,并无优劣之分,其目的都是排除野点干扰,更好地体现发动机性能衰退的趋势。

数据压缩处理方面,EHM 和 SAGE 系统采用相同的压缩算法,即平均值压缩法,但两者的压缩规则有较大区别。在 SAGE 系统中,当平滑数据达到 60 个时,系统将数据库中现存最早的 10 组航段数据压缩成 1 组数据,并将原来的 10 组数据删除。当压缩数据达到 3 组时,将其压缩成 1 组,该组数据是一个月的压缩数据,以此类推,形成季度和年度压缩数据。EHM 系统则是采用每满 10 个平滑数据进行一次压缩处理的方法,对已压缩数据不再进行压缩。从使用者的角度来讲,SAGE 系统的压缩规则更有利于节省计算机存储空间,尤其是对于 20 世纪 90 年代的用户而言,当时计算机技术水平较低,节省存储空间尤为重要。

2) 绘图显示功能分析与对比

发动机状态监控的主要内容是对发动机性能衰退趋势进行监视,从使用者的角度来说,发动机性能参数的变化比参数本身更加具有价值。根据监控工程师的喜好,将发动机参数绘制为变化趋势图,相对于纯数字表格来说,趋势图能更加直观地反映参数的变化趋势。因此,随着发动机健康管理系统的历次升级改版,其绘图能力也在不断增强。

早期健康管理系统,如 GEM、ECM 系统不具备绘图功能,ADEPT 和 ECM Ⅱ 系统可以将发动机参数的偏差值按时间顺序绘制成简单的趋势图。SAGE 和 EHM 系统除具备 ADEPT 监控系统的绘图功能外,还可绘制彩色的散点图和柱状图。网络版健康管理系统的绘图功能在单机版的基础上有较大发展,可以绘制多种形式的图形,例如,原 SAGE 系统中的趋势报告在 My GE Aviation 中可更换为彩色的趋势图。

(1) SAGE 与 EHM 系统对比。

SAGE 系统的绘图功能在“交互报告”模块中实现。SAGE 系统仅能绘制简单的散点图和柱状图,且这些图形只能显示单台发动机参数,故其工程应用价值并不突出。EHM 系统则将绘图功能划分成一个独立模块,即 UNIGRAPH 模块,且 EHM 系统集成了 ECM Ⅱ 和 TEAM Ⅱ 的绘图功能和特点,使绘图能力得到显著增强,具备数据拟合及分析功能,如图 1.38 所示,黑色数据点为某台发动机的 EGT 裕度,横坐标为发动机循环次数,纵坐标为 EGT 裕度值,中间黑色直线为拟合直线,工程师通过观察直线的倾斜程度即可初步判断发动机的性能衰退速度。因此,单从绘图能力来讲,EHM 系统远强于 SAGE 系统。

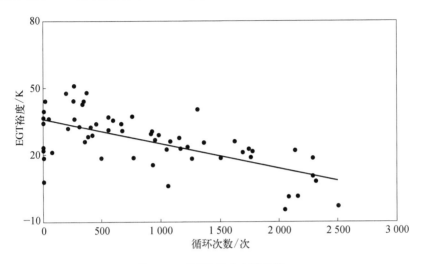

图 1.38 EGT 裕度衰退趋势

(2) 单机版与网络版健康管理系统对比。

相对于单机版来说,GE 公司的 My GE Aviation 系统的绘图能力得到了显著增强,已达到与 P&W 公司 ADEM 系统相近的水平,具备了多发、多参数、数据拟合等功能。相对于 EHM,ADEM 在绘图模块的最大改进之处在于优化了绘图操作方式。EHM 绘图功能的实现方式较为落后,工程师需输入特定操作指令,才能自定义绘图设置项和绘制性能参数趋势图,不利于工程师及时分析发动机机群的运行状态。ADEM 系统的绘图功能的实现方式更加便捷和人性化,性能工程师在交互的发动机趋势(interactive engine trending, IET)模块中可直接选择发动机序列号和目标性能参数,绘制所需的图形。

5. 健康管理系统现状分析总结

结合上述章节对于发动机典型健康管理系统在整体架构、系统运行载体与数据传输方式、数据处理功能等方面的发展现状的介绍,可以总结出目前随发动机服役使用的健康管理系统主要具有如下特征。

(1) 随着移动设备(如智能手机、平板电脑)运算能力的提升,机务维修领域逐步向无纸化和移动化办公方式转变。使用基于移动设备的发动机健康管理系统,工程师可随时随地监控发动机机群,及时评估发动机性能水平,做出维修决策,该方式大幅降低了工卡归档管理成本,缩短了维修记录查找时间。

(2) 当前,健康管理系统大多通过 ACARS 数据来监视发动机状态,其缺点在于传输数据量少且服务价格昂贵。ACARS 数据存在缺陷,而快速存取记录器

（quick access record，QAR）的数据量大且价格低，逐渐受到发动机用户的重视。但是在实际工程应用中仍然面临一些问题，例如，QAR 数据只能在飞机落地后才能获取，实时性不强，且数据类型繁多、提取难度大。

（3）当前，健康管理系统的分析功能并不能完全满足发动机用户的需求，计算输出的结果不能直接体现发动机性能状态，往往需要工程师根据其知识和监视经验，经过大量分析后才能评估发动机性能水平，且诊断预测能力仍然较弱，很难满足用户实际工程需求。

（4）当前，健康管理系统处理结果绘图显示功能能够基本满足发动机用户的查阅需求，但数据点较多时，绘图速度较慢，提高互联网宽带速度与兼容性能，可进一步提升绘图显示速度。

第2章
健康管理系统总体设计

2.1 健康管理需求分析

随着技术的发展,发动机用户对发动机的监测需求逐步由状态监视向健康管理转变,健康管理系统处理参数类型和数据处理能力方面均得到显著加强,从而实现监测技术的在线化和实时化、寿命管理与维修决策支持,以及故障诊断与趋势分析,具备这些能力是发动机从定期维护向视情维护转变和零部件视情生产的基础,其发展特征如图2.1所示。

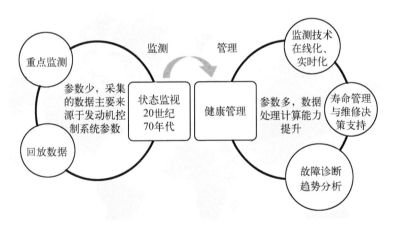

图 2.1 发动机健康管理系统发展特征

发动机健康管理重点是利用各种算法和智能模型,以及先进传感器的集成来预测、诊断、监控和管理发动机的状态。发动机健康管理实现了两个转变,即维修思想和维修策略的转变。其中,维修思想从以预防为主,向以可靠性为中心进行转变,以及由传统的基于传感器的故障诊断,向基于智能系统的发动机状态预测进行转变;维修策略从定时维修,向视情维修转变,以及由事后维修和定期维修,向基于状态的视情维修进行转换。

　　发动机健康管理系统的基础是准确捕获用户的真实需求,只有在用户需求明确的前提下,才能明确发动机健康管理系统应具备的功能。依据发动机健康管理系统功能,结合发动机健康管理系统使用场景,可从设计和使用维护方面进行分解。在发动机使用维护方面,要求通过健康管理系统提高飞行安全、降低工作负荷、缩短维修时间等;在设计方面,发动机健康管理系统应能满足用户不断迭代更新的使用需求,且能够快速完成系统的更新升级。

　　结合健康管理系统的作用,分析健康管理系统的基本需求,可以分为健康管理系统的功能需求和软硬件需求,其中健康管理系统应具备的主要功能需求如下:

　　(1) 系统应具备自动状态监视能力;

　　(2) 系统应具备故障诊断能力,对已知故障的覆盖率应尽量高,诊断结果要求准确、可信度高;

　　(3) 系统应具有性能衰退趋势分析能力;

　　(4) 系统应具有关键件寿命消耗评估及剩余使用寿命预测能力;

　　(5) 系统应具有使用维修保障决策支持的功能。

健康管理系统的软硬件需求如下:

　　(1) 要求系统的抗噪声和错误信息能力强;

　　(2) 应该采用先进传感器,而且传感器数目尽可能少;

　　(3) 系统设计构架要求具备开放、灵活、模块化的特点;

　　(4) 系统要求便于使用、交互方式简便。

2.2　系统功能设计

2.2.1　状态监视

　　发动机的状态监测是通过采集、记录和处理飞行和地面试验(或检查)中与发动机状态相关的数据,对这些数据作进一步的处理,用于确定如上所述的发动机状态,提出发动机维护建议。

　　一般的发动机状态监测功能包括气路监测、振动监测和滑油监测。系统实时采集、处理、分析和记录发动机各截面、分系统相关参数,实现超限报警,并提取发动机事件特征点信息。

　　1. 气路监测

　　对于气路监测,一般系统监测发动机转速、压力、温度等性能参数,实现发动机超温、超转和超压报警功能,同时为发动机故障诊断、性能衰减分析提供特征点信息。对于气路参数,通常会判断其是否超出规定的门限值,以此为依据判断发动机是否处于健康状态。如果发生参数超限,系统会及时记录事件发生前、发生过程中和发生后一段时间内的数据并告警。

被监视的发动机气路参数为发动机各主要截面的温度和压力、发动机转速、油门杆角度、发动机可调几何位置等,根据发动机结构形式、对健康管理系统的要求和成本等因素选择具体的监视参数。另外,还要监视飞机的飞行状态,因为飞机在不同高度和速度下飞行时,对气路参数的影响也很大,在判断发动机是否在稳态工作时,也需要明确飞机的飞行状态,所以要监视与飞行状态相关的参数。另外,气路参数与其他参数不同,为了便于分析和比较,通常要将发动机气路参数换算到标准大气条件下。由于气路参数具有不确定性,直接对其进行分析时十分困难,要选择合适的平滑方法进行处理,否则很难获得理想的诊断结论。

例如,采用机载自调整模型对发动机气路性能进行监测可考虑如下几方面要求。

（1）监测发动机温度、压力、转速、转差等参数,参数异常时,应实施告警。

（2）通过起飞和巡航状态的性能数据,计算风扇、压气机、涡轮等部件的性能衰退情况,性能衰退异常时,实施告警。

（3）发动机机载自调整模型包含三个部分,即状态变量模型、滤波算法和补偿算法。机载自调整模型主要完成以下功能:将模型计算值与具有裕度的传感器实测值进行比较,确定参数真实值;确定发动机各截面气动参数,监测发动机温度、压力、转速等参数;计算各部件性能,监测风扇、压气机、涡轮等部件的性能衰退情况,如图 2.2 所示。

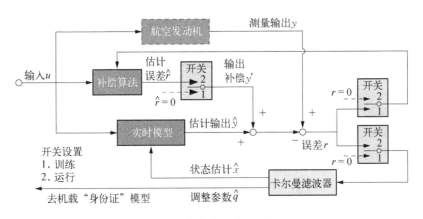

图 2.2　发动机机载自调整模型架构

（4）发动机机载"身份证"模型使用与机载自调整模型相同软件版本的实时模型,可直接提供发动机油门杆角度（或发动机转速）确定的发动机运行状态的基准参数,并自动接收周期性更新的调整参数估计值,如图 2.3 所示。调整参数的周期性更新可使机载"身份证"模型适应于随时间逐渐出现的正常性能降级,并使自调整模型快速适应于由故障引起的快速性能变化。周期性调整参数的更新频率一般由用户定义,一般是一个飞行架次更新一次。

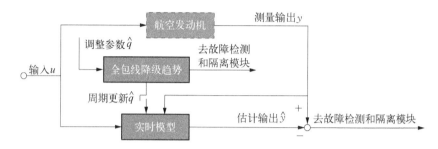

图 2.3　发动机机载"身份证"模型架构

2. 振动监测

对于振动的监视,要根据发动机的振动特点,选择合适的位置和传感器对振动进行测量,然后通过软件对测量的原始数据进行频域和时域分析,这样才能获得诊断所需的数据。测量振动的传感器主要有位移式、速度式和加速度式,振动测量对振动传感器的位置选择、采集电路设计、电缆绝缘、电缆屏蔽、电缆低噪声处理、接插件、滤波等都有严格的要求。对于振动监测,一般可实时监测机载振动传感器信号,通过总线将振动数据发送至飞机座舱进行实时显示,当振动量值(总量)大于报警门限值时,进行告警。振动监测与故障诊断系统应具备对主转子系统的典型故障进行实时监测和分析的能力,至少应包含以下功能。

稳态分析:时域波形、轴心轨迹、轴心进动、全息进动、一维频谱和低频细化、相关分析、包络分析、时延相关分析等。

瞬态分析:增(减)速 Bode 图、增(减)速轴心进动、增(减)速谐波分析和三维瀑布图等。

3. 滑油监测

对于滑油监测,可以从监视对象这个角度,将其分为三个大的方面:第一个是对滑油的整个系统的工作状态进行监视,判断滑油系统是否正常工作;第二个是对滑油屑末进行监视,也就是通过分析滑油中的屑末状况,判断接触滑油的发动机零部件的健康状态;第三个是对滑油本身的状态进行监视,也就是通过分析滑油本身的物理化学等方面的性能来判断滑油是否能够继续使用。下面简单描述这三方面的监测要求。

滑油系统状态参数包含滑油压差、滑油回油温度、轴承腔压等,是直接体现滑油系统工作状态的参数。机械系统故障诊断将滑油供油压差和滑油回油温度设置报警门限值并结合与滑油系统相关的其他参数(如发动机高压转速、高度、速度等)进行综合分析,通过合理的算法,监测滑油系统的工作状态。例如,通过测量滑油压力可以监测部分滑油系统的工作状态,引起滑油压力升高的原因一般有滑油喷嘴堵塞、滑油滤堵塞或调压活门故障等;引起滑油压力降低的原因一般有滑油泄漏、滑油管破裂、滑油泵故障、滑油油面太低、滑油的调压活门工作异常等。通过监视滑油消耗量,可以发现滑油泄漏或燃滑油散热器的损坏问题;滑油油滤堵塞会导致滑油供油不足,使发动机部件发生严重的磨损。因此,通常需要监视滑油滤的进出口压差,以指示滑油滤是否堵塞。

在航空发动机机械系统中,滑油中的金属屑末是一些对发动机至关重要的转动零组件(如主轴承、中央传动锥齿轮、滑油泵组等)在工作过程的正常产物,不同的部件和在不同的磨损方式下会产生不同的屑末,因此也可以直接反映出这部分转动零组件工作是否正常。因此,通过监视滑油中的屑末可以分析出发动机的部件状态。一般情况下,进行监视的滑油参数有屑末含量、屑末产生速率、材质、形状、尺寸、尺寸分布和颜色等。对滑油屑末的监视比较复杂,一般在机载和地面都会进行定期或不定期的检查。机载的主要作用是收集屑末,进行初步分析,有需要时,会在地面通过专门的光谱分析和铁谱分析设备等作进一步的分析。

如果滑油本身失效,就不具备润滑和散热的能力,会导致发动机部件迅速损坏。因此,一般会在实验室中对滑油的氧化、附加损耗、胶体杂质含量、被稀释燃油的黏度和总酸值等性能进行检测,以此确定滑油是否还能继续使用。

2.2.2　故障诊断

1. 基于数据驱动的航空发动机故障诊断

当复杂系统的数学机理模型难以建立或无法精确描述,同时具有大量的传感器测量及历史运行数据时,可采用基于数据驱动的航空发动机故障诊断方法,其基本原理是利用机器学习、统计分析、信号分析等直接对大量的在线、离线过程中的运行数据进行分析处理,提取故障特征,确定故障发生原因、发生位置及发生时间。基于数据驱动的故障诊断方法的核心思想是利用发动机系统的大量在线和离线数据,针对典型的已知故障模式进行发动机故障特征的匹配,实现故障发生部位和时间的定位。基于数据驱动的故障诊断方法可作为基于机理模型方法的补充,其主要有以下几方面特点:① 不需要知道系统精确的解析模型,它所处理分析的对象只有数据特征;② 不需要对复杂的诊断对象机理进行定性描述;③ 数据容易得到,但模型和定性知识不易获得;④ 适合难以建立解析模型的复杂系统及对已知故障模式的诊断;⑤ 满足大数据时代技术发展的需要。基于数据驱动的航空发动机及航改燃机故障诊断研究及应用主要包括基于参数门限值的发动机故障诊断方法、基于人工智能方法的发动机故障分类/聚类方法、基于信号处理的振动信号特征提取及故障识别方法等。

基于数据驱动的故障诊断方法主要包括四大类：统计分析方法、统计学习方法、数字信号处理方法及人工智能方法。统计分析方法主要有主元分析、偏最小二乘、Fisher 判别分析等；统计学习方法主要有支持向量机、Kernel 学习等；数字信号处理方法主要包括谱分析、小波分析等；人工智能方法主要包括人工神经网络、粗糙集、模糊推理、专家系统等。基于神经网络的故障诊断方法通过对发动机历史故障问题建立相应的神经网络诊断模型，输入发动机监测数据，即可得出故障产生原因，进而实现故障的诊断。

基于神经网络的故障诊断方法的主要特点主要如下：① 神经网络对故障模式具有记忆、联想和推测的能力，能够进行自学习，并且拥有非线性处理能力，因此在非线性发动机故障中得到了越来越多的重视；② 神经网络的出现为故障诊断提供了一种新的途径，特别是对复杂系统，该方法是重要的也是实际可行的。基于支持向量机的故障诊断通过寻求最小结构化风险来提高学习机泛化能力，实现经验风险和置信范围的最小化，从而达到在统计样本量较少的情况下也能获得良好统计规律的目的。它有效克服了维数灾难问题，避免了局部最优解，在解决小样本、非线性及高维模式识别问题中表现出了许多特有的优势。

2. 基于机理模型的航空发动机故障诊断

基于机理模型的航天发动机故障诊断方法是随着解析冗余思想的提出而形成的，这种方法的优点是可以深入复杂动态系统的本质，实时进行故障检测和诊断，缺点是需要已知精确的系统模型。基于机理模型的故障检测与诊断方法是通过发动机实际行为与基于模型的预期行为差异的分析与比较，检测系统是否发生故障，并对故障发生部位、故障程度及类型进行诊断。这种基于机理模型的故障诊断方法具有不需要另增加其他物理设备的优点，在理论研究和工程应用方面都具有很强的生命力。基于机理模型的航空发动机故障诊断研究及应用，主要包括基于自适应模型的发动机气路故障诊断方法、基于滤波器/观测器组的发动机传感器/执行机构故障诊断方法等。

基于机理模型的航天发动机故障诊断方法可以分为参数估计法、状态估计法和等价空间法三种。这三种方法虽然独立发展，但之间存在着一定的联系。通常来说，参数估计法更适用于非线性系统，因为非线性系统状态观测器的设计有很大的困难，而等价空间法一般仅适用于线性系统。参数估计法的基本思想是把理论建模与参数辨识结合起来，根据参数估计值与正常值之间的偏差情况来判断故障情况。与状态估计法相比，参数估计法更利于故障分离。由于参数估计法要求找出模型参数与物理参数之间的一一对应关系，且被控过程需要充分激励，将参数估计法和其他方法结合起来使用，可以获得更好的故障检测和分离性能。状态估计法的基本思想是利用发动机的定量模型和测量信号重建某一可测变量，将估计值与测量值的差值作为残差来检测和分离发动机故障，此方法常使用观测器或滤波器来产生残差,所以也称为观测器或滤波器法。

基于机理模型的航空发动机故障诊断方法中,基于观测器的方法具有设计灵活、相对容易获得较强的鲁棒性、算法简单及响应速度较快等特点,因此一直是研究的热点。等价空间法的基本思想是利用发动机输入输出的实际测量值检验发动机数学模型的等价性,即一致性来进行故障检测和分离,主要方法有基于约束优化的等价方程方法、广义残差产生器方案、具有方向性的残差序列、基于近似扰动的解耦等价空间法等,已有文献证明了等价空间法与状态估计法在结构上的等价性。

3. 基于知识推理的航空发动机故障诊断

基于知识推理的航空发动机故障诊断是一种较为成熟的技术。近 30 年来,人工智能获得了迅速发展,在很多学科领域都获得了广泛应用,并取得了丰硕的成果。作为人工智能的一个重要分支的知识推理是在 20 世纪 60 年代初期产生和发展起来的一门新兴的应用科学,而且正随着计算机技术的不断发展而日臻完善和成熟。20 世纪 70 年代中期以前的知识推理多属于解释型和故障诊断型等,所处理的问题基本上是可分解的问题。20 世纪 70 年代后期,相继出现了其他类型的知识推理,如设计型、规划型、控制型等,其间,知识推理的体系结构也发生了深刻变化,由最初的单一知识库及单一推理机发展为多知识库及多推理机,由集中式知识推理发展为分布式知识推理。一般认为,知识推理就是应用于某一专门领域,由知识工程师通过知识获取手段,将领域专家解决的特定领域的知识,采用某种知识表示方法编辑或自动生成某种特定表示形式,存放在知识库中,然后用户通过人-机接口输入信息、数据或命令,运用推理机构控制知识库及整个系统,能像专家一样解决困难和复杂的实际问题的计算机(软件)系统。

早在 1977 年,就有研究者指出,知识推理的能力来源于它所具备的知识而不在于它所采取的特殊形式的推理模式。专家知识是决定专家水平的关键,而知识表达方式和推理模式不过是利用知识的手段。在这样一种认识的指导下,知识推理的发展经历了一段摸索后,研究人员找到了开发特定领域知识推理技术的道路。

知识获取一直是知识推理技术应用中的一个瓶颈问题,软件工作者为了开发一个知识推理系统,几乎要从头学习一门新的专业知识,这样大大延长了开发周期,而且还不能完全保证知识的质量,对知识库的维护也带来诸多不便。近些年,随着机器学习研究的进展,人们已逐渐用半自动方式取代原来的精确表示及推理或较简单的不精确推理模型,对非单调推理、归纳推理等开展了研究,取得了一定的进展。此外,人们还开展了对专家系统开发工具的研究,建立了多种不同功能、不同类型的开发工具,对缩短知识推理系统的研制周期、提高系统的质量起到了重要作用。知识推理系统是人工智能领域最活跃的分支之一,它为人工智能的研究做出了两个重要贡献:一是促进人工智能的研究从实验室走向实用化的方向发展;二是将传统的对程序的算法研究转向对知识的研究。事实证明,缺乏知识的系统只能执行简单的任务,而装备了知识并能熟练应用知识的系统能达到甚至超过人类专家的能力。

2.2.3　趋势分析

发动机趋势分析技术是指对发动机数据进行综合分析,判断其发展趋势,并依据当前和历史时刻的相关数据和健康信息,预测在未来某一时刻的发动机的变化趋势和关键件的潜在故障,它是预测与健康管理及视情维修技术研究的重要因素。发动机趋势分析输入是经过预处理后的参数历史数据和实时接收的数据,以及具体配置的预测模型,输出是系统趋势分析和预测结果。

在飞机巡航状态下,发动机主要气路性能参数的变化趋势能够客观反映发动机的性能衰退情况,由于航空发动机在失效前会经历一段逐渐劣化过程,通过对航空发动机主要性能参数的发展趋势进行分析和预测,能够更准确地掌握航空发动机的劣化过程,以便制定最优的发动机换发、维修计划,有目的地进行排故和维护工作,从而起到对故障的预防作用,可以保证航空发动机的运行稳定性,最大限度地减少故障损失和维修费用。趋势预测作为寿命预测的基础,其准确性和预测能力与寿命预测的精度密切相关。趋势分析技术的研究方法有很多种,但总体分为三种类型,分别是基于模型、基于数据驱动和基于概率统计的方法。

基于模型的方法的难点在于准确建立研究对象的物理模型,需要对研究对象的基本原理、运行机理和失效机制有深入认识和理解,并依赖大量的历史数据寻求规律,最终实现趋势分析。该方法在解决材料变形、断裂、疲劳和材料损失等结构简单、研究对象较少的问题时比较有效,对于结构复杂、影响因素较多的研究对象不太适用。

基于数据驱动的方法适用于研究未知领域对象,主要通过选择特征参数建模,结合概率统计方法,总结故障规律,实现研究趋势分析及预测。该方法能够根据经验数据来学习模型的优势,但也会因无法学习模型中不存在这些数据的部分而受到影响。某种意义上讲,它是基于模型方法和基于可靠性方法的折中方案,包括回归模型法、粒子滤波、时间序列分析、神经网络、支持向量机和线性判别分析等。

基于概率统计的方法,就是利用概率统计方法建立模型,研究规律,判断对象所处的健康状态,实现趋势分析和预测。主要的概率模型来自信号处理、目标跟踪和状态估计领域,常用方法包括最近邻分类、似然比检验、最大似然估计等。

2.2.4　寿命管理

航空发动机的寿命管理已成为飞机发动机进行健康管理的最主要的手段之一。发动机零件可分为三类：限制寿命的关键件（故障可能危及飞行安全）、限制寿命的重要件（故障会严重影响发动机性能、可靠性或使用成本）和不限制寿命的零件（故障对发动机仅有较小影响，产生问题时进行修理或更新即可）。这些零件均不可能无限期地使用，必须在达到或超过寿命极限前退役。零件的寿命极限取决于其寿命消耗和剩余使用寿命，对各发动机独自的寿命消耗历程进行管理，特别是对限制寿命零件进行管理，可以实现对限制寿命零件的视情维修，提高飞行安全性并有效改善经济性。

寿命消耗计算模型是寿命管理技术的核心，寿命管理通常由机载和地面系统共同完成。根据发动机结构和强度设计准则要求及发动机设计信息，建立发动机低周疲劳消耗模型、蠕变寿命消耗模型等，并结合发动机的材料特性精确计算发动机关键件的使用消耗寿命。

（1）机载系统计算发动机零部件的寿命消耗，即建立一个合适的反映零件所受载荷和零件应力-寿命关系的寿命消耗数学模型来进行寿命使用监测，通过数据采集得到飞行剖面，经过实时的数据处理，得到监视零件和部位的载荷和应力，再通过计算模型计算零件的寿命消耗百分数。

（2）地面系统根据机载系统计算的寿命消耗数据，结合历史寿命消耗数据和维修记录信息，采用精细的寿命消耗算法进一步计算关键件的剩余使用寿命，并制定关键件的维修、更换及备件计划。

2.3　系统架构方案

发动机健康管理系统架构通常包括机载系统和地面系统，健康管理系统典型架构组成示意图如图 2.4 所示。发动机健康管理机载系统通常由健康管理系统机载监测单元、发动机传感器和相关连接电缆等硬件及机载软件组成，实现数据处理、状态监测、故障诊断、趋势分析数据提取和寿命数据统计等功能。发动机地面系统硬件主要为健康管理数据处理设备和地面健康管理数据处理分析软件，依托机载系统存储数据，对发动机数据进行二次分析，评估发动机的健康状态。

发动机机载系统通过发动机传感器采集信息，健康管理系统机载监测单元接收发动机传感器信息和发动机控制系统发送的数据，实现发动机气路、振动、滑油等方面的状态监测、故障诊断功能，提取发动机趋势分析和寿命管理的特征数据。健康管理系统机载监测单元将监测结果实时发送给飞机系统。飞行结束后，健康管理系统机载监测单元可与便携式手持设备或地面系统设备连接，将存储的数据、

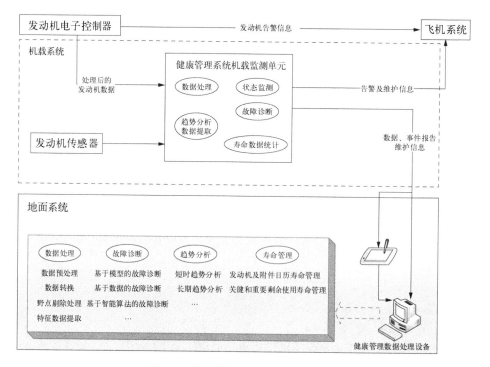

图 2.4 健康管理系统典型架构方案

事件报告及发动机维护建议等发送至地面系统进行深入分析诊断。

发动机机载系统传感器负责采集发动机信息,并将其发送至健康管理系统机载监测单元进行分析。发动机健康管理系统传感器包括但不限于以下类型: ① 转速传感器;② 温度传感器;③ 压力传感器;④ 振动传感器;⑤ 滑油屑末传感器等。

健康管理系统机载监测单元是健康管理机载系统的重要组成部分,其通常由核心处理器、存储器及输入输出接口等组成,实现数据采集、处理、存储和通信等功能。健康管理系统机载监测单元中针对不同数据设有不同类型的采集通道,设定不同的采样速率;数据处理功能要求按照健康管理功能需求,通过机载软件实现;监测单元数据处理模块应具有裕度设计,在完成机载软件数据处理分析的基础上,预留裕度处理能力;数据存储功能,主要储存必要原始数据和处理分析后的事件报告等信息;通信功能主要实现健康管理系统机载监测单元与控制系统、飞机系统和地面系统等的通信功能,一般情况下,健康管理系统接收控制系统数据,将处理后的信息发送给飞机系统。结合健康管理系统功能及系统定位,为保障飞行安全,健康管理系统一般不向控制系统发送信息。

地面系统包括便携式手持设备、地面数据处理设备和发动机地面系统软件:

便携式手持设备主要用于实现机载和地面设备之间的中转通信;地面数据处理设备用于实现发动机数据的诊断分析;发动机地面系统主要依托地面健康管理软件实现,主要包括故障诊断、寿命管理、趋势分析等功能。与机载系统故障诊断相比,发动机地面系统故障诊断可采用基于智能的故障诊断算法。受环境和空间限制等因素影响,机载系统的处理能力低于地面系统。地面系统故障诊断可采用基于模型的、基于数据的、基于智能算法的故障诊断及多种方法融合的算法,实现发动机状态的深度分析。

在满足系统功能的基础上,为便于系统集成验证,可采用模块开发方式,将地面系统软件划分为若干模块,并统一开发模式和运行环境。

2.4 技术指标分解

2.4.1 用户指标需求

发动机健康管理系统的目的是提高发动机安全性、可靠性和维护性,为了实现该目标,首要的基础是必须准确获取发动机健康管理系统用户的真实需求,只有在用户需求明确且完善的前提下,才能将用户需求转化为系统的设计指标或者对系统的改进提供一定的参考意见,保证在实践中发挥发动机健康管理系统的效用,满足用户的需求。为了覆盖发动机健康管理系统的所有使用场景,本节将发动机健康管理系统用户分为空勤、地勤和其他用户三个方面,阐述不同用户对发动机健康管理系统的不同指标需求。

1. 空勤

空勤主要指操纵飞机的人员,从空勤角度来讲,最关心的是飞行安全和工作负荷。为了确保飞行安全,飞行实时预警指挥系统利用飞行数据对飞机状态进行实时分析、预测和评估,对飞行数据进行处理后,在塔台以三维信息的形式显示,针对处于危险飞行状态的飞机,向指挥员发出语音告警,由组织训练的指挥员通过积极的干预,提醒飞行员注意其飞机状态,保障飞行安全,从而减少飞行事故的发生。因此,从飞行安全角度考虑,空勤对健康管理系统的需求主要如下:具有相对准确的诊断和预测性能,能够对重要危险进行识别和预警;在危险预警发出后,能告诉飞行员危险的严重程度或者可持续安全飞行的时限等(可以使用最大化首次报警至失效时间来进行描述),以供飞行员做出准确的判断。

空勤在操纵飞机的过程中,需要尽可能减少座舱信息的显示。但过分减少座舱信息的显示会对飞行安全产生威胁,这样不利于机组观察飞机的状态,因此需要对座舱信息中的关键信息增加过滤功能,对于不易威胁飞行安全的信息予以次一级显示。除了座舱信息显示,对于机组,警报是一项无论在心理还是生理都极为沉重的负荷,在精神高度集中的工作状态下,警报的出现会大大降低空勤处理意外的能力,容易造成飞行事故。因此,需要尽可能地将警报最小化,不能同时出现大量的警报,除此之外还需要减少虚警的发生。从降低工作负荷的角度,空勤对于发动机健康管理系统的要求如下:要有关键警报座舱信息过滤能力;尽可能地减少虚警的发生,并使同一时间的警报数达到最小化。

2. 地勤

机场地勤人员的工作职责范围是从飞机进入停机坪的那一刻起,到离开停机坪进入滑行道为止的停泊期间的所有后勤服务(给油、给水、旅客下机登机、行李搬运、飞机餐点装载、机身清洁、废弃物处理等)。对发动机健康管理系统具有需求的地勤人员主要包括维修人员和后勤保障人员。

维修用户定义为场站或外场负责修理和服务的人员,维修底线是在最小化重复修理的同时,尽快、尽可能经济地使装备返回服役。从维修用户的角度,最关心的是维修工作量和计划维修工作。发动机是一个极其复杂的系统,其结构精密且不易拆装,发动机出现故障后,如果故障源难以发现,就难以快速开展故障处理工作。发动机健康监测技术的发展和成熟丰富了现有的维修方法体系,在确保飞机满足安全要求的前提下,由经验化的基于时间的计划维修向更加高效的基于实际健康状态的维修进行转变。未来,在基于健康管理的预测性维修模式下,总的维修保障成本将大幅度降低,这要求健康管理系统拥有相对较高的失效覆盖率,从而可以及时准确地检测到绝大部分的故障,此外还需要其具有准确的诊断能力,可以精确地定位故障源,并提前足够长时间预警严重故障的发生,避免二次损失。

后勤用户主要是指负责规划和执行必要的维修资源采办和管理,以维持发动机运行的人员,后勤用户最关心的是后勤保障率和后勤保障投资成本。在保证安全的前提下,通过分析不同类型系统的消耗规律,建立其备件需求预测模型,进行合理维修,减少库存,以提高经济性和利用率,这是后勤用户所追究的目标。同时,发动机零部件造价昂贵,需要寻求经济可行的保障资源投资方案,协助用户优化成本结构、合理降低后勤保障费用。优化投资费用的最好途径是提前预测和掌握各种维修资源需要的时间和数量,按需投资备品备件品种及储备数量。因此,后勤用户对发动机健康管理系统的需求如下:健康管理系统设计的失效数量应尽可能全部包含已知的失效模式;健康管理系统应具备对关键件剩余使用寿命进行预测的能力,达到在保证安全的前提下,更适时有效地做出维修决策,按需策划备品备件投资。

3. 航空公司

航空公司作为民航运输的主体,其在追求高安全性的同时,也要兼顾经济效益。从提高安全性的角度来看,需要减少飞机运行过程中的故障。从经济效益角度来看,既要减少后勤维护费用、故障维修费用和健康管理系统成本,还需要提高机群的派遣率。另外,安装发动机健康管理系统的价值必须在实际使用过程中得以体现,这里主要关注机群管理对发动机健康管理系统的需求。机群管理用户定义为制定影响延寿、运行费用和未来规划的决策层管理人员,机群管理的底线是在确保使用资源消耗最小化的同时使可用度和任务成功率最大化。机群管理需要与健康管理系统进行多重交互,综合空勤、地勤的检查结果来对机群进行派遣。机群管理的目的是减少停飞时间、提高派遣率,这需要健康管理系统具有准确的故障诊断和故障预测性能。

2.4.2　系统指标分解

为了实现对用户需求的量化,以便在发动机健康管理系统的设计中充分考虑用户需求,应该以发动机健康管理系统的指标体系为中介,首先将用户需求分解并映射到健康管理系统的指标体系,然后将该指标体系中的具体指标按照一定的方式向健康管理系统的设计过程映射,如图 2.5 所示。

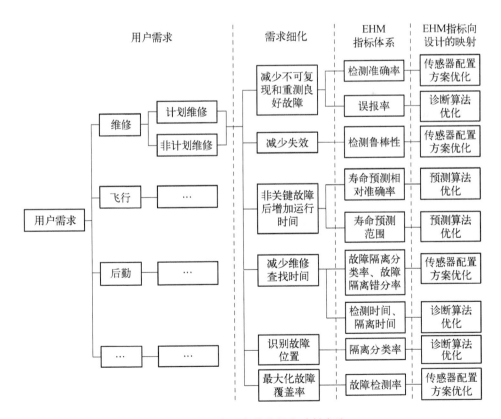

图 2.5　用户需求的分解和映射方法

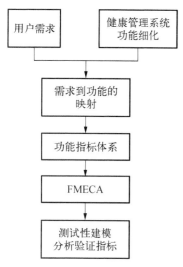

图 2.6 用户需求向健康管理系统指标体系的映射流程

健康管理系统指标体系是将用户需求与系统设计联系起来的关键。按照图 2.6,以 2.4.1 节所述的用户需求为输入,开展用户需求向健康管理系统指标体系的映射工作。首先分析健康管理系统的总体功能并将其细化为具体的子功能,然后将用户需求逐一映射到各个子功能,并结合用户需求对各个子功能提出指标要求。最后,进行发动机的失效模式、影响及危害性分析(failure mode, effect and criticality analysis, FMECA),并以此为基础建立测试性模型,分析健康管理系统指标体系的可行性,为进一步的传感器配置优化、子系统指标分解等工作奠定基础。

1. 健康管理系统的功能分析与细化

根据国内外现有的健康管理系统组成架构和健康管理系统的发展方向,总结归纳形成具体的功能清单,如表 2.1 所示。

表 2.1 健康管理系统功能清单

系　统	功　能	
	报文加载与触发	
	座舱实时告警	
机载系统	数据收集、处理及存储	数据收集
		数据异常处理
		数据存储
	发动机实时状态监测	气路状态监测
		滑油状态监测
		机械振动监测
		控制系统监测
	关键参数短时趋势分析	
	关键件寿命快速统计分析	
地面系统	报文编制	
	数据收集、处理及存储	数据收集

续　表

系　　统	功　　能	
地面系统	数据收集、处理及存储	数据异常处理
		数据存储
	数据融合	
	状态监测	信息预警
	故障诊断	手册链接
		案例检索
		智能故障诊断
	趋势分析	短时趋势分析
		长期趋势分析
	寿命管理	发动机及附件日历寿命管理
		关键和重要件剩余使用寿命管理
		单机健康评估
		机群健康评估

2. 用户需求到健康管理系统功能的映射

针对用户需求,建立每个需求与具体的健康管理系统的细化功能的映射对应关系,将用户提出的、具有用户特征的需求转化为面向健康管理系统的子功能的要求。以维修用户的部分需求为例,到子功能的映射如表 2.2 所示。

表 2.2　维修用户的部分需求到子功能的映射

用 户 需 求	子 功 能	涉及的功能指标
减少不可复现和重测良好故障	故障诊断	故障检测准确率、误报率、检测的鲁棒性指标
减少失效	状态监测	故障检测率、检测准确率和精度指标
非关键故障后增加运行时间	趋势分析、寿命管理	预测相对准确率、预测范围
减少维修查找时间	故障诊断	故障隔离分类率、故障隔离错分率、检测时间、隔离时间
识别故障位置	故障诊断	故障隔离分类率
最大化故障覆盖率	故障诊断	故障检测率、故障隔离分类率

3. 功能指标体系的建立

按照健康管理系统细化的功能条目进行统计,将不同用户对各个功能提出的需求进行汇总,结合健康管理系统的一般指标要求和用户需求,对系统的各个子功能提出定量的指标要求,以智能故障诊断功能为例,如表 2.3 所示。其中,各个指标的具体取值应该综合考虑健康管理系统的设计水平和各个用户提出的需求等。

表 2.3 与智能故障诊断功能相关的指标要求

系统子功能	功能指标	相关的用户需求
智能故障诊断	故障误报率	最小化座舱误报率、提高飞行安全性、减少运行费用、最大化部件使用寿命并跟踪
	故障检测率	提高飞行安全性、最大化故障覆盖率、减少修理恢复时间、减少周期性检查
	故障隔离分类率	识别故障位置、减少健康管理系统维修时间、减少修理恢复时间、减少工作量
	…	…

对于部分无法进行定量的系统功能,应该将其归纳总结为健康管理系统的设计准则,结合相关的标准规范文件,形成健康管理系统设计的指导原则,如表 2.4 所示。

相关的健康管理系统设计标准规范文件有 SAE AIR 4061B—2008、SAE AIR 4175B—2016、SAE ARP 1587B—2013、SAE ARP 5120—2016、SAE ARP 6803—2016、《航空燃气涡轮发动机监视系统设计准则》(GJB 2875—1997)、《航空燃气涡轮发动机监视系统设计与实施指南》(HB/Z 286—1996)、《军用直升机发动机监视系统要求》(GJB 3708—1999)。

表 2.4 无法定量化的系统功能的设计指导原则

系统功能	相关的部分用户需求	设计指导原则
手册链接	减少维修查找时间	对健康管理系统能够监测的故障模式,应形成便捷且全面的故障维修手册,便于维修人员提前进行维修准备
案例检索	信息系统使用的便捷性	地面系统应形成完善的案例数据库,使用合理且高效的案例管理模式,配置便捷的案例查询系统
信息推送	关键警报座舱信息过滤	机载系统应该预设合理的信息推送逻辑,对座舱报警推送信息进行必要的过滤,减少报警冲突,以降低飞行员工作负荷
…	…	…

对于上述能够定量量化的指标,在提出指标要求的同时,还需要一定的方法对指标的可行性进行验证,并为指标的进一步分解提供依据。因此,可以开展发动机 FMECA 和测试性建模工作。

FMECA 分为论证阶段的功能 FMECA、研制阶段的软硬件 FMECA、生产阶段的过程 FMECA,以及使用阶段的统计 FMECA。统计 FMECA 是基于系统的实际使用数据,分析系统使用过程中实际发生的故障、原因及其影响,为系统使用可靠性和系统的改进、改型或新系统的研制提供依据。通过对系统开展统计 FMECA,确定系统的故障模式、故障的失效率,以及故障原因和影响,为故障模拟仿真模型提供基础。

在 MWorks 平台上采用 modelica 语言建立发动机仿真模型,为了建立系统故障模拟仿真模型,需要开展三方面的研究:首先,确定故障的阈值,找到故障在仿真模型中对应的参数;然后,将该参数分别修改为故障阈值的上下限,分别运行仿真模型,获得各个测试点的观测值区间;最后,将仿真模型中的参数值设置为超过故障阈值的范围,实现虚拟故障模拟,具体流程如图 2.7 所示。按照该流程,可以同时实现多个故障的模拟。

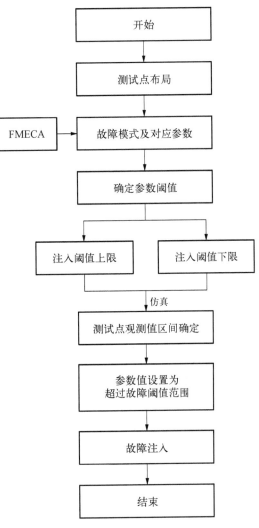

图 2.7　虚拟故障模拟流程

通过故障模拟仿真,能够进行故障传播路径分析,获取发动机各个位点的参数与故障之间的相关性,并对这种关联关系进行敏感性分析,为健康管理系统设计中测试点和传感器的设置提供依据。同时,根据故障与测试点的关联性,能够计算并验证健康管理系统的测试性指标,包括故障检测率、故障检测准确率、误报率、漏报率等。

2.4.3 子系统指标分解

根据系统级研制总要求和健康管理要求的约束条件,下发至部件级完成设计,是以系统 FMECA 为基础输入,获得所有故障模式的基本信息。根据此方法可以分析设备的潜在失效模式、失效原因及其对设备性能影响的危害性,可以判断设备的薄弱部分,从而采取针对薄弱部件的预防性措施,提高设备的可靠性,其分析结果可作为设备操作人员、维修人员可靠的故障诊断依据。

故障模式指导致设备发生故障的事件,通常是由某个零部件产生的物理或化学变化引起的。确定故障模式的通用方法为试验、统计、分析及预测。故障影响指某一故障模式发生后引发的一系列事件,故障影响分析是分析故障模式造成的后果,根据结果选择恰当的维修策略。故障模式危害性分析指综合分析故障模式的故障严重性、故障发生概率、可探测性,最后得到其影响结果。

在 FMECA 的基础上,进行故障模式重要度权重分析。层次分析法(analytic hierarchy process, AHP)是一种将定性和定量相结合的、系统化、层次化的分析方法,它通过建立对比矩阵对评价过程进行定量描述,避免了因决策者做出的主观判断而造成的逻辑错误。使用可拓层次分析法,使判断矩阵变为可拓矩阵,以增加判断矩阵中每个元素的可靠性,旨在量化判断矩阵中的打分因素。利用 AHP 从多个角度对故障模式进行评估,并计算各个故障模式的重要度权重,获得在健康管理系统设计中关注的故障模式的权重排序。在此基础上,结合 FMECA 和健康管理系统指标特性对故障的检测和隔离能力提出要求,为子系统的相关指标分配、系统测试性设计开发等工作奠定基础。

测试性分配工作主要在方案论证阶段和初步设计阶段进行,确定了系统级测试性指标之后,就应将其分配到各组成部分,以便后续设计工作的开展。并行工程技术的兴起为最终解决系统的测试性设计问题提供了良好的技术途径,在并行工程环境下,测试性设计不再仅仅是改善系统设计的一个手段,而是系统设计的一个有机组成部分,与系统设计并行交叉地进行。测试性分配是并行工程框架下测试性设计的一部分,这时,分配应是一个逐步深入和不断修正的过程,分配到哪一个功能层次取决于设计研制进程。在初步设计阶段,由于能得到的信息有限,只能在系统较高层次上进行初步的分配。在详细设计阶段,系统的设计特性已逐步确定,可获得更多、更详细的信息,此时可对分配的指标作必要调整或是重新分配。

最常见的测试性指标分配方法为按故障率分配法,将单元故障率作为影响测试性指标的主要因素,对于故障率高的组件,赋予其较为严格的测试性指标。针对主要的发动机故障诊断性能指标,如故障检测率、故障隔离分类率和故障误报率,其分配计算方式如下:

$$\gamma_{\text{FD}_i} = \frac{\gamma_{\text{FD}}\lambda_i \sum\limits_{i=1}^{N} \lambda_i}{\sum\limits_{i=1}^{N}{}^2 \lambda_i} \tag{2.1}$$

$$\gamma_{\text{FI}_i} = \frac{\gamma_{\text{FI}}\lambda_i \sum\limits_{i=1}^{N} (\gamma_{\text{FD}_i}i)}{\sum\limits_{i=1}^{N} (\lambda_i \gamma_{\text{FD}_i}\lambda_i)} \tag{2.2}$$

$$\gamma_{\text{FA}_i} = \frac{\gamma_S \text{MTBF}_S}{\text{MTBF}_i} \tag{2.3}$$

式中，γ_{FD_i} 为子系统分得的故障检测率指标；γ_{FD} 为上层系统的故障检测率指标；γ_{FI_i} 为子系统分得的故障隔离分类率指标；γ_{FI} 为上层系统的故障隔离分类率指标；λ_i 为子系统的故障检测率经验值或分配值；γ_{FA_i} 为子系统分得的故障误报率指标；γ_S 为系统故障误报率指标；MTBF_S 为系统平均故障间隔时间；MTBF_i 为子系统平均故障间隔时间。

以故障误报率为例，指标分配的原则如下：① 故障率高的部分应分得较高的误报率指标；② 通过故障模式分析获得的关键重要设备应分配较低的误报率指标；③ 误报率分配的大小趋势应与故障检测率趋势保持一致。

平均误报间隔时间：在规定时间内产品运行总时间与误报总次数的比值，而误报率和平均误报间隔时间互为倒数，则故障误报率分配计算方式为

$$\gamma_i = \frac{\gamma_S \text{MTBF}_S}{\text{MTBF}_i} \tag{2.4}$$

按故障率的分配方法，没有依据系统实际的组成架构进行分配，因此有必要对测试性分配指标进行验证，以保证指标分配结果能够满足顶层指标要求。系统故障检测率、故障隔离分类率、故障误报率的验证公式分别如下：

$$\frac{\sum\limits_{i=1}^{N} \lambda_i \gamma_{\text{FD}_i}}{\sum\limits_{i=1}^{N} \lambda_i} \geqslant \gamma_{\text{FD}} \tag{2.5}$$

$$\frac{\sum\limits_{i=1}^{N} (\gamma_{\text{FI}_i}\lambda_i \gamma_{\text{FD}_i})}{\sum\limits_{i=1}^{N} (\lambda_i \gamma_{\text{FD}_i})} \geqslant \gamma_{\text{FI}} \tag{2.6}$$

$$\frac{\sum_{i=1}^{n} \lambda_i \gamma_i}{\lambda_S \text{FDR}_S + \sum_{i=1}^{n} \lambda_i \gamma_i} \leqslant \gamma_S \qquad (2.7)$$

式中，λ_S 为系统的故障检测经验值或分配值；FDR 为故障检测率。

由于故障检测率、故障隔离分类率、故障误报率的分配过程仅仅以失效率为分配准则，没有充分考虑系统结构层次，分配结果可能存在不合理，需要按照以下原则进行修正：① 如果指标分配值大于 1，则应该将其修正为顶层指标到 1 之间的某个值；② 如果按①进行了修正，对于分配值小于顶层指标的部分子系统，应适当提高其分配值；③ 对于发生故障后会对系统造成重大影响或产生危害的部分，应予以较高的指标分配值。如果验证结果不满足顶层指标，还需要对分配值进行进一步修正。

故障误报率、故障检测率和故障隔离分类率指标均关系着传感器配置，应根据系统级提出的误报率、检测率和隔离分类率需求，分析对传感器配置的要求。检测率的高低、隔离分类率的准确与否直接关系到传感器的精度以及所采用的算法。在保证系统满足较高的检测率的情况下，降低误报率是传感器优化配置的目标，可以根据需求采用遗传算法、贪婪策略算法、粒子群算法等进行传感器配置的优化，将隔离分类率作为传感器优化的约束，使其综合满足系统检测率和隔离分类率需求，并降低误报率，减少多余的传感器。

不同系统和组件的故障检测时间（failure detection time，FDT）、故障隔离时间（failures in time，FIT）和更换时间存在较大差异，电子系统往往能够通过电路更快地完成故障检测和隔离，外场可更换单元（line replaceable unit，LRU）的更换也较为方便。机械系统的故障检测和隔离及部件更换都相对困难，其耗时与电子系统往往不在一个数量级，因此不适合将故障检测、隔离时间和部件更换时间作为顶层指标进行分配。根据相似系统的使用维护记录，可以获得子部件故障检测、隔离时间和 LRU 平均更换时间的经验值。考虑到平均维修时间（mean time to repair，MTTR）由以上三者共同组成，则有

$$\text{MTTR} = \text{FDT} + \text{FIT} + \text{LRU 平均更换时间} \qquad (2.8)$$

而 MTTR 和平均维修工时均是将顶层指标根据产品失效率和专家评分值分配得到的，可能存在经验值与分配值之间的冲突，故分配到具体子系统的 MTTR 值不一定能满足 FDT、FIT、LRU 平均更换时间的经验/分配需求。因此，将 FDT、FIT 和 LRU 平均更换时间作为约束性指标，用以限制 MTTR 的分配值，当几个指标之间的关系无法协调时，可以通过调整分配中各个子系统的权重，重新分配 MTTR。

一个测试可以通过多个传感手段实现，这就产生一个问题，即选择什么样的传感手段才能最有效地跟踪故障演化过程。同时，故障演化过程是某个故障模式从

早期状态到系统或部件功能失效的一个时间历程。因此,传感手段必须对故障演化过程具有很好的时效性及敏感性。综合考虑时效性和敏感性特征,建立故障早期检测能力及故障演化过程可跟踪能力两个量化指标。在此基础上,根据设计任务要求分析内、外部传感设计的优化目标和约束,并考虑多个传感实现一个测试和一个传感实现多个测试两种情况,建立基于时效性及敏感性的传感优化选择模型。

采用功能-行为-结构映射矩阵分析最优的传感器配置,其基本思想如下:通过综合与功能相关联的物理行为来实现功能到结构的转换,一般采用知识库的检索来实现功能到行为的转换和行为到结构的转换。对于一个分功能的实现,所有有效工作时段的动作具有可同等选择性,即同种功能可选用不同动作。由于每个分功能的解有多种,传感器的工作方案可以有多种。传感器配置方案组合可基于矩阵进行,将系统的分功能列为纵坐标,各分功能的相应解法列为横坐标,构成功能与有效工作时段动作的映射矩阵。

可测性模型与预计是指导后续可测性方案优化设计的前提和基础。当前,主流的可测性模型(如信息流、多信号流模型)都是以故障诊断为目的的,基于故障-测试布尔关系矩阵分析系统对故障的检测和隔离能力,主要目的是根据系统中测试的输出结果评估故障的严重程度,进而触发健康管理系统的维修决策机制,避免由于故障程度加剧引起的系统功能失效,最大限度地降低故障对系统功能的影响。下面给出基于故障演化可测性分层建模的步骤。

(1)根据健康状态评估及维修保障的要求,对系统层级进行划分。由于我国目前主要采用三级维修体制,从实用性的角度出发,可将系统划分 4 层,即系统级、外场可更换单元级、车间可更换单元级及故障模式级。

(2)根据系统结构和功能信息,把表征系统中的模块节点分配到对应的层级中,并为每个模块节点添加相关属性,如模块名称、层级属性、模块功能、流属性、键合图类型。

(3)根据系统的故障模式、演化机制、影响及危害度分析结果,为每个模块节点添加相应的故障模式节点,并设置其对应属性,如故障模式名称、故障类型、故障发生概率、严酷度、与故障程度相关的征兆参数、故障诊断与预测方法等。

(4)根据系统的不同工作或者测试模式,为模型添加开关节点。

(5)根据故障模式对被测试模块功能的影响,连接故障模式节点的输出端口与模型。

2.5　设计标准与流程

2.5.1　健康管理相关设计标准

近年来,随着预测与健康管理(prognostics and health management, PHM)技术

迅速发展,美国军方、政府机构、工业界和学术界纷纷开展相关技术的研发工作,在不同领域的应用衍生出了美国陆军方面提出的视情维修(condition based maintenance,CBM)、航天领域和商用飞机领域提出的飞行器综合健康管理/结构综合健康管理(integrated vehicle health management/ integrated structural health management,IVHM/ISHM)和直升机领域提出的 HUMS 等相关概念。由于缺乏较为成熟的健康管理系统,实际故障数据获取困难,直接影响健康管理标准的起草和制定工作,截至目前尚没有一套完整的健康管理系统标准。

故障诊断和状态监控经过多年的发展应用,逐步形成了一套较为完整的标准体系,用于系统的验证和产品的检验。由于故障预测与传统故障诊断和维护具有内在关联性,有一些标准值得借鉴。国际标准化组织(International Orgnization for Standardization,ISO)、电气与电子工程师协会(Institute of Electrical and Electronics Engineers,IEEE)、机械信息管理开放标准联盟(Machinery Information Management Open Standard Alliance,MIMOSA)、美国汽车工程师学会(Society of Automotive Engineers,SAE)、美国联邦航空局(Federal Aeronautics Administration,FAA)和美国陆军等组织和机构正在陆续制定和开发针对 CBM/IVHM/PHM/HUMS 的标准和规范,这些标准从不同层面和不同角度对预测与健康管理系统的主要内容进行了规范。按照不同类别,与故障预测与健康管理有关的主要标准和规范可以分为四类,如表 2.5 所示。

表 2.5　故障预测与健康管理相关标准和规范

标准组织	典型标准	类别
ISO	CM&D 系列标准	CBM
MIMOSA	OSA－CBM、OSA－EAI	CBM
SAE	CBM 推荐案例	CBM
SAE	IVHM 系列标准	IVHM
SAE	EHM 系列标准	PHM
IEEE	IEEE Std－1232 系列标准	PHM
IEEE	IEEE Std－1636 系列标准	PHM
IEEE	IEEE Std 1856—2007	PHM
SAE	HUMS 系列标准	HUMS

续　表

标准组织	典 型 标 准	类　别
FAA	AC29C MG15	HUMS
美国陆军	ADS－79－HDBK	HUMS

注：OSA－CBM 表示开放系统架构的视情维修标准；OSA－EAI 表示开放系统架构企业级应用集成标准。

1. CBM 相关标准

1）ISO 标准

在 ISO 标准系列中,由 ISO TC 108/SC5 技术委员会负责的机器状态监测与诊断(condition monitoring & diagnostics, CM&D)系列标准已形成比较完整的标准族,并且已经取得了一定程度的应用。

《机器状态监测与诊断数据处理、通信与表示第 1 部分：一般指南》(ISO 13374-1—2003)给出了 CM&D 系统的信息流结构,将 PHM 系统划分成 6 个处理模块：数据采集(data acquisition, DA)、数据处理(data manipulation, DM)、状态检测(state detection, SD)、健康评估(health assessment, HA)、预测评估(prognosis assessment, PA)、决策生成(advisory generation, AG),描述了信息流中各模块的主要功能,并概括性地提出了通信方法和表达形式。

在此基础之上,《机器状态监测与诊断数据处理、通信与表示第 2 部分：数据处理》(ISO 13374-2—2007)中详细描述了各数据处理模块的输入、输出及所执行的操作,这为 PHM 硬件系统的搭建和软件模块的设计提供了指导。《机器状态监测与诊断数据处理、通信与表示第 3 部分：通信》(ISO 13374-3—2012)给出了在一个开放的状态监测与诊断参考信息框架下数据通信的具体需求,以及一个参考处理框架的具体需求,进一步简化了 CM&D 系统的内在互联性,软件设计师需要在软件系统中定义通信接口来进行 CM&D 系统的信息交换。

CM&D 处理结构描述了所有软件系统本身的内部模块、来自最终用户互相作用的外部模块或者来自其他软件系统相互作用的外部模块之间的相互关系及处理方式。开放的 CM&D 规范可利用如下的处理结构：DA 为数据采集层、DM 为数据处理层、SD 为状态检测层、HA 为健康评估层、PA 为预测评估层、AG 为决策生成层,ST 可通过传感器或人工录入方式进行数据导入,这个结构以数据处理功能模块定义。首先在 DA 中将基本数据转换成数字形式,接着经过一系列的处理变成可用信息,最后从 AG 中输出,随着处理过程从 DA 进行到 AG,前面模块的数据需要转移到后面的模块,从外部系统补充信息或者将信息传输到外部系统。类似地,随着数据逐渐变为信息,需要采用标准技术显示和图形展示格式。在很多应用中,需要数据存档来维护每个模块的输出历史。采用 DA、DM、SD 模块能评定数据质量,将输出定义为好、坏或者未确定。

ISO 13374 并未描述错误的影响及其在各个 CM&D 处理模块内部和之间的传播,这些错误的来源包括设备校正、环境噪声、信号调节和处理、计算的凑整、人为输入,以及这些因素的综合影响。

2)MIMOSA 标准

MIMOSA 已经发布了两个标准:开放系统架构的视情维修标准 OSA - CBM 和开放系统架构企业级应用集成标准 OSA - EAI,其中 OSA - CBM 是 ISO 13374 功能规范的一个应用,在其功能模块基础上增加了数据结构,定义了 ISO 13374 标准中功能模块的接口,提供了一种 CBM/PHM 系统的标准体系结构。它的模块可以单独进行设计,符合 OSA - CBM 规范的模块之间可以实现无缝集成,从而简化了不同软硬件的集成过程。OSA - EAI 定义了对装备各方面信息进行存储和移动至企业应用的数据结构,包括平台的物理配置,也包括可靠性和平台的维修,为技术开发者和提供者提供了有利条件。

基于状态的维修开放系统结构 OSA - CBM 是 ISO 13374 的实现,其增加了数据结构,定义了 ISO 13374 标准功能模块的接口,为视情维护提供了标准信息传递系统,提供了周边传递的信息和传递方式,且有内置数据描述对事件的处理。

3)SAE 标准

2011 年 9 月 15 日,SAE 可靠性委员会正式起草和制定了一项 CBM 推荐实践标准,该标准为基于状态的维修提出了一条实现路径,它的起草标志着研究人员在经历了 CBM 架构制定和相关性能规范之后,开始向制定正式的应用规范迈进。

2. PHM 相关标准

1)SAE 标准

SAE 航空航天推进系统健康管理技术委员会(E - 32)发布了一系列飞机发动机监控系统/健康管理系统的相关标准,形成了 PHM 标准族,可以分为 4 类:① 通用指南;② 使用寿命监控指南;③ 状态监控系列指南;④ 与地面交互系列指南。PHM 标准族主要包括飞机涡轮发动机的温度监控系统指南、振动监控系统指南和健康管理系统指南、发动机滑油系统监控指南、发动机健康系统的效费分析和可靠性与验证等,全面指导飞机发动机系统的状态监控、故障诊断、故障预测与健康管理系统的使用设计和维护。以 ARP 1587B—2013 为例,它全面覆盖了发动机健康管理系统的整体框架,提供了宏观描述,强调了 EHM 的描述、优点和能力并提供了案例。

2)IEEE 标准

在各大标准组织中,IEEE 是最早开始从事测试和诊断相关标准制定工作的。目前,与 PHM 有关的标准主要由 IEEE SCC20 下属的故障诊断和维护控制子委员会进行维护,相继建立了联结所有测试环境的人工智能交换和服务系列标准 IEEE

Std-1232(简称 AI-ESTATE)、维修信息收集与分析的软件界面试用系列标准 IEEE Std-1636(简称 SIMICA)。2011 年,IEEE 又成立了电子系统 PHM 工作组,由该工作组负责 IEEE P1856 标准建设草案,明确提出要建立电子系统 PHM 框架,并于 2017 年正式发布。

(1) IEEE Std-1232 系列标准。

1995 年,IEEE 通过并发布了 IEEE Std-1232,并于 2002 年和 2010 年进行了两次修订。该标准规范了测试系统与人工智能系统之间的接口,定义了测试和诊断信息,描述了故障诊断领域与系统测试和诊断相关的信息,确保了诊断信息在不同应用之间可以实现交互;支持模块化诊断结构,以及与测试相关的软件互动操作,能够利用 ISO EXP RESS 建模语言实现信息建模过程;定义了一系列软件服务,以实现诊断推理机在测试系统中的集成运用。随着对 PHM 的定义逐步细化,该标准实现了对"灰色"健康信息的采集,从而支持对当前性能退化和未来失效过程的灰色推理,并可用于潜在故障检测。

(2) IEEE Std-1636 系列标准。

IEEE Std-1636 定义了一系列的维修信息模型,主要包含两个附加标准:IEEE Std-1636.1—2007 测试结果标准和 IEEE Std-1636.2—2010 维护活动信息标准,为测试和诊断过程的信息交互提供了有力的支持。其中,IEEE Std-1636.1—2007 利用测试历史信息(包括被测单元的标识、测量、测试边界、测试顺序、故障举报等),采用 XML 格式及其信息模型,提供了一种提高诊断和预测效果的方法;IEEE Std-1636.2—2010 重点针对维护过程提供了一种 XML 方案和一种信息模型,便于扩展到 PHM 领域中。

3. HUMS 相关标准

1) SAE 标准

SAE 航空航天推进系统健康管理技术委员会(E-32)为 HUMS 开发了一系列标准,规范了 HUMS 的评估指标、各种机载传感器接口规范、数据交换标准等,提高了传感器之间的互换性和可用性。

2) FAA 标准

FAA 标准的咨询通告 AC-29-2C-MG-15 为旋翼机 HUMS 的适航性建议,主要为 HUMS 安装、合格验证和 HUMS 应用提供全覆盖持续适航性指南。该标准给出了相关的定义、验证方法、安装、信任验证、持续适航性的指令和 HUMS 的其他需求等相关实施步骤。AC-29-2C-MG-15 主要面向大多数复杂昂贵的 HUMS,其他系统也可以使用该部分的内容来实现。

3) 美国陆军

在 SAE HUMS 系列标准的基础上,美国陆军于 2010 年编制并发布了 ADS-79-HDBK,适用于美国国防部的所有机构和单元。该手册描述了美国陆军的视情维修系统,定义了用于陆军飞机系统和无人机系统实现 CBM 目标的必要指南。该手册主要内容包括：HUMS 适用的范围、定义、通用指南(嵌入式诊断、疲劳损伤监测、模式识别、疲劳损伤修复、基于地面的设备和信息技术)、具体指南(专家系统、技术演示和科技信息、数据采集、数据操纵、状态检测、健康评估、预测评估、建议产生、修改维修间隔指南、CBM 管理计划),并在附录中分别给出了疲劳寿命管理和验证模式识别算法、确定环境指标/健康指标最小范围的方法、基于振动的故障诊断、数据完整性、故障模拟测试等。

4. IVHM 相关标准

SAE 飞行器综合健康管理(integrated vehicle health management, IVHM)技术委员会(HM-1)建立的目的就是在 SAE 技术标准项目中,协调并融合健康管理标准化工作,映射和监控 IVHM 相关的标准、实例和行为,了解未来需求,为 IVHM 设定健康管理标准的路线图,并通过标准深化 IVHM 技术进步,从而推动 PHM/IVHM 系统发展,同时也为标准提供建议方法。

图 2.8 是 NASA 制定并实施的 IVHM 计划典型实例, 计划目标是开发一套经

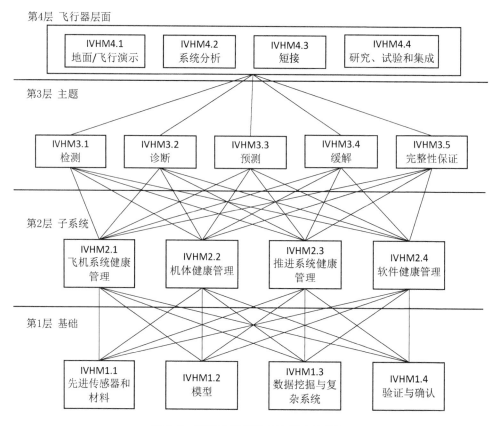

图 2.8　IVHM 计划技术途径实施框架

过确认的多学科飞机综合健康管理工具和技术,使新一代飞机实现飞行中不良事件的自动化检测、诊断、预测和缓解。IVHM 计划中所有的节点和任务都与上述目标相关联,该计划的实施框架见图 2.8,图中显示了 IVHM 内部的研究层次,以及从基础研究到计划目标的逻辑关系。第 1 层的基础研究是支撑整个 IVHM 计划的基石,它涵盖了先进传感器和材料、模型、数据挖掘与复杂系统、验证与确认四方面工作;第 2 层提供飞机主要子系统(飞机系统、机体、推进系统和软件)经核实的健康管理技术,支持第 3 层目标的实现;第 3 层为主题层,目标是开发一个集成工具集,实现对飞行中不良事件的检测、诊断、预测、缓解并保证完整性,第 3 层代表第 2 层分系统的多学科集成,形成关键知识产权主题;第 4 层代表飞行器层面整合研究成果,实现计划的目标。

2.5.2　总体设计流程

航空发动机健康管理系统一般采用"V"设计流程开展正向设计,如图 2.9 所示。"V"设计流程左侧部分为系统设计阶段,首先由发动机用户根据使用要求提出研制总要求和相关技术指标。发动机设计单位根据研制总要求,详细梳理系统健康管理要求和约束条件,将发动机 FMECA 报告、用户战机技术指标要求等条件作为健康管理系统设计顶层输入,形成健康管理系统研制顶层规范文件,并确认满足用户与发动机研制要求;设计部门依据顶层规范文件开展健康管理系统设计,并将其转化为子系统健康管理设计要求,逐层建立传感器要求、模型开发、算法选择,

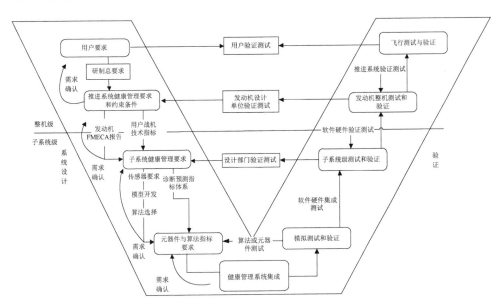

图 2.9　航空发动机健康管理系统"V"设计流程示意图

逐级分解相应的诊断预测指标体系,各层级要求与指标确认满足上一级技术要求;考虑发动机的诸多不确定性因素,实现健康管理架构及故障诊断预测算法开发,根据传感器、模型、算法当前实际水平对系统级指标进行迭代修正,完成健康管理系统集成。"V"设计流程右侧部分为验证阶段,健康管理系统设计成果需经过部件级测试和验证、系统级试验及集成系统演示试验,最终由用户按技术指标对系统效能进行验证,评估系统是否符合设计要求,能否满足用户使用要求。

第3章
机载与地面系统设计

3.1 机载系统硬件设计

机载系统硬件设计的内容一般包括功能电路设计、结构设计、接口设计、电磁兼容性设计、可靠性设计、可测性设计、可维修性设计、环境适应性设计八个方面。

功能电路设计是指为了满足技术要求规定的功能和性能而进行的电路设计工作,主要有功能电路实现形式设计、元器件选择、电路参数优化,以及各个电路之间的相互连接关系设计等。

结构设计是指为了满足技术要求规定的质量、体积、安装方式、安装部位环境、冷却方式等而进行的设计活动,主要有机箱结构形式设计、印制电路板(printed circuit board,PCB)功能模块划分和尺寸设计、冷却结构布局、安装方式设计等。

接口设计是指为了满足技术要求规定的系统之间的相互连接关系而进行的设计活动,主要包括功能接口设计、电连接器选型、针脚定义、接地形式设计等。

电磁兼容设计是指为满足技术要求规定的电磁兼容等级和要求而进行的设计活动,主要包括电磁发射、抑制电磁干扰传播,以及增强敏感元件的抗干扰能力而采取的措施和方法。

可靠性设计是指为满足技术要求规定的可靠性定性和定量指标而进行的设计活动,主要包括可靠性建模、可靠性指标分解、可靠性分析,以及采取裕度设计、防错设计、容错设计和抗变异设计等方法和措施。

可测试性设计是指为方便硬/软件调试、监控、检查、排故等而进行的设计活动,主要包括开机/运行中的机内测试设计、故障监控及隔离设计、停机后的检查功能和接口设计等。

可维修性设计是指为控制器维护、检查、更换零组件而进行的设计活动,主要包括整机维修、零组件维修等。

环境适应性设计是指满足技术要求规定的温度、振动、湿度、冲击、三防等环境要求而进行的设计活动,主要包括电子元器件的选择、硬件冷却结构设计、减振结构设计、三防材料选择等。

下面将从机载系统结构原理、机载系统硬件设计要求、机载系统硬件架构三个部分进行介绍。

3.1.1　机载系统结构原理

机载硬件系统主要有机载诊断装置和机载传感器,其中机载诊断装置是机载系统核心装置。机载诊断装置负责采集和处理机载传感器信号数据,负责与发动机 FADEC 系统和飞机健康管理系统交联。在地面维护时,负责与地面维护设备交联。机载系统综合分析机载传感器采集的数据及 FADEC 系统、飞机健康管理系统的交联数据,对发动机进行故障诊断,并统计低循环次数、计算限寿件的寿命消耗数等,并生成相应的报告发送给飞机健康管理系统,机载系统结构框图如图 3.1所示。

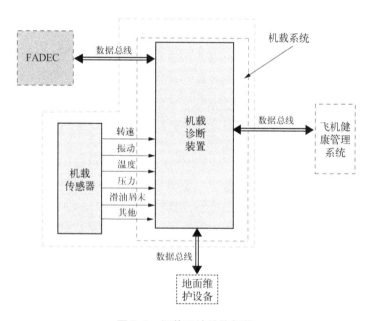

图 3.1　机载系统结构框图

机载传感器负责采集机载系统所需的气路信号(压力、温度等)、振动信号、滑油屑末信号、转速信号等,为故障判断、性能预测等提供必需的数据。电缆负责机载系统各个功能部件之间,以及与其他系统的互联互通,如机载诊断装置与传感器、FADEC 系统、飞机健康管理系统等。

机载系统的定型类别通常定为Ⅳ类,即机载系统失效不会影响飞机及其发动机的飞行安全。因此,机载传感器通常为单余度设计,机载诊断装置采用单通道结构设计,系统结构组成及原理见图 3.2。

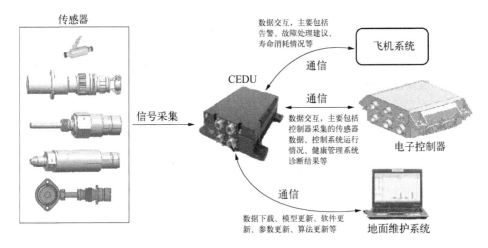

图 3.2　机载系统结构组成及原理

3.1.2　机载系统硬件设计要求

1. 机载系统硬件要求

机载系统组成通常有两个可能的发展方向: ① 将机载诊断装置与发动机 FADEC 系统集成(如 EJ200 发动机)。将机载诊断装置功能电路独立设计并封装在数字电子控制器内部,与 FADEC 系统之间的数据交互通过内部的总线实现,对于与传感器及其他系统的连接,在数字电子控制器接口设计阶段进行整体考虑; ② 将机载诊断装置独立于 FADEC 系统(如 F119 发动机、F135 发动机)。目前,先进的航空发动机多选择第②个可能的发展方向。

典型的机载系统硬件主要要求如下。

(1)机载传感器,如压力、温度、转速、屑末等信号传感器的选用原则是满足系统的响应时间、精度和环境等要求,并制定模拟量采样分辨率要求,以及信号处理电路响应时间要求。

(2)振动传感器一般选用高频响传感器,根据发动机的实际情况确定传感器响应频率范围及振动传感器信号处理电路的采样能力。

(3)根据数据处理、模型运算、故障诊断与预测等需求,确定中央处理器(central processing unit, CPU)运算速度要求。

(4)根据实际的通信协议和时间配置,确定数据总线速率要求,需留有足够的裕度。

(5)根据实际的数据量、飞行任务剖面、维护下载时间周期等,确定数据存储容量要求,需留有足够的裕度。

(6)根据实际的硬件实现、传感器种类和数量、发动机功率限制条件等,提出机载系统满负荷运行的最大功耗要求。

2. 工作环境要求

发动机机载附件的工作环境要求,主要包括温度、振动、太阳辐射、淋雨、霉菌、盐雾、沙尘等。发动机工作环境振动频率范围宽、振动量值大、温度高且变化率快,以振动环境要求和温度环境要求为例,飞机机载对诊断装置的要求如下所述。

(1)健康管理系统电缆在长期/短时高温工作时,功能和性能等应符合规定要求;在高温、低温存储、运输时,健康管理系统机载设备及附件不应产生热老化或其他损坏。

(2)健康管理机载设备在整个工作范围内的所有状态下(包括稳态和瞬态),不应发生破坏性振动;应满足散装货物运输和大型组件运输要求;应考虑在制造/维修过程中振动环境对附件性能和寿命的影响。

3. 外形尺寸及重量要求

机载系统各附件的外形尺寸及重量受到发动机的结构尺寸、结构布局、安装位置、重量分配等要求的限制,进行机载系统设计时,必须满足这些限制条件,要求如下所述。

(1)发动机健康管理系统装于发动机上的附件尺寸不应超过发动机外包络线尺寸,装于飞机上的附件尺寸应符合飞机要求,具体尺寸和体积应由相关详细规范确定。

(2)发动机健康管理系统的干质量应控制在发动机重量分配的范围内。

4. 试验验证要求

在机载系统及其附件的研制过程中,需完成的试验项目通常由发动机的设计规范予以明确规定,典型的试验验证项目见表 3.1。

表 3.1   机载系统及其附件研制过程中的试验验证项目

序　号	试　验　项　目
1	低气压(高度)试验
2	高温试验
3	低温试验
4	温度冲击试验
5	温度-高度试验
6	淋雨试验
7	湿热试验
8	霉菌试验

续　表

序　号	试　验　项　目
9	盐雾试验
10	沙尘试验
11	加速度试验
12	振动试验
13	冲击试验
14	电磁兼容试验
15	电源特性试验
16	硬件在回路仿真试验
17	综合仿真试验
18	可靠性试验

3.1.3　机载系统硬件架构

机载系统架构见图 3.3,主要硬件组成如下。

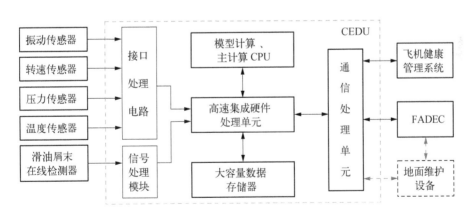

图 3.3　机载系统架构

（1）模型计算、主计算 CPU 应采用高性能处理器,具备运行机载模型、通信数据处理、数据存储、零部件寿命消耗数计算、故障诊断、生成故障诊断报告、提出维护建议等功能。

（2）高速集成硬件处理单元完成振动、转速、压力、温度及滑油屑末等传感器信号的采集与处理,并通过数据总线与主计算 CPU、数据存储器及通信处理单元进行数据交互。

（3）采用大容量存储器进行数据存储，振动信号及其处理后的数据容量很大，因此大容量存储器的容量应是 GByte 级别。

（4）通信处理单元完成通信调度、通信数据交互。

处理速度是健康管理系统架构的重要特征参数，处理速度包括两个方面：① 等待时间；② 时钟周期。其中，等待时间又称为传输信号（如发送和接收）时间延迟，存在于整个系统架构中，并受众多因素影响，如部件制造选用的材料、部件使用的制造过程、部件制造后的处理、部件承受的环境影响种类和频率、其他部件的接近度、部件接口数量、子系统、系统、信号传输选用的协议等，等待时间决定了整个系统的处理速度。传感器和连接线、中央处理单元、现场可编程门阵列（field programmable gate array，FPGA）、特定用途集成电路、万能异步接收机/发射机控制器、可编程逻辑控制器、串行/并行数字卡、模拟卡、离散卡、数据总线、发射机、接收机、被动或主动加热/冷却单元、镜头、介质等都是固有等待时间的来源。因此，实现给定功能所需的部件和接口越多，则系统的等待时间就越长。系统架构设计的目标是限制等待时间并消除堵塞，最大化信号的吞吐量。对于健康管理，故障检测隔离和恢复等待时间应当小于失效传播到临界水平的时间。

时钟速度是系统架构中输入/输出（I/O）装置在每秒内处理数据的运行周期数，通常一个周期指的是由 CPU、FPGA 或专用集成电路管理的逻辑 1 和逻辑 0 状态之间的转换。因此，每秒内的状态转换次数越多，系统架构的总体处理速度就越好。但是，如果 I/O 装置设计在不同的时钟速度（如异步通信）运行，或外部因素（如温度和压力）可使时钟速度实时变化，则系统架构 I/O 装置的数量和类型选择必须与时钟速度进行权衡，使其对系统架构处理速度的负面影响最小化。

数据通信是健康管理系统中至为关键的功能，传输从测量装置采集的信息，为系统制定与运行相关的决策提供输入。无论采用有线还是无线通信方式，都必须明确信号交换协议，确保数据能够可靠地发出，并在充裕的时间内允许系统对影响的外部活动进行正确的控制或决策。此类规则说明了所有通道上通过数据的格式、打包、采样率、信号速率、带宽利用、编码、错误检测及错误修正等，用于确保通过接口、传感器与 I/O 装置间接口、数据网络中 I/O 装置集合的数据交换安全。

常见的通信协议包括：无线电信号（电磁谱所有波段空空、空地、天基等）、MIL - STD - 1553B 数据总线、火线（IEEE 1394）、U 钮、RS - 422 、RS - 485 和 RS - 232 数据总线；光纤、T - 载波、地面指挥、数据和视频中的继以太网电缆；用于视频传输的声音/视频 AV 电缆、RCA 电缆、RGB 电缆、分离视频电缆、数字视频接口电缆、高清多媒体电缆。此外，为实现健康管理目的，在设计中，多数通信方法都应该足够灵活，以便于考虑故障容错和冗余管理。

数据通信协议也取决于系统架构中的部件类型及其兼容性,如阻抗温度装置、热电偶、热敏电阻、应变计、压力变送器、电位计、加速度计、电压监视器、电流监视器、位置/水平探测器、流量计等模拟类传感器,系统架构需将模拟信号转换为数字信号,并通过发射器和接收器传输或接收传感器信息。传感器灵敏度是传感器设计中的重要因素,在精确可靠的采集、解译及通信条件下,传感器灵敏度对于确定解译物理现象的测量电信号至关重要。为使得传感器输出数据能够更准确地表征测量结果、满足传感器数据校准的需求,系统架构中还需要考虑测量装置、节点数量和类型等要素。

在传感器网络中,为了实现某种传感功能,有时需要使用类似或不同类型的传感器与另一个物理隔离或独立的传感器,此时传感器的任务循环可能各不相同,而这种关系会对 I/O 装置和传感器之间的数据交换、I/O 装置处理或 I/O 装置传输到系统的其他节点或外部接收器提出时间约束,需考虑数据的同步机制。

1. 机载系统硬件功能设计

机载系统硬件功能如下:

(1) 采集传感器的模拟量、频率量并进行相应处理,转换成数字量;

(2) 具有采集输入和输出开关量信号的功能;

(3) 具有数学运算、逻辑运算功能,支持浮点处理;

(4) 具有与 FADEC 系统、飞机健康管理系统和地面维护设备通信的功能;

(5) 具有硬件故障机内测试功能;

(6) 具有故障自隔离功能;

(7) 具有数据存储功能;

(8) 具有机箱内温度实时测量功能;

(9) 具有供地面维护使用的专用接口;

(10) 进行机箱设计时,应进行抗振设计,具备在发动机振动环境下工作的能力;

(11) 进行发动机机载机箱设计时,应设计油冷管路接口,油冷设计应按规定工作环境温度及飞机规定的冷却燃油介质温度条件进行。

2. 机内测试设计

为提高机载诊断装置的自动检测与故障隔离能力,以提高系统可靠性和数据采集准确性,应对重要的功能模块进行机内测试。发动机机载诊断装置机内测试由机内测试软件和硬件构成,其功能如下。

(1) 通过软件或专用检测电路对计算机核心部分(电源、CPU、随机存取存储器、快闪存储器)、转换电路(A/D、F/D、I/O)、外围电路(定时器、通信电路)、信号处理电路(信号放大、调理电路)、滑油屑末传感器和滑油油位传感器等关键传感器等进行测试。

（2）传感器出现断路故障和短路故障时，信号处理电路保证信号的一致性，且与非故障状态的信号有可分辨的差异。

（3）对于无法保证产生故障时存在差异的关键传感器处理电路，应设置专门的断路和短路检测电路。

3. 电源设计

机载诊断装置应设计有独立的电源模块，进行电源设计应考虑飞机提供的电源及发动机自带的电源，电源模块有抗浪涌和尖峰、瞬时断电的能力，采用二次电源设计，并具有过流、过压、欠压、短路保护等能力。

4. 传感器信号采集与处理

机载诊断装置接收各个不同类型、不同信号的传感器信号，包括模拟量信号和频率量信号，为传感器提供激励信号，并对来自各个传感器的测量信号进行定位、滤波、降噪、放大、整形、去抖等预处理，把输入信号调理成可供机载诊断装置使用的、在合理范围内的信号，以便于输入模块进行统一处理。

对于来自信号调理模块的模拟量和频率量信号，在输入模块中通过各类芯片和处理电路将其转换成数字信号，然后输出给计算控制模块。A/D 转换位数要足够大，以保证精度，通常不低于 16 位。计算控制模块要确认传感器数值，数值应符合其测量范围。

5. 电缆设计

对选用的电连接器进行了抗电磁干扰、耐高温、耐腐蚀、耐油及阻燃设计，并具备高强振动特性，具有锁紧装置和快卸的功能，以及防错插功能。电连接器的数量应尽可能少，且布置合理，并满足发动机环境要求。

电缆具有良好的抗干扰能力，能够对电场和高、低频电磁波进行屏蔽，屏蔽覆盖率大于 85%。当受到雷击、静电干扰和电磁干扰时，不会对系统产生动作和误信号，避免使发动机处于不安全工作状态。

电缆传输过程中的衰减小，不会因为电缆的衰减而导致信号不正常，电缆上的压降不大于 2%。电缆留有备份接口线，关键信号采用双线。电缆具备良好的柔韧性及一定的机械强度，绝缘不易损坏且电阻高，护层能起到机械保护作用，保证系统的可靠安全工作。电缆在发动机上安装时，应考虑高温与低温段分段处理，选用轻型导线。

电缆应将强弱信号分开布线并对电缆进行电磁兼容性分类，采取防干扰措施。所有电缆的屏蔽采用单端接地，进发动机综合诊断器一端的屏蔽层集中引出后就近接电连接器的尾部附件，所有的屏蔽层必须与综合诊断器壳体相通，且搭接电阻不大于 1 000 μΩ。所有的中间转接电缆屏蔽层两端均需引出，与各自相接的电缆的屏蔽层相通，接发动机一端的电缆屏蔽层浮空。合理划分线束，线束外加热缩套管或其他保护套,保护套应柔软、耐高温、耐腐蚀、耐油(航空煤油、航空润滑油)、阻燃。电缆长度由实际情况确定,所有的电缆标识清楚且不易脱落,以方便安装和拆卸。振动传感器电缆选用低噪声专用电缆,滑油液位传感器电缆选用专用电缆,滑油屑末传感器选用低噪声专用电缆。电缆长度和电容固定,与传感器配套。电缆走向会影响电容分布,布线时应尽可能保证走向一致。

3.2　地面系统硬件设计

3.2.1　地面系统硬件设计要求

地面系统由地面健康诊断仪(ground health instrument, GHI)和地面信息系统(ground service system, GSS)构成,如图 3.4 所示。GHI 的软件和硬件通常由发动机方负责,GSS 硬件通常由飞机方/军方后勤保障部门负责,运行在 GSS 上的发动机地面系统相关软件通常由发动机方负责提供。

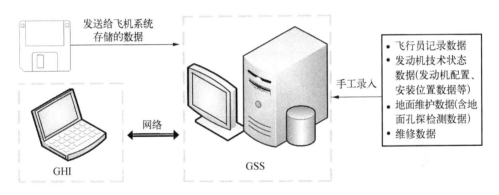

图 3.4　地面系统组成结构图

地面系统具有故障诊断、趋势分析、寿命管理、生成故障诊断报告和寿命管理报告、提出维护建议等功能。地面维护人员可使用 GHI 下载机载诊断装置存储的机载数据,也可上传配置数据给机载诊断装置,实现机载诊断装置的软件维护工作。机载系统发送给飞机系统存储的数据由飞行员/地面维护人员下载到 GSS。当存在告警、故障或有必要时,地面维护人员可利用 GHI 下载机载诊断装置中存储的数据和振动数据等,数据经过 GHI 处理后,将通过网络传送给 GSS。GSS 提供输入界面,实现飞行员记录数据、发动机技术状态数据(发动机配置、安装位置数据等)、地面维护数据(含地面孔探检测数据)、维修数据等的录入。基于上述数据,GSS 可实现前述功能。

发动机健康管理系统在定型交付使用后,仍需根据实际使用情况逐步完善,才能最终实现成熟期的技术指标。

3.2.2　地面系统硬件架构

1. GSS 配置

GSS 布置在计算机机房内,机房内应配有空调等调温调湿设备。GSS 应具备服务器级别的性能,技术要求参考如下几个方面:① 操作系统;② CPU 速度与核数;③ 内存大小;④ 硬盘存储容量;⑤ 接口。

2. GHI 配置

GHI 是实施发动机外场维护和健康管理的一体化集成设备,并提供集成化的可视化软件环境,允许用户方便地完成发动机外场维护和健康管理工作。

GHI 采用特制加固笔记本电脑,具备相应的抗振能力,并参考如下方面提出技术要求:① 操作系统;② CPU 主频与核数;③ 内存大小;④ 硬盘存储容量;⑤ 键盘;⑥ 网卡;⑦ 数据总线;⑧ I/O 接口;⑨ 工作温度;⑩ 存储温度、相当湿度;⑪ 耐冲击性;⑫ 抗振动要求等。

3.3　机载与地面系统软件设计

3.3.1　机载与地面系统软件设计要求

1. 机载与地面系统软件功能要求

发动机健康管理系统的功能界面包括机载系统功能、地面系统功能、飞机系统功能界面和 FADEC 系统功能界面,机载与地面系统软件功能界面见图 3.5。

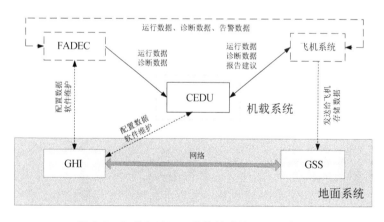

图 3.5　机载与地面系统软件功能界面示意图

1) 机载软件功能要求

根据机载 EHM 系统功能要求及 CEDU 内部的功能需要,机载 EHM 系统软件应具备以下主要功能:① 具有采集模拟量等输入信号,并进行滤波、消颤处理等功能;② 具有数据存储功能;③ 具有运行机载发动机模型的能力;④ 具有进行发动机故障诊断的能力;⑤ 具有发动机状态监控能力;⑥ 具有低循环次数统计能力;⑦ 具有生成故障诊断报告、提出维护建议功能;⑧ 具有与 FADEC 系统、飞机系统及地面维护设备通信的功能。

2) 地面软件功能要求

发动机地面系统功能要求如图 3.6 所示,主要包括 GHI 功能要求和 GSS 功能要求,地面软件功能见表 3.2。

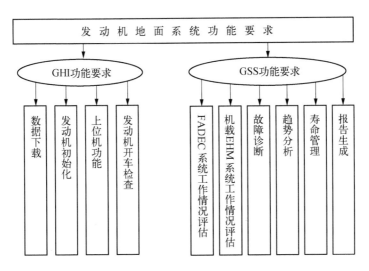

图 3.6 发动机地面系统功能要求

表 3.2 地面软件功能

序号	软 件 功 能
1	用户管理模块:定义维护员、操作员两种用户权限
2	数据下载模块:在飞机模式、台架模式、附件模式三种下载模式下完成 CEDU、FADEC 系统数据下载
3	数据回放模块:可回放刚下载的数据或已经下载的数据及其已完成分析的数据
4	发动机初始化模块:将初始化数据下载到 CEDU 或 FADEC 系统内,含有审批批准验证操作界面
5	上位机功能模块:作为 FADEC 系统或 CEDU 的上位机,实时监视发动机试车情况
6	发动机开车检查模块:模拟台架操作,开车检查,并可实时监视 FADEC 系统、CEDU 及发动机试车情况
7	数据管理模块:将下载的数据和软件生成的数据都保存在数据库中
8	警示提示模块:显示告警和提示,指导用户操作

序号	软　件　功　能
9	日志记录模块：记录软件操作记录
10	故障诊断模块：对数控系统、机载 EHM 系统进行工作评估，对发动机进行故障诊断
11	趋势分析模块：实现气路性能、振动参数和滑油特征参数趋势分析
12	寿命管理模块：计算所有零部件的寿命消耗，预计剩余使用寿命
13	报告生成模块：生成寿命消耗报告、故障诊断报告、维修建议报告等

GHI 功能主要包括数据下载、发动机初始化、上位机功能、发动机开车检查。GSS 功能主要包括 FADEC 系统工作情况评估、机载系统工作情况评估、故障诊断、趋势分析、寿命管理等，以及生成详细的寿命消耗报告、故障诊断报告和维护建议报告。

2. 硬件回路仿真

通过回路仿真验证，激励机载诊断装置工作，在硬件回路仿真环境中设置相关故障模式，检验系统的故障诊断、预测及故障定位功能，同时验证机载系统与 FADEC 系统、飞机综合管理系统的通信功能、数据存储功能，验证系统是否满足设计要求。

EHM 硬件回路仿真验证平台由故障模拟机系统、EHM 系统、双转子振动故障模拟试验器、齿轮-轴承故障模拟试验器、滑油系统模拟试验器及其他故障模拟试验器组成。EHM 硬件回路仿真验证平台组成框图如图 3.7 所示（图中 PID 表示比例积分微分）。

EHM 硬件回路仿真验证平台能够对发动机台架试车数据进行回放，实时再现发动机试车工况，以开展基于历史试车数据的 EHM 系统相关功能模块（状态监测、故障诊断及定位、趋势分析等）验证；基于双转子振动故障模拟器的试验数据，EHM 硬件回路仿真验证平台可开展发动机振动等参数数据的信号模拟，验证 CEDU 的振动在线监测、故障诊断及定位等相关算法模块的功能；基于齿轮-轴承系统故障模拟器试验数据，EHM 硬件回路仿真验证平台可开展附件机匣振动等参数数据的信号模拟，验证基于单一或多路振动的 CEDU 在线监测、故障诊断等相关算法模块功能；基于滑油系统模拟试验数据（如温度和飞行姿态对滑油液位变化的影响试验），EHM 硬件回路仿真验证平台可开展滑油系统相关参数数据的信号模拟，验证 CEDU 与滑油系统相关的算法模块的功能；此外，EHM 硬件回路仿真验证平台还可开展传感器特性及电气故障模拟，基于发动机模型的缓变故障或性能退化模拟等难以开展的台架故障模拟试验，为 EHM 系统状态监测、故障诊断、趋势分析及寿命管理功能模块验证提供支持，同时也为 EHM 系统早日随发动机开展台架试验和飞行台试验奠定坚实基础。

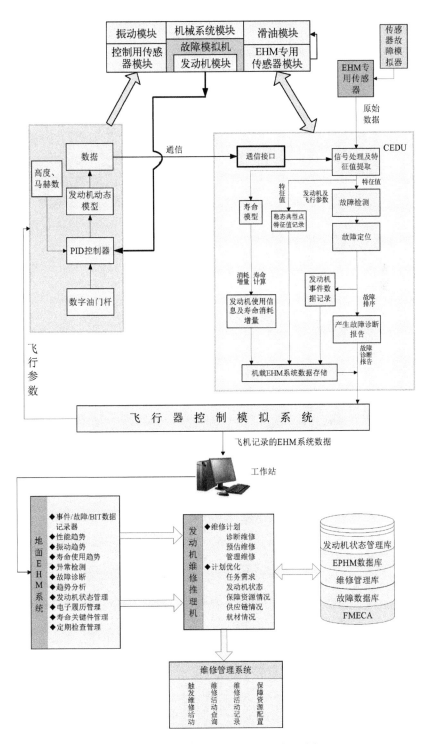

图 3.7　EHM 硬件回路仿真验证平台组成框图

3. 软件测试

软件测试级别通常可划分为单元测试、部件测试、配置项测试、系统测试。软件测试的目的如下：① 验证软件是否满足设计要求；② 通过测试，发现软件错误；③ 为软件产品质量的评价提供依据。

软件测试方法分为静态测试方法和动态测试方法。静态测试方法一般采用代码审查、代码走查和静态分析，其中静态分析一般包括控制流分析、数据流分析、接口分析和表达式分析。动态测试方法一般采用白盒测试方法和黑盒测试方法，其中黑盒测试方法一般包括功能分解、边界值分析、判定表、因果图、随机测试、猜错法和正交试验法等；白盒测试方法一般包括控制流测试(语句覆盖测试、分支覆盖测试、条件覆盖测试、条件组合覆盖测试、路径覆盖测试)、数据流测试、程序变异、程序插桩、域测试和符号求值等。

健康管理软件一般需进行代码审查、单元测试、部件测试、系统/配置项测试。

1) 代码审查

(1) 测试对象：软件源代码。

(2) 测试级：计算机软件单元级。

(3) 测试种类或类型：代码审查。

(4) 在软件需求规格说明中规定的合格性方法：审查。

(5) 测试涉及的计算机软件配置项需求标识符和软件系统需求标识符：全部。

(6) 特殊需求：该项测试不需要设计测试用例，不编制测试说明，相关内容在代码审查报告中体现。

(7) 需记录的数据类型：软件问题报告、软件测试报告等。

(8) 采用的数据/整理/分析类型：软件自动分析。

(9) 假定和约束条件：无。

2) 单元测试

(1) 测试对象：软件源代码。

(2) 测试级：计算机软件单元级。

(3) 测试种类或类型：白盒测试。

(4) 在软件需求规格说明中规定的合格性方法：测试。

(5) 测试涉及的计算机软件配置项需求标识符和软件系统需求标识符：全部。

(6) 特殊需求：该项测试不需要设计测试用例，不编制测试说明，相关内容在代码审查报告中体现。

(7) 需记录的数据类型：软件问题报告、软件测试报告等。

（8）采用的数据/整理/分析类型：软件自动分析。

（9）假定和约束条件：无。

3）部件测试

（1）测试对象：软件源代码。

（2）测试级：计算机软件组件级。

（3）测试种类或类型：黑盒测试。

（4）在软件需求规格说明中规定的合格性方法：测试。

（5）测试涉及的计算机软件配置项需求标识符和软件系统需求标识符：全部。

（6）特殊需求：该项测试不需要设计测试用例，不编制测试说明，相关内容在代码审查报告中体现。

（7）需记录的数据类型：软件问题报告、软件测试报告等。

（8）采用的数据/整理/分析类型：软件自动分析。

（9）假定和约束条件：无。

（10）与测试有关的安全性和保密性考虑：无。

4）系统/配置项测试

（1）测试对象：软件源代码。

（2）测试级：计算机软件配置项集合。

（3）测试种类或类型：黑盒测试。

（4）在软件需求规格说明中规定的合格性方法：测试。

（5）测试涉及的计算机软件配置项需求标识符和软件系统需求标识符：全部。

（6）特殊需求：系统测试随系统半物理试验开展。

（7）需记录的数据类型：软件问题报告、软件测试报告等。

（8）采用的数据/整理/分析类型：软件自动分析。

（9）假定和约束条件：无。

（10）与测试有关的安全性和保密性考虑：无。

3.3.2　机载系统软件架构

1. 机载系统软件结构

机载系统软件由底层操作管理程序和顶层应用程序构成，其结构如图 3.8 所示。底层操作管理程序可以是实施操作系统，顶层应用程序主要包含输入信号管理模块、健康管理算法模块、输出信号管理模块、任务支撑管理模块、系统维护管理模块。

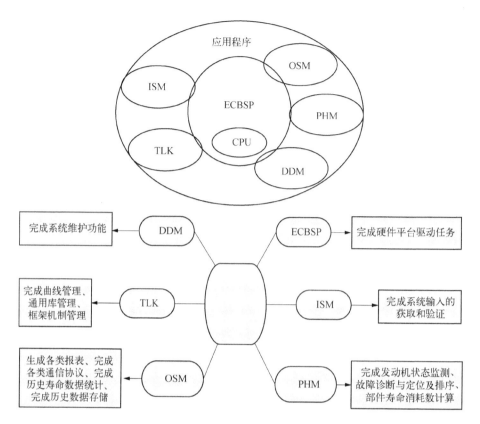

图 3.8 机载系统软件结构图

ISM 表示输入信号管理模块;TLK 表示任务管理工具库模块;ECBSP 表示事件控制模块软件程序;
CPU 表示中央处理单元;OSM 表示输出信号管理模块;DDM 表示设备维护管理模块

2. 软件运行管理

在三种情况下,机载系统软件将进入启动进程,这三种情况分别如下:

(1)机载诊断装置电源接通;

(2)机载诊断装置接到外部系统复位指令;

(3)机载诊断装置内部看门狗溢出。

启动进程在结束之前设置实时时钟中断,为后面的前后台处理提供定时周期,每个固定实施周期内产生一次实时时钟中断。信号采集与处理:每个固定实施周期处理一次。与飞机、FADEC 系统间的通信:每 4~5 个固定实施周期处理一次。振动信号的采集和处理:通常需要每 10~20 个固定实施周期处理一次。发动机故障诊断:每 10~20 个固定实施周期处理一次。每个处理周期内,最大占用处理时间不超过该周期的三分之二。

3. 数据存储

发动机状态信息是由各种机载信息源产生的,例如,一些信息直接从传感器测量得到,一些从机载部件的嵌入模型中产生,而其余信息则由存储在发动机机载诊断装置中的数据(如维修历史)得到。发动机健康管理系统的最终目标是从不同源数据中最大化抽取有意义的信息,从而得到发动机健康状况的综合诊断和预测知识。

通常,机载系统检测出发动机转速,即开始记录数据。当飞机在地面、油门杆处于停车位且检测不到转速时,系统停止数据记录。当系统检测到事件时,需对事件前、后规定时间间隔内的数据进行快速记录。

3.3.3　地面系统软件架构

地面系统软件由计算机系统、数据库及各功能模块软件组成。GSS 软件功能模块主要包括如下几种:① 用户管理功能模块;② 数据管理功能模块;③ 报告生成功能模块;④ 发动机趋势分析功能模块;⑤ 故障诊断功能模块;⑥ 警示功能模块;⑦ 日志记录功能模块;⑧ 寿命管理功能模块;⑨ 地面系统集成功能模块。

1. 用户管理功能模块

该模块主要针对 GSS 的数据维护和访问安全、系统门户。

1) 用户管理

进入 GSS 集成软件环境时,GSS 将显示用户登录窗口,验证用户的身份、权限和口令,只有验证通过的用户才能使用 GSS 软件,支持批量导入用户信息和所属单位信息。

2) 用户权限管理

用户可分为维护员、操作员,操作员可以使用 GSS 的全部软件功能,维护员可以使用部分功能。还可根据需要在后期对权限管理模块进行补充,并可针对每个用户进行单模块权限的增加、删除。初次使用 GSS 时,自带 1 名默认操作员权限用户(GSS_admin),可以为其他用户增加、删除权限。

3) 访问日志管理

GSS 具有日志记录功能,登录系统的用户的操作过程及 GSS 的主要运行行为都将记入日志中。系统具有日志查看功能,还可根据条件进行查询。

4) 与 GHI 系统同步管理

GSS 自动接收 GHI 发送的数据并进行数据管理,GSS 可根据 GHI 的请求,自动向 GHI 传送其请求的数据,数据的具体内容待定。GSS 具有与 GHI 或其他 GSS 进行软件交换的能力,GSS 提供软件交换界面,与 GHI 或其他 GSS 进行软件交换。另外,系统的模块功能可根据研发的需要进行增加、修改。

2. 数据管理功能模块

地面系统软件基于数据库管理系统来组织管理飞机信息数据、发动机故障特征信息库、发动机信息数据,相应地创建飞机信息数据表空间、发动机故障特征信息库表空间、发动机信息数据表空间、发动机部(附)件信息数据表空间。

在飞机信息数据表空间里,实现对每架飞机信息的管理。地面系统软件带有发动机故障特征信息库,用来实现故障诊断等功能,故障特征信息库里的文件创建在发动机故障特征信息库表空间内。

在发动机信息数据表空间内实现对每台发动机信息的管理,主要有如下几点。

(1) 综合数据表用于存储手工录入的[不能够归类到部(附)件的]飞行员记录数据、发动机维护数据(含外观检查和孔探仪检查数据等)、维修数据等。

(2) 振动数据表用于存储从机载诊断装置下载的振动数据、振动故障诊断数据、振动信号特征趋势分析数据。

(3) 事件数据表用于存储从机载诊断装置和 FADEC 系统下载的事件和特定飞行条件数据。

(4) 运行数据表用于存储从机载诊断装置下载的其他数据。

(5) 故障诊断表用于存储地面系统软件进行故障诊断产生的数据文件。

(6) 趋势分析表用于存储地面系统软件进行趋势分析产生的数据文件。

(7) 寿命管理表用于存储地面系统软件进行寿命管理产生的数据文件。

(8) 报告生成表用于存储地面系统软件产生的故障诊断报告和维护建议报告。

(9) 发动机部(附)件信息数据表针对每台发动机的每一个部(附)件创建一个文件,文件名为部(附)件编号,用于存放手工录入的该部(附)件的历史数据。

3. 报告生成功能模块

(1) 将数据汇总后自动生成表格文档,软件生成的图片自动导出到报告中。

(2) 针对检测到的故障或预测的即将出现的故障,给出维修建议,引导维修人员实施维修排故操作。

(3) 对于即将到寿的部件或附件,提前生成相关信息报告。

(4) 综合机载故障信息、故障诊断信息、趋势分析信息、寿命评估信息、历史维修信息等数据,生成最终报告。

(5) 报告中需包含文字、图、表等内容。

(6) 报告可实现导入和导出。

(7) 报告存储在数据库中。

4. 发动机趋势分析功能模块

(1) 具备发动机性能衰退趋势分析、滑油屑末变化趋势分析、振动信号特征趋势分析功能。

(2) 运行发动机自适应模型,将模型计算结果与发动机实际结果进行对比,预测性能退化趋势。

(3) 振动信号特征趋势分析的主要内容是发动机各状态下的振动参数的变化趋势,对比发动机研制历程中总结的振动参数范围和变化规律,判断振动参数变化趋势是否正常。

（4）滑油屑末趋势分析主要是监测在不同发动机状态下的滑油屑末量,通过历史数据分析屑末量的增长趋势。

（5）软件界面可显示原始数据、处理后的数据、趋势分析结果,界面包括图、表、文本框等形式。

（6）结果保存在数据库中。

5. 故障诊断功能模块

基于气路、振动、机械系统、寿命消耗等算法实现诊断功能。

1）气路系统诊断

气路健康管理的目标是通过将发动机工作循环内传感的发动机变量观测值变化与内部性能的相关变化进行关联,可靠性地评估和管理航空发动机气路部件和控制部件。采用典型的气路健康管理,可以有效解决的事件类型包括部件的渐进降级、传感器故障、作动筒故障及涡轮损伤等。装在发动机上用于控制用途的气路传感器是气路健康管理的主要数据源,同时结合数控系统数据,监测发动机温度、压力、转速、转差等参数,出现异常时告警。通过起飞和巡航状态的性能数据,监测风扇、压气机、涡轮等部件的工作情况,工作异常时告警。

2）振动系统诊断

振动监视系统通过安装在特定部件、特定位置上的一个或多个传感器来检测和监控发动机的振动情况,对振动信号进行快速傅里叶变换或希尔伯特变换,开展振动频谱分析及故障诊断,并将可能威胁飞行安全的处理结果以一定的形式显示给飞行员,而将检测到的其他异常情况传输至后台处理,便于地面维修人员进行飞行后处置。

3）机械系统诊断

滑油温度、滑油压力、滑油屑末等参数异常时告警。结合数控系统传送过来的参数,通过滑油液位数据计算滑油消耗量,滑油消耗量过大、滑油消耗速率过快时,告警。通过滑油在线屑末监测器,监测并计算滑油金属/非金属屑末大小、数量,统计屑末数量及总体积变化率,异常时告警,软件专门留有接口进行算法扩充。机械系统诊断可进行稳态分析,包括时域波形、轴心轨迹、轴心进动、全息进动、一维频谱和低频细化、相关分析、包络分析、时延相关分析等;瞬态分析包括增（减）速Bode 图、增（减）速轴心进动、增（减）速谐波分析和三维瀑布图等。

6. 警示功能模块

提供警示控件/窗口/界面,用于警示维护员/操作员,警示控件是整个地面系统软件的警示中心。

地面系统软件操作、运行中发生的任何警示信息都将在该警示提示控件内显示,同时可以引导维护员/操作员查找其原因和解决措施等。

7. 日志记录功能模块

地面系统软件应具有日志记录功能,维护员/操作员的操作过程及 GSS 的主要运行行为都将记入日志中。日志作为记录程序运行过程的载体,必须能够完整记录下运行时间、运行对象、执行动作、执行结果、执行前的状态量、执行后的状态量等信息,这样在发生故障后才能追根溯源。

因为发动机运转的动作往往是具有时序性的,采用集中管理、分散控制,所以保证日志记录精度对后期分析尤为重要。当系统启动后,一个重要的原则是必须有一个可靠的时间基准,即统一的时间源。在多个子系统的动作具有时序关系或相互影响的情况下,如果没有统一的时间基准,将无法根据日志确定故障发生的时间,以及确定当时各个系统所处的状态,更无法找到问题发生的根源。

在故障日志记录的功能设计中,需要对错误进行编号和分类工作,按不同软件模块产生的错误进行编号,有的按不同错误类型进行分类编号。此外,应在内部保留一份错误号列表,便于在故障出现后进行快速检索。

8. 寿命管理功能模块

根据从机载系统导入的发动机飞行载荷谱数据,计算单次飞行后寿命关键件的寿命消耗,结合发动机历史寿命记录,确定寿命关键件的剩余使用寿命,在零部(附)件部分或全部寿命消耗完前提出检查或更换建议。

软件功能应分为四个部分:一是获取飞参数据,计算应力、温度,然后通过雨流计数找出整个载荷历程中的所有循环;二是根据关键件寿命损耗模型计算出每次飞行消耗的寿命;三是建立数据库,对发动机、关键件及寿命数据进行管理;四是查询、显示等交互功能。

一般来说,采用机载计算数据的方式不需要定期下载大量的连续数据,但这需要在装机后上传关键件或区域的寿命。为避免软件修改带来的管理问题,应当使用配置表。采用机上采集数据、离线分析的方法,这样当算法更改后,还可以在后续的分析中重新计算使用寿命。

9. 地面系统集成功能模块

地面系统集成功能模块的主要工作包括:生成寿命管理报告、故障诊断报告、提出维护建议。针对机载检测到的故障事件,地面系统应能给出优化后的维修建议,引导地勤人员实施维修排故操作。对于存在故障或即将到寿的部件或附件,需要更换或需返厂修理时,地面系统应能够提前生成故障发动机的相关信息报告。

地面系统可将各类机内测试、故障等信息转化为维修工作任务的关键技术,从而将故障信息转化为维修操作信息,并充分利用 FMECA 设计数据、历史故障处置数据等建立与维修操作的关联关系,并按优先级给出维修任务列表。

综合机载故障信息、故障诊断信息、趋势分析信息、寿命评估信息、历史维修信息等数据,实现检测和定位到故障部件(附件)的能力(即诊断能力)和决定何时需要进行维护工作的能力(即预测能力)。实现这种功能涉及数据融合技术,使用数据融合技术将增强诊断可靠性、提高诊断性能和增加覆盖面,降低诊断误报率,支持可扩展性和新数据源的适应性。

3.4　数据库设计与维护

3.4.1　数据库设计流程

数据库设计的目的是让用户快速地获得所需的数据,数据库存储的数据包括发动机原始参数、故障诊断参数、寿命统计参数等。数据库中的数据应长期有效,用户应能在数据库存储的海量数据中快速访问想要的数据,同时根据需要将处理后的数据导入数据库中。

数据库设计流程分为六个阶段,第一阶段为需求分析,第二阶段为概念结构设计,第三阶段为逻辑结构设计,第四阶段为物理结构设计,第五阶段为应用程序设计,第六阶段为数据库运行与维护。

1. 需求分析

需求分析是进行工程设计的前提,进行数据库需求分析的主要目的是了解用户对数据结构的需求和数据处理方法的需求。需求分析是进行数据库设计的基石,若考虑不全面,则可能需要对后面的设计过程进行反复修改,甚至全面返工,因此必须全面了解用户当前和未来的使用需求。

用户主要使用健康管理数据库对发动机进行故障诊断、趋势分析、寿命管理和健康状态监控等。发动机健康管理数据库保存发动机原始参数和发动机故障模式,用户调用数据库中的数据,运用故障诊断方法、寿命预测方法、趋势分析方法等对发动机的健康状态进行评估。发动机健康管理数据库需要存储发动机原始参数、发动机故障数据、分析结论等信息,同时还需存储用户登录信息等。数据库提供用户查询、修改、删除、录入等功能,如图 3.9 所示。

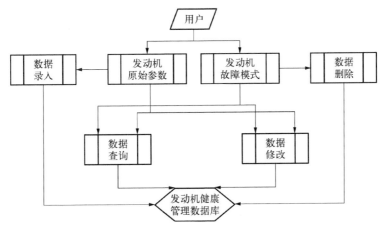

图 3.9　发动机健康管理数据库数据流

2. 概念结构设计

概念结构设计就是根据用户需求得出整体数据库的概念结构,分析数据库包含哪些实体及实体之间的关系,画出数据库的实体关系图,如图 3.10 所示。

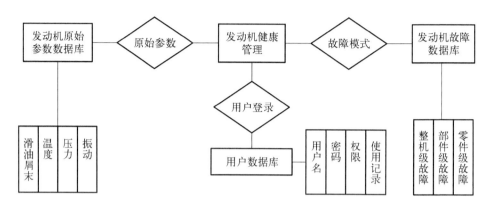

图 3.10　发动机健康管理数据库实体关系图

3. 逻辑结构设计

逻辑结构设计主要是将概念结构设计的实体-联系图转换为以数据库管理系统的逻辑数据模型表示的逻辑模式。逻辑结构设计确定了数据库具备几个子库或几个数据表,每个数据表具备哪些参数,以及各数据表之间的交联关系。

发动机健康管理数据库可分为三个子库:发动机原始参数数据库、发动机故障模式数据库和用户数据库,如图 3.11 所示。

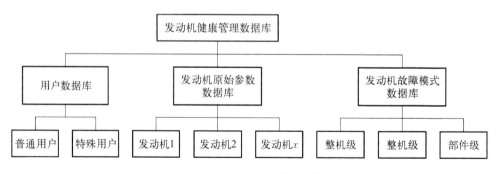

图 3.11　发动机健康管理数据库逻辑结构图

用户数据库存储用户登录信息,包括用户名、密码、权限、登录时间、执行操作等,分为普通用户和特殊用户。发动机原始参数数据库主要存储发动机采集的温度、压力、振动、转速等实测参数,按照发动机型号、代号、试验编号的结构进行存储,不同发动机有不同的子库。发动机故障模式数据库主要存储发动机故障模式,按整机级、系统级、部件级、零件级进行分级存储。发动机原始参数数据库与发动机故障模式数据库交联,经过特定的算法对发动机进行故障诊断。

4. 物理结构设计

物理结构设计指定义数据表的存储位置、存储格式、存储空间等,规划数据表的格式(表头、主键、外键、数据类型、数据长度等)及各个表之间的关联方式,建立索引。

发动机健康管理数据库物理结构设计阶段是对各个子库中数据表的格式进行定义,如图 3.12 所示(图中 PK 表示主键)。

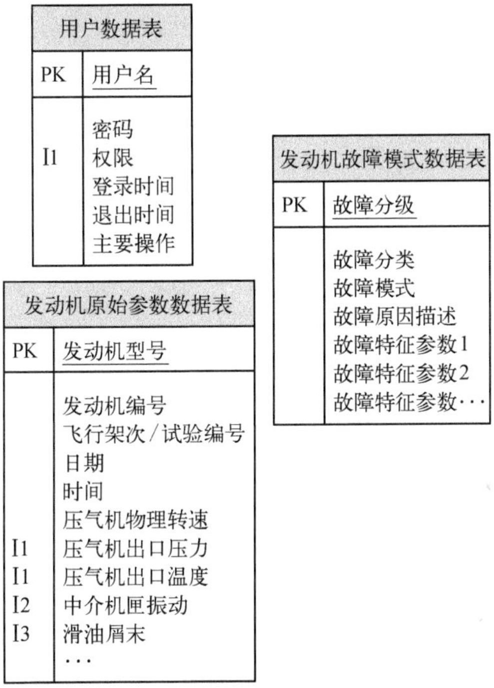

用户数据表

PK	用户名
I1	密码 权限 登录时间 退出时间 主要操作

发动机故障模式数据表

PK	故障分级
	故障分类 故障模式 故障原因描述 故障特征参数 1 故障特征参数 2 故障特征参数…

发动机原始参数数据表

PK	发动机型号
	发动机编号 飞行架次/试验编号 日期 时间 压气机物理转速
I1	压气机出口压力
I1	压气机出口温度
I2	中介机匣振动
I3	滑油屑末 …

图 3.12　发动机健康管理数据库中各数据表的格式定义

5. 应用程序设计

应用程序设计阶段主要是使用数据库编程语言对前面设计的结果进行程序编译和测试,将用户需求转变为可执行的应用程序。应用程序采用人-机交互界面,具备用户登录、数据查看、数据维护、数据上传与下载等功能。应用程序应具备通用性,即数据格式的改变不影响软件的运行,可适应不同型号发动机的需求。

6. 数据库运行与维护

数据库运行与维护阶段主要指用户根据使用需求访问数据库,提出数据库改进意见。设计人员根据用户反馈的意见对数据库进行适应性和改善性维护,最终对数据库不断进行更新,使数据库持续稳定运行。

3.4.2　数据库结构

1. 数据库架构

健康管理数据库架构可分为分布式和集中式:集中式数据库将所有数据放在一张表中,数据访问慢、故障影响大;分布式数据库是将分布在各个节点的数据通过网络集成为一个统一的数据库,用户访问某一节点时,其他节点不受影响,单个节点的故障也不会影响整个数据库的运行。分布式架构的优点是减少了任意单点失效带来的相关风险,这种方式尤其适用于地面系统散布于多个位置的情况。发动机健康管理系统通常会配置到不同的飞行机群,如航空公司在不同城市机场的机群,当这些不同的站点有当地要求时,应优先考虑分布式架构,跟踪不同区域的发动机使用情况,提供实时的技术服务,以及基于使用情况开展改进升级工作是当前航空发动机研制单位的普遍发展方向。因此,发动机健康管理系统应采用分布式架构。

2. 数据库数据类型

健康管理数据库必须能够接收、处理并储存系统要求的各种类型数据,数据库的主要数据包括如下几类:

(1) 连续记录的发动机工作数据;

(2) 机载系统、地面系统处理的数据,如寿命统计数据等;

(3) 发动机事件数据;

(4) 发动机振动等高速采集数据及其处理数据等;

(5) 后勤数据,如发动机标定数据等;

(6) 维修数据,如孔探数据等。

所有数据可通过硬件工具下载,也可通过遥测或卫星通信数据传输到地面站,采用遥测或卫星通信的方式特别适用于全球部署的飞机机群。

1) 连续记录的数据

连续记录的发动机工作数据是指发动机机载系统和 FADEC 系统记录或传输给飞机健康管理系统的数据,这些数据通常是固定周期的,是发动机健康管理系统中最主要的原始数据。

2) 处理后的数据

处理后的数据是指 FADEC 系统、机载系统各算法、地面系统各算法处理后产生的数据,这些数据通常用来表征发动机健康信息、故障信息、性能趋势信息、寿命消耗信息等,是发动机健康管理系统中最主要的处理数据。

3) 发动机事件数据

发动机事件数据是指在发动机特殊的工况(如起飞、发动机异常等)下,FADEC 系统和机载系统快速记录的数据。发动机事件数据为非固定周期数据,只在发动机出现喘振、振动大等异常情况时才触发,一般只保存事件前后 20 s 的数据,便于用户快速定位到问题数据。

4）发动机高速采集数据

发动机高速采集数据特指针对宽频振动信号的高速采集数据,这类数据量通常较大,通常机载振动传感器要求的采样频率为 20~40 kHz。发动机高速采集数据需要专门的 CPU 进行存储和处理,数据经快速傅里叶变化、希尔伯特变换等处理后,可以表征发动机的健康状态。

5）后勤数据

发动机后勤数据包括传感器标定数据、FADEC 系统配置参数、CEDU 配置参数、发动机技术状态、使用记录等,后勤数据主要是对发动机进行状态记录和管理。用户根据需要,可以随时查看后勤数据,并对发动机做出相应的处理。例如,后勤数据中记录了各个燃油附件的油封期和使用时间,且具备油封期到期和寿命到期报警功能,用户接到报警后可对相应附件进行油封或更换。

6）维修数据

发动机维修数据记录了发动机每一次的维修时间、维修原因、维修方式和维修结果,用户通过查看维修记录可以对发动机之前的状态有一定了解,若某个零件已达到维修次数上限,则可以考虑进行更换。

3.4.3　数据检索和分析

在高效的数据库管理系统中,数据检索必须快速、及时且操作便捷,数据库人-机交互界面应友好,数据查询功能应考虑周全,并具有自动报告生成和显示功能,可满足各等级用户要求。

3.4.4　数据信息接口

数据库管理系统可在线显示发动机实时发送的数据,以图形、表格的形式显示出来,并对数据进行处理和分析,处理结果以曲线图、直方图和统计量等形式显示。当原始、计算和预测的数据无法以图形方式显示时,应优先以表格形式显示。另外,还应支持多种格式输出,图形以 jpg、bmp 等常见格式输出,表格以报表、文本等标准格式输出。

数据库管理系统应支持显示终端、硬件打印机和其他硬件接口。终端设计时应具备数据导入和预处理、图表显示、与中央存储数据通信等功能。数据库管理系统必须进行精心规划和设计,并与维修过程集成。用户根据数据库中的发动机寿命使用数据、发动机性能数据、维修数据、机群平均数据等信息,可执行下述操作:监视机群范围内的寿命使用;确定下一次计划内换发;对发动机进行视情维修(资源规划、机会维修和换件预测);备件供应和后勤保障;根据任务剖面、寿命、使用工作环境确定维修历史关联方案。

此外,所有系统软件应足够灵活,可以高效处理监视系统输入和进行常规处理。数据库架构和数据管理逻辑等功能应当合理有效,寿命使用管理功能应主要覆盖发动机、模块和部件的管理。数据库应满足数据吞吐快速、高效要求,可根据用户要求来实时查询、显示,且软件运行不应受硬件限制。

总体来看,数据库管理系统必须要保证各级人员都能够轻松访问,用户终端需覆盖发动机修理厂、基地级、发动机制造商和指挥控制机构,且应当安装在方便、具有安全防护的位置。

3.4.5　数据库使用维护

数据库存在以下功能:

(1) 用户管理功能:具备用户登录界面,用户可进行注册和注销账户;

(2) 数据管理功能:用户可自行建立数据库中的数据表,导入相关配置信息,建立链接,数据可进行备份和恢复,并进行信息保护;

(3) 数据查询功能:用户通过输入关键字进行查询,查询结果以表格形式显示,表格可导出保存;

(4) 数据入库功能:将数据实时或非实时导入数据库中;

(5) 数据处理功能:将数据进行相关运算,以图表的形式显示在屏幕上。

1. 数据存档、备份及恢复

定期存档老旧数据、备份当前数据库信息是地面保障系统的重要功能。在系统失效或数据意外丢失时应确保地面站数据库信息存档或备份的数据仍可访问,一种方法是在不同的位置保存,另一种方法是采用光盘、硬盘等外部设备进行拷贝,这样即使地面站数据库出现问题,数据仍可恢复。对于地面站管理员来说,存档和备份数据所需的频率和时间是一个主要的考虑因素。数据库的大小会显著影响备份时间指标,数据库通常采用定期自动备份的方法,周期根据数据累计变化率来决定。当每天都有大量数据进入数据库时,每天备份更加合理。可对备份过的数据进行清除,避免数据无限增长,节省数据库存储空间。对于清除的数据,必须要考虑从主数据库中恢复的方法,数据恢复一般只在特殊指定场合下才需要。支持数据部分恢复功能,允许用户从备份中自主选择所需数据,当存档数据量超过地面站存储容量时,数据选择性恢复功能尤其重要。

2. 数据安全性

出于保密需要,飞机地面站必须要对数据访问进行限制,提供不同数据访问权限,保证数据不外泄。信息保护是一项关键问题,地面站数据库可能包含了装备部署位置等特定信息,因此必须进行信息保护。信息保护采用限制访问的方式,采用密码或防火墙阻止外来干扰或访问,采用加密的方式进行传输,从而进行有效的保护。为预防受限制工作数据库中的特定信息被访问到,地面站应可独立工作,仅当退出访问时才执行与其他分布式系统的同步操作。

3. 数据入库

数据可以采用实时入库或文件导入入库两种方式。实时入库:通过网络传递实时入库,网络数据传输程序实时地将前端采集到的数据通过网络传输给后端的接收程序,后者将接收到的数据实时地分解入库;文件导入入库:将数据及其他信息按格式规范要求整理成电子文本文件,通过导入程序对文件分解入库。

3.5　系统集成设计

3.5.1　功能集成方案

发动机健康管理系统的集成总体架构见图 3.13。

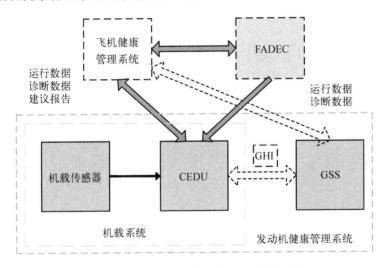

图 3.13　发动机健康管理系统集成总体架构

机载诊断装置从机载传感器获得参数数据,并与发动机 FADEC 系统和飞机系统相交联,从 FADEC 系统获得参数数据和发动机事件信息,进行发动机事件监视和记录,并探测和定位发动机故障,实现发动机状态监测和故障诊断。同时,机载系统具备自诊断功能,机载诊断装置可将告警信息、诊断信息、寿命消耗数据、健康状况通过总线传输给飞机系统。

地面系统对下载到系统中的数据、发动机技术状态数据、地面维护数据、维修数据等执行数据管理、数据分析和评估工作。地面系统具有故障诊断、趋势分析和寿命管理功能,并能够生成寿命管理报告、故障诊断报告并提出维护建议。

3.5.2　接口控制文件

接口控制文件可分为硬件接口控制文件和软件接口控制文件。

1. 硬件接口控制文件

硬件接口控制文件包括：① 各机载传感器的电气特性、电气接口型号、引脚定义等；② 各通信接口的电气形式等；③ 机载诊断装置各电气接插件的引脚定义等。

2. 软件接口文件

软件接口控制文件包括：① 各通信接口的通信协议；② 各功能软件模块接口定义。

3.5.3　集成检测与验证

健康管理系统随发动机试验前,需完成综合仿真试验,验证系统的功能、工作可靠性、容错性与鲁棒性,以及各功能模块的集成协调性与匹配性。

综合仿真试验通常在专门的综合仿真实验室进行,综合仿真试验总体架构与机载诊断装置硬件在回路仿真的总体结构基本相同。

健康管理系统集成检测与验证内容应至少包括以下试验项目：① 电气检查；② 维护功能检查；③ 监测功能试验；④ 故障诊断功能试验；⑤ 趋势分析功能试验；⑥ 寿命计算功能试验；⑦ 数据记录功能试验。

1. 电气检查

为确保系统试验安全,首先开展系统电气检查,确保电气连接正确性是必要且科学的,电气检查应至少包括线路连接检查、电源检查、通信检查、信号检查等。

1) 线路连接检查

线路连接检查的主要内容：① 电源极性连接正确性；② 线路接地；③ 线路屏蔽；④ 线路连接正确性等。

2) 电源检查

电源检查的主要内容是外部提供的电源的极性、电压、电流。外部供电电源的极性连接应正确,电源电压应与系统匹配,通常为 $28\pm0.5\,\mathrm{V(DC)}$,系统上电电流应在系统设计范围,通常 $\not>1\,\mathrm{A}$ 。

3) 通信检查

健康管理系统的通信通常包括：① RS422 通信；② 以太网通信；③ 1394 通信等。通信检查通常根据各通信口规定的通信协议预先设定数据内容,从而发送或接收数据,检查数据内容是否一致,数据一致则说明通信正常。

4) 信号检查

健康管理系统的采集信号与设计系统相关,典型的系统信号包括：① 转速信号,包括频率信号和原始(或方波)电压信号；② 压力信号；③ 温度信号；④ 电荷信号,即压电振动信号；⑤ 滑油液位信号,通常为电压信号；⑥ 滑油在线屑末信号,通常为频率信号;⑦ 开关量信号等。这些信号通常由故障信号模拟机提供,推荐使用发动机真实试验数据,由故障信号模拟机回放产生相应的电气信号。

2.　维护功能检查

随发动机试验前,完成健康管理系统维护功能检查是必要的且是必需的。维护功能至少应包括:① 系统响应及执行维护指令功能检查;② 软件配置与升级维护功能检查;③ 传感器标定及标定数据 FLASH 下载/上传功能检查;④ 存储数据下载与清空维护功能检查。维护功能检查的软件通常运行在地面检测仪内,也可运行在综合诊断器的上位机(通常为 PC 机)内。

3.　监测功能试验

监测功能是健康管理系统最基本的功能之一,应根据健康管理系统的具体功能实现情况开展验证试验。

典型监测功能试验应包括:① 采集信号品质情况监测;② 气路参数监测,气路参数监测的丰富与精细化程度通常取决于机载模型的性能;③ 振动参数监测,通常包括振动总量、幅频值等;④ 滑油系统参数监测;⑤ 发动机限制参数监测等。

监测功能试验预设的试验数据通常来源于发动机原始试验数据或模拟数据,这些数据由故障信号模拟机回放产生相应的电气信号,并输入系统中进行试验验证。

4.　故障诊断功能试验

故障诊断功能是健康管理系统主要的功能之一,故障诊断功能试验应根据健康管理系统的具体功能实现情况进行验证。

典型故障诊断功能试验应包括:① 传感器故障模拟试验;② 典型控制系统故障模拟试验;③ 典型气路故障模拟试验;④ 典型滑油系统故障模拟试验;⑤ 典型振动故障模拟试验。

传感器故障模拟由故障模拟机进行电气模拟,通常包括断路、短路、特性漂移等故障模式。气路、滑油系统、振动故障模拟也是由故障模拟机基于典型原始整机/部件故障试验整理数据或故障数值仿真数据进行的电气模拟。故障数值仿真数据模拟的故障模式可以提取 FMECA 系统的分析结果。

5.　趋势分析功能试验

趋势分析功能是健康管理系统主要的功能之一,应根据健康管理系统的具体功能实现情况开展验证试验。典型趋势分析功能试验应包括:① 典型气路趋势分析模拟试验;② 典型滑油系统趋势分析模拟试验;③ 典型振动趋势分析模拟试验。

气路性能退化是气路趋势分析的典型研究对象或问题,例如,民航发动机中常用跟踪低压涡轮出口温度 T_5 的变化趋势的方法来诊断发动机的气路性能衰退。

跟踪滑油消耗及滑油屑末信号变化趋势是滑油系统中经常使用的典型方法,用于诊断发动机的性能衰退甚至故障。

6. 寿命计算功能试验

寿命计算是健康管理系统主要的功能之一,应根据健康管理系统的具体功能实现情况开展验证试验。典型寿命计算功能试验应包括: ① 使用寿命统计模拟试验; ② 日历寿命统计模拟试验; ③ Ⅰ类、Ⅱ类、Ⅳ类循环次数统计模拟试验; ④ 雨流计数法循环次数计算与统计模拟试验; ⑤ 疲劳寿命消耗计算模拟试验; ⑥ 蠕变寿命消耗计算模拟试验。

目前,疲劳寿命消耗和蠕变寿命消耗计算方法的有效性评估与验证尚不充分,其试验验证主要是功能验证,性能指标的验证暂不作为验证目标。

7. 数据记录功能试验

数据记录功能是健康管理系统最基本的功能之一,应根据健康管理系统的具体功能实现情况开展验证试验。机载系统典型数据记录功能试验应包括: ① 一般数据记录功能模拟试验; ② 事件数据快速记录功能模拟试验; ③ 事件振动原始数据快速记录功能模拟试验。

地面系统数据记录通常是基于数据库的数据存储,通常根据地面系统业务工作流程中涉及的数据存储环节进行模拟验证。

第4章
状态监视传感器与数据采集

为实现航空发动机健康管理系统的功能,必须获取发动机运行过程中的部件和系统状态信息,要准确地测量这些状态信息离不开先进的高可靠传感器。随着发动机健康管理系统的发展,传感器作为发动机健康管理系统的重要组成部分,对性能要求越来越高,如智能化、准确度、有效性等。在更全面地获得发动机健康信息的需求下,还要兼顾设备重量、成本、可靠性等因素。

根据健康管理系统的功能需求,目前航空发动机健康管理系统性能监视功能和寿命计算功能实现所需要的参数信息一般是通过通信总线接收飞机或者发动机控制系统已有的传感器信息,如发动机各截面温度、压力及转子转速信息等;而振动监视是通过健康管理系统专用的振动传感器提供振动参数;滑油监视一般是通过滑油屑末传感器、滑油液位传感器等来提供滑油参数信息。

4.1 温度传感器技术与应用现状

4.1.1 温度监测需求

温度是航空燃气涡轮发动机监视中广泛应用的关键参数,但因不同发动机设计、制造部门的信号处理方法和使用目的各不相同,在发动机上测量温度时可用各种不同类型的传感器。

测量的某一点温度可用于计算发动机其他位置的温度信息,意味着温度信号可用于测定发动机不同部件的热性能。用于监视的温度信号通常不用于控制或修正发动机的其他变量,而控制信号有时则用于状态监视,监视功能包括研制阶段发动机不同位置的温度测量。

气体温度测量:根据气体温度测量的目的决定温度测量位置,测量的目的包括控制、状态监视与诊断、座舱显示和性能测定。

如果给定测量点的温度是对称分布的,就可使用单个传感器。然而,实际上经常出现非对称分布(径向和周向),在测试温度场中必须选择有代表性的位置安装受感部。根据不同的位置,使用一个、两个或几个受感部进行周向测量。通常采用梳状热电偶测量涡轮出口温度,梳状热电偶的数目可以改变,但典型数量是8个。

图4.1为某型双转子混合排气涡轮风扇发动机的结构图,各截面的划分如图所示,T_2 和 T_3 分别代表发动机进口温度和压气机出口温度,用于状态监视与诊断。通过检查低、高压压气机出口温度(T_{2X}、T_3),识别趋势,跟踪低、高压压气机的效率,建立不同工作状态下的发动机温度关系。T_{4X}、T_5 和 T_7 分别代表高压涡轮进口或出口、低压涡轮出口、加力燃烧室进口的温度,用于控制、状态监视、诊断、座舱显示和性能测定。

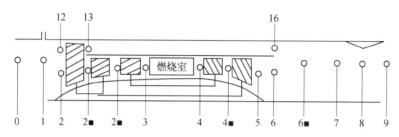

图4.1　某型双转子混合排气涡轮风扇发动机结构

0-大气环境;1-发动机进口截面;2-风扇内涵进口截面;2■-风扇内涵出口截面;3-压气机出口截面;4-高压涡轮进口截面;4■-高压涡轮出口截面;5-低压涡轮出口截面;6-混合室进口截面;6■-混合室出口截面;7-尾喷管进口截面;8-尾喷管喉道截面;9-尾喷管出口截面;12-风扇外涵进口截面;13-风扇外涵出口截面;16-外涵出口截面

4.1.2　温度传感器类型

航空燃气涡轮发动机主要应用以下温度测量工具或方法:电阻温度探测器(resistance temperature detector, RTD)、热电偶、光学高温计、充气或液体温度计、热敏电阻;声学、β 射线、共振晶体、分光光度计、示温漆。在研在役航空发动机及航改燃机常用的温度测量工具包括 RTD 和热电偶。

RTD:发动机设计、制造部门在发动机压气机部分较普遍地使用 RTD,因为这部分的精度要求较高,而已证实 RTD 满足其精度要求,常用的金属是铂、镍和铜。铂 RTD 一般在 -260 ~ +800℃ 温度范围内有较高的线性度和可预测性,可测温度受传感器的材料和传感器内部灌装材料的温度承受能力的限制,其通常的工作范围是 50 ~ +500℃。镍 RTD 的温度测试范围一般是 -190 ~ +300℃,镍 RTD 一般没有铂稳定。实际上,镍 RTD 最高使用温度限制在 200℃ 左右,其与镍的类型(如纯度)有关,且不得超过居里点,传播器套管内的填料也会限制其在极限温度以下使用。铜 RTD 的温度测试范围一般是 -50 ~ +150℃,测温精度高,价格低廉,稳定性好。

热电偶主要用于航空燃气涡轮发动机热端温度测量。表4.1给出了飞机上应用的热电偶类型及其性能特征,其中 K 类和 E 类热电偶在航空燃气涡轮发动机上的应用最普遍。表4.1还给出了裸露热电偶的温度范围,其在最高温度下只能短时间使用,为了获得合理的传感器寿命,对于用在涡轮发动机仪表上的导线,最高温度一般应降低 100 ~ 150℃。

表 4.1　可选择的热电偶及其特性

类型	材　　料	平均输出/ (mV/℃)	裸露热电偶的 温度范围/℃	精度/℃
E	镍-10%铬/康铜	0.075 6	-200~900	-40~800,±1.5 或±0.4% T -40~900,±2.5 或±0.75% T -200~40,±2.5 或±1.5% T
J	铁/康铜	0.054	-40~750	-40~750,±1.5 或±0.4% T -40~900,±2.5 或±0.75% T
T	铜/康铜	0.045	-200~400	-40~350,±0.5 或±0.4% T -40~350,±1 或±0.75% T -200~40,±1 或±1.5% T
K	镍-10%铬/ 镍-5%铝和硅	0.039 6	-200~1 300	-40~1 100,±1.5 或±0.4% T -40~1 300,±2.5 或±0.75% T -200~40,±2.5 或±1.5% T
R	铂-13%铑/铂	0.011 5	0~1 600	0~1 600 ±1 或 ±[1 + (T - 1 100) × 0.003] 0~1 600 ±1.5 或±0.25% T
S	铂-10%铑/铂	0.010 2	-50~1 540	0~1 100 ±1 1 100~1 600,±[1 + (T - 1 100) × 0.003] 0~1 600,±1.5 600~1 600,±0.25% T
B	铂-30%铑/ 铂-6%铑	0.007 7	0~1 800	600~1 700 ±0.25 T 600~800,±4 800~1 700,±0.5% T

4.1.3　测量误差与处理方法

RTD 和热电偶的温度测量误差包括气象误差、位置误差、温度滞后误差、仪表误差、导线误差、指示器误差。

（1）气象误差。

在发动机进气道或外涵进行测量,湿度、雪或冰对测量误差有显著的影响。如果不利用惯性将水滴或湿气从温度感受元件分离,水滴会直接冲击测试元件,气体介质流过元件形成一个蒸发过程,这时测得的温度低于真实空气的温度,这就是"湿球温度"效应,它可引起较大的测量误差。误差的大小取决于相对湿度、流速、静温、水温与静温之差等,该误差不可预测,作为随机误差处理。

气象误差主要与压气机部分温度测量有关,通过惯性分离或者在元件前设置粒子遮蔽来保护感受元件,避免水滴的直接冲击,以减小这种误差,但会带来热恢复误差、时间响应的增加或两者均发生的后果。

（2）位置误差。

为了准确测量温度,传感器要与被测介质达到相互热平衡。实际测量中,传感器和介质之间的传热可能低于理想值,这时传感器与介质间换热未达到平衡,可以认为这是由物理位置或者传感器自身结构引起的。例如,感受元件直接插入气流与感受元件放置在受感部内某个部位及受气流直接冲击受感部的情况不同。位置误差包括:受感部位置误差、速度误差、传导误差、辐射误差、自身发热误差、除冰加热误差。

受感部位置误差包括介质流速不同引起的误差、受感部所处的实际性能截面和测量的性能截面不同引起的误差和姿态误差。

受感部当地流速与介质实际流速不同会引起误差,例如,总温和静温与介质马赫数有关,其表达式如式(4.1)所示:

$$T_t = T_s \left(1 + \frac{\gamma - 1}{2} Ma^2 \right) \tag{4.1}$$

式中,T_s 为静温,℃;T_t 为总温,℃;Ma 为马赫数;γ 为比热比。

在没有传热的理想状态下,发动机进气道内的总温应保持常数,但附面层内的流速比无黏空气流速小。再考虑对流现象,附面层内总温的测量会出现测量误差,这种误差称为位置误差。

受感部所处的实际性能截面与测量的性能截面不同也会引起误差,例如,双轴涡扇发动机利用安装在风扇外涵出口位置的受感部来测量第一级压气机叶尖总温时会出现位置误差。风扇外涵道进口截面 12 和出口截面 13 之间有绝热压缩,但在出口截面 13 湍流流型中有对流和辐射效应,所以两个截面的温升不能简单地用 T_{13} 减去 T_{12}。

因流动方向变化而引起的姿态误差也属于位置误差,流动方向的变化引起了攻角或侧滑效应,使温度恢复发生变化。

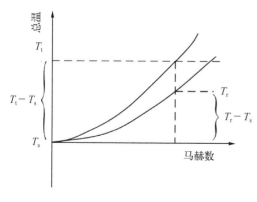

图 4.2　总温与马赫数的关系

将温度受感部的感受元件放置在附面层外要求测量的准确位置上进行测量可减小受感部位置误差。如果受感部对流动方向敏感,可调整其安装方向,有必要时可进行受感部自身的再设计。

速度误差指受感部处于流动气体介质中测量总温时产生的误差,这主要发生在气路温度的测量中。如图 4.2 所示,用恢复系数 r 表示这个误差,其定义如下:

$$r = \frac{T_r - T_s}{T_t - T_s} \qquad (4.2)$$

式中，T_s 为静温，℃；T_t 为总温，℃；T_r 为恢复温度，℃。

速度误差是传感器进口面积与出口面积之比的函数，通过合理设计浸入气体的几何位置，可减小这种误差，好的设计是流动堵塞，以便进行"滞止"温度测量，但必须采取措施，防止时间响应严重增加。

热传导误差是由感受元件与紧固面和导线之间传热引起的，该误差与被测介质的质量流量、受感部的长度与裸线直径之比 L/D 及温差相关，增加浸入几何长度 L 与裸线直径 D 之比可减小传导误差，好的安装方法也可减小传导误差，例如，有隔热衬垫的安装边或螺桩结构比螺纹衬套好。不同浸入深度 I 条件下热传导误差与质量流量的关系见图 4.3。

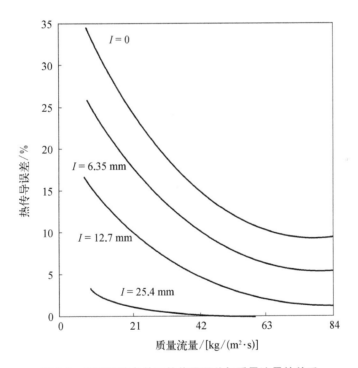

图 4.3　不同深度条件下热传导误差与质量流量的关系

辐射误差是由于高温物体向另一个低温物体传热而引起的，通常是包围传感器较高温的表面向受感部加热，这种误差的大小难以定量。

在不同温度下将温度感受元件与周围屏蔽可减小辐射误差，如采用特种金属金制造多重同心的圆柱屏蔽。

自身发热误差仅在 RTD 中出现，这是因为电流必须流经感受元件，以确定其电阻。这种误差受激励电流、被测介质总压、马赫数、总温和受感部设计的影响,保持一个低激励电流可减小这种误差。自身发热误差是系统误差,它使测量温度增加,减小 RTD 自身发热误差的方法有两种:① 将激励电流减小到 1 mA 和减小传感器元件的电阻,如果两者各减小 10%,自身发热误差可减小 27%;② 如果传感器一直在比安装面高的温度下工作,移去感受元件和其安装面之间的热障,可减小自身发热误差,但感受元件在比安装面低的温度下时,不能采用这种方法。

只有采用加热的方式来保证温度受感部不结冰时(发动机进口总温受感部)才会产生除冰加热误差。因此,除冰加热影响主要取决于发动机进口质量流量,质量流量越大,对除冰加热的作用越小,图 4.4 给出了典型的误差曲线。

需要除冰加热(电的或热空气)的传感器存在除冰加热误差,将传感器设计为在热空气直接接触感受元件之前放出热空气,可减小这种误差。

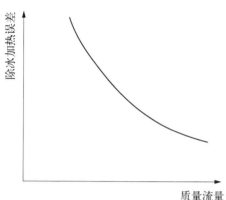

图 4.4　除冰加热误差与质量流量的关系

(3)温度滞后误差。

被测介质(空气或液体)温度变化比传感器的响应快(传感器的时间常数一般表示为从阶跃信号给定至传感器响应到阶跃变化量的 63.2% 时所用的时间,测量的功能和类型决定了时间常数的重要性,为了确保采样系统的测量重复性,一般要求时间常数较小),从而造成温度滞后,引起误差。RTD 和热电偶的时间常数是传感器自身质量的函数,即包围感受元件的质量越大,时间常数越大。时间常数是根据对流、热传导和辐射现象之间达到平衡的过程而得出的,如果这些过程减慢,时间常数将增大,温度滞后误差也相应加大。

减小这种误差有两个方法:① 减小感受元件周围的材料质量,裸露热电偶或开式 RTD 的响应较快,它们易受到振动冲撞或外来粒子的冲击,从而损坏感受元件,如果直接暴露在环境中,元件材料也可能被污染;② 增加元件周围的空气(或介质)的质量流量,以增加对流的热交换和减小传导的热交换。对于用于测量气体温度的某些传感器,这个方法可改变热恢复特性和增大恢复误差。由此,应在时间常数和恢复误差间仔细折中。

(4)仪表误差。

仪表误差与传感器的应用场合无关,包含校准误差、重复性误差、迟滞性误差、互换性误差。

校准误差是在基准(校准)温度下,传感器电阻或电压(热电偶)输出的不确定性,应在供应部门给定的不确定性水平之内。这种误差与传感器制造无关,但与校准设备、介质和操作者有关。

重复性误差是由传感器的制造引起的,如 RTD,由于元件导线上的内应力和应变,热循环将使校准电阻偏移。

迟滞性误差与传感器制造有关,并且是由电阻丝元件上内应力和应变引起的。它经常在热循环过程中出现,可看作某一温度的实际电阻和在同样温度下的期望电阻(根据插值得到)之差。图 4.5 给出了重复性和迟滞性误差的例子。

互换性误差是指在不影响总的系统精度的温度测量场合下的传感器互相替代能力,这种误差用名义电阻与温度曲线或名义电压与温度曲线(热电偶)的公差带表示。设计、制造部门可通过减小校准误差,提供重复性、迟滞性和互换性较好的单元来减小这种误差。

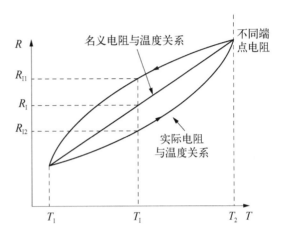

图 4.5　热电阻的重复性和迟滞性误差

(5)导线误差。

对于 RTD,如果导线电阻不能用惠斯登电桥从感受元件电阻线的电阻中分离,就会出现导线误差,这种误差可用三线或四线代替两线来消除。例如,导线遇到振动的应力或应变,就会出现导线误差,RTD 导线对电磁干扰的诱导电压不敏感。

热电偶导线误差会以许多不同方式出现,热电动势会在热电偶导线和其他导线的节点出现,特别是节点温度不一样时。此外,如果热电偶没有进行恰当屏蔽,电磁干扰会在温度读数中引起误差。

使用三线或四线系统可以补偿 RTD 的导线误差,通过屏蔽来避免附加热电动势污染信号,从而减小热电偶导线误差。

(6)指示器误差。

这种误差的出现与传感器和其应用场合无关,是指示器设计和应用中的固有误差,可由设计、制造部门提供减小指示器误差的建议。

4.2　振动传感器技术与应用现状

4.2.1　振动传感器

从发动机的工作原理角度,轮盘、叶片、轴承、齿轮等转动部件的故障都与振动相关,故障的早期信息能够从振动信号特征中反映。健康管理系统的振动监视目的:① 提前识别发动机工作中的危险振动状态,避免危险进一步扩大,引起发动机的二次损伤,提高飞行安全性;② 对故障进行定位,降低维护工作负担。振动监视包含机载与地面两部分:机载部分实时监视被测对象的振动幅值(如 100 ~ 1 000 Hz 内的振动幅值、转子基频幅值等)并与预定的阈值进行比较,如果超限则触发报警信息,并传递给座舱显示系统与中央维护系统。机载部分同时对振动信息进行记录,地面部分负责对机上记录的振动数据进行深入分析。无论是机载部分还是地面部分振动监视的实现都需要通过振动传感器对发动机的振动监测点工作状况的振动信号进行检测,测量规定频率点或频段的振动值,记录最能表征其运行状态的振动原始信号(全频段振动信号)。

振动传感器是开展振动测试试验所需的核心设备之一,也是发动机健康管理系统的重要构成。振动传感器广泛应用于航空发动机试验振动测试任务,国内外在振动测试系统的搭建及传感器的选用上基本一致,但是在航空发动机热端振动

图 4.6　某振动传感器外形

测点,表面温度可达 400℃ 以上,对传感器的耐高温性要求较高。在此方面,国外有成熟的高温振动传感器解决方案,并广泛应用于航空、航天发动机及燃气轮机振动测试领域。多年来,由于高温振动传感器技术要求较高,主要采用国外进口产品。国内科研机构、企业对高温振动传感器的研制工作尚处起步阶段,国内产品的使用温度范围、高温频率响应性能及传感器使用寿命等与进口品牌相比有不小差距。以美国 Endevco 公司产品为例,其主流高温振动传感器采用压电式加速度传感器,可在很宽的温度范围和幅值范围

内可靠地工作,某振动传感器外形如图 4.6 所示,其使用效率高、可靠性好、工作寿命长,有多种外形、重量、尺寸和灵敏度可供选择。

为了提供真实、准确的振动信号,同时能够真实地反映出发动机和部附件的振动情况,为后续振动分析和故障现象关联提供有利的基础条件,在传感器方面着重考虑以下因素。

1. 传感器种类的选择

按照被测参数,可将振动传感器分为位移传感器、速度传感器与加速度传感器。对于振动测量,低频比较敏感的参数为振幅(位移),高频比较敏感的参数为加速度,振动速度在较宽的频段范围内的适用性较好。

目前,航空发动机振动测量传感器主要为磁电式速度传感器与压电式加速度传感器。由于航空发动机工作环境比较恶劣,且振动复杂,对传感器的性能指标、

可靠性、长时间工作的一致性要求较高。

1）磁电式速度传感器

磁电式振动速度传感器属于惯性式传感,利用磁电感应原理,将振动信号转换成电信号,其主要由磁路系统、惯性质量、弹簧阻尼等部分组成。在传感器壳体中刚性地固定磁铁,惯性质量(线圈组件)用弹簧元件挂于壳体上。工作时,将传感器安装在发动机上,发动机振动时,在传感器工作频率范围内,线圈与磁铁相对运动,切割磁力线,在线圈内产生感应电压,该电压值正比于振动速度值。由该型传感器的工作原理可知,其频率测试的工作范围有限,无法满足齿轮、叶片等高频信号对振动测试的需求,且传感器工作时受到内部磨损影响,其寿命较短,同时体积较大,不适用于航空发动机健康管理系统振动测试。

2）压电式振动加速度传感器

压电式振动加速度传感器的工作原理为压电材料的压电效应,将振动加速度转换为电荷信号,该信号经放大采集并积分后可以转换为振动的速度与位移。压电式振动加速度传感器的主要特点如下：① 内部结构紧固,无活动件,为惯性式固态传感器,稳定性好且可靠性高;② 耐高温性好,能够满足发动机热端振动测点温度要求;③ 频率响应范围广,测量范围从几赫兹到几千赫兹,甚至几万赫兹,且动态范围大,能够测量几百至上千 g 的加速度;④ 灵敏度高,通常为 $10 \sim 100$ pC/g;⑤ 重量轻、体积小、结构简单。由以上特点可知,压电式振动加速度传感器更适用于航空发动机健康管理系统。由于压电式振动加速度传感器的输出信号为电荷信号,需考虑电缆的低噪声屏蔽、电荷放大器的设计等问题。

2. 传感器性能参数的考虑

航空发动机振动幅值变化范围大、频带宽,根据健康管理对振动信号采集处理的要求,选择合理的传感器、信号处理方法及设计合理的信号处理设备对获取发动机真实特征参数信息是非常重要的,其主要设计依据为被测对象的振动信号特征,包括振动幅值及其频域分布、频率范围、振动传感器的安装位置与环境条件等,具体如下。

灵敏度及量程：灵敏度越高,传感器越能捕获更微弱的振动信号。但当灵敏度太高时,往往导致动态测量范围不够,测量通道的信号容易过载。在选择振动传感器时,需要综合考虑灵敏度与量程,从而保证振动传感器能够满足被测对象的量程需求且信噪比高,不容易受外界干扰。

频率响应特性：频率响应特性是振动传感器的主要动态指标,是指在振动传感器测量的频率范围内,输出信号能够真实地反映振动情况,衰减小。振动传感器选型时,应关注被测信号的频率特性,保证特征频率在频率响应范围内,避免超出频率响应范围的信号失真。

温度范围：测量部位的环境温度应在振动传感器使用温度范围以内。环境温度超出传感器工作温度范围时,会使传感器损坏,得到不真实的振动数据。

传感器质量和谐振频率:传感器质量会影响健康管理系统的重量,因此需谨慎考虑选择。此外,应根据被测物及其测试位置选择质量合适的传感器,避免因传感器质量引起安装共振频率太低导致的寄生振动,从而对测试产生影响。此外,若传感器的谐振频率等于或靠近被测物的工作频率或被测转子叶片的通过频率,容易引起传感器测量结果失真,所以传感器的谐振频率也是选型考虑因素之一。

传感器尺寸:测点位置的空间应满足振动传感器的装卸操作,方便振动信号线的连接。

传感器信号地是否与外壳隔离:在特殊测量环境下,要求传感器信号地对安装座绝缘,避免传感器信号地对测试系统产生干扰。

稳定性:传感器在长时工作后,其输出特性应保持一致的性能。影响传感器稳定性的主要因素为时间和工作环境,在选择传感器时应根据其工作环境选择合适的传感器类型。例如,在环境湿度较大的场合或者有油污的情况下,传感器更容易受到影响,所以应尽量选用技术成熟度较高、性能可靠的传感器,否则传感器需要经常更换和校准。

经济性:尽可能降低传感器采购成本、种类配置。

振动传感器的主要技术指标示例如下。

(1)灵敏度典型值:10 pC/g、50 pC/g、100 pC/g。

(2)正弦振动极限:500g、1 000g、2 000g。

(3)冲击极限:3 000g、8 000g、10 000g。

(4)频率响应:0.1~3 000 Hz(±1 dB)、0.1~5 000 Hz(±1 dB)、1~8 000 Hz(±1 dB)。

(5)工作温度:−55~482℃。

3. 振动监测点的选择

在不同的测点,发动机振动信号表征的发动机状态信息与故障信息不同,出于成本、重量、电磁兼容性、电缆布局等因素的考虑,机载振动测点一般不宜太多,通常情况下,振动信号应尽量反映出影响发动机重要件工作的运行状态。综合考虑上述因素,需合理选择传感器的安装部位,最大限度地保证振动信号反映发动机结构故障。

由于受传感器技术水平限制,振动传感器耐受温度不高,且体积较大,一般安装于发动机机匣上,未直接安装在发动机转子上,由于发动机的机匣为非刚性结构,振动测点的位置应尽量接近振源,保证振动在传递过程中尽可能地不被削弱,且尽量不引入其他振动成分。测点的振动不一定要求最大,但是必须能够稳定反映目标对象的振动幅值与能量。随着振动传感器技术的发展,已经出现了可靠性高、耐高温、抗污染能力好且密闭性好的振动传感器,一些新型发动机在设计初期就将测振点从发动机机匣移动到内部转子支承点上。

对发动机的振动特征有较大影响的参数为发动机支承系统的质量、刚度及阻尼,国内外发动机的振动测试中通常把装有轴承的承力机匣作为振动测点。振动测点应尽量选择为发动机的承力机匣对接面、转子支撑面或安装节。在实际的整机振动测试中,振动测点通常为发动机的附件机匣、压气机机匣与涡轮机匣,发动机内部有时也会安装振动传感器。整机测试时,发动机机匣及附件机匣上通常安装托架和安装节,测量三个互相垂直的平面的振动,在发动机健康管理系统中通常测量单个方向的振动。在机匣部位测得的振动主要标志着转子不平衡量,在主安装节处的振动接近发动机重心振幅值,能够较真实地反映整机振动。

4.2.2　数据采集及预处理

先进的检测技术、有效的信号处理方法是航空发动机健康管理系统振动监视与故障诊断的基础。安装在不同测点的振动传感器将振动信号转换为相应的电信号,包含大量有效和有用的信息,能反映航空发动机相应的故障特征,但同时也包含一些不需要的噪声和干扰信号,为了将这部分影响排除,提取有用信息,需要对信号进行调理。振动传感器产生的电荷(或电压)量极其微弱,这就要求信号调理电路具有放大功能,放大器对输入信号的幅值进行放大处理,健康管理机载系统的电荷放大电路应设计为极高的输入阻抗,避免信号泄漏导致测量误差超过预期,同时有效防止外界干扰。完成信号不失真放大,将振动信号准确输入后续采集和分析模块。在对信号数字处理之前,需要采用模拟的方法对信号进行调理,保证信号符合数字处理的要求,在实际信号处理过程中,遇到的较为突出的问题为跳点剔除和信号消噪。

1. 跳点剔除

跳点指一段数据中存在的不正常的数据点,这些数据点的特征是量值或者其变化趋势明显超过了范围,无论是振动信号(瞬态信号)还是发动机工作参数信号(缓变信号)处理都存在该问题。瞬态信号随时间变化剧烈,而缓变信号随时间变化缓慢,两种信号的特点不同,跳点的剔除方法也不同,常用的方法有最小二乘估计线性外推法、3σ 准则、稳健统计等。

2. 信号消噪

信号消噪即提高信号的信噪比,包括自适应滤波、时域平均、小波消噪、数字滤波、幅值奇次乘方法等,这些方法各有优缺点,适用范围不同。当信号中有用信号的频带和噪声的频带不重合时,采用数字滤波方法可以滤掉噪声,但是当有用信号的频带和噪声频带有重合部分时,采用数字滤波器难以滤掉噪声。采用幅值奇次乘方法,根据正弦信号和噪声信号幅值分布概率密度,对时域信号奇次乘方后,会相对提高正弦信号的幅值,噪声信号的幅值会相对降低,从而提高信噪比,但是该方法在提高信噪比的同时会对原始信号的结构产生影响,对信号定性分析很有帮助,但难以进行进一步的定量分析。从信号的时域角度,采用低通滤波器难以对信号变化较快的部分产生理想效果,采用数据平滑的方法也会对变化较快的部分产生较大的改变。

小波消噪方法是诸多消噪方法中一种比较有效的方法。相对于短时傅里叶变换,小波消噪为一种窗口大小(窗口面积)固定,但形状可变的时频分析方法,其优点为在频域和时域都具有较好的局部化性质,在低频部分具有较低的时间分辨率和较高的频率分辨率,在高频部分具有较低的频率分辨率和较高的时间分辨率。利用小波分析对信号消噪,可以在去除噪声的同时保留信号中的变化较快的尖峰,这些瞬态成分在故障诊断中的意义较大。

4.2.3　振动信号采集指标

振动传感器数据采集技术指标主要依据健康管理系统需求的采集路数、振动信号的特征范围需求确定,某发动机健康管理系统振动信号的采集指标示例如下:

(1) 采集 2 路振动信号;
(2) 每个通道的信号采样频率不低于 100 kHz(视频谱分析范围需求);
(3) 信号采集的 A/D 转换精度不低于 16 位;
(4) 200~2 000 Hz 内的精度误差不超过 3%,其他范围内的误差不超过 5%;
(5) 振动信号速度的最大测量范围为 150 mm/s(视发动机特性需求);
(6) 振动信号加速度的最大测量范围为 400g(视发动机特性需求)。

4.3　滑油量测量技术与应用现状

航空发动机滑油系统的功能是润滑发动机摩擦件、净化发动机运转时因磨损产生的微粒、带走传动件产生的热量,以及在部件表面形成油膜,防止氧化和腐蚀。发动机工作时,滑油不停地处于消耗状态。为确保供给发动机足够多的滑油,对发动机滑油量进行实时在线测量是保证发动机正常工作的必要条件。目前,我国现役航空发动机正在开展滑油量在线测量技术研究,相关技术还不成熟,尚需进一步深入研究。

4.3.1　滑油量测量基本原理

近年来,国内外飞机主要应用计算机技术实现滑油量的数字式测量,其工作原理如图 4.7 所示,系统将滑油液位高度、姿态角、温度补偿信息录入计算机中,在获取传感器相应参数的基础上结合计算机的后台处理,就可以计算出滑油箱的剩余滑油量。当有异常情况,如滑油量低时,将报警指示信息发送至座舱。

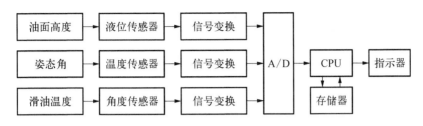

图 4.7　滑油量测量原理

4.3.2　滑油液位传感器

常用的滑油液位传感器有变阻式液位传感器、电容式液位传感器、磁致伸缩液位传感器、超声波液位传感器。

1. 变阻式液位传感器

变阻式液位传感器工作原理如图 4.8 所示,当液面变化时,可变电阻两端电压相应发生变化,图中 R_0、R_1、R_2 分别为保护电阻、标准电阻与可变电阻。

电路中的电流:

$$I = U / (R_1 + R_2 + R_3) \qquad (4.3)$$

两端电压:

$$U_{12} = V_1 - V_2 = IR_1 \qquad (4.4)$$

$$U_{23} = V_2 - V_3 = IR_2 \qquad (4.5)$$

两端电压比值:

$$a = \frac{U_{23}}{U_{12}} = \frac{R_2}{R_1} \qquad (4.6)$$

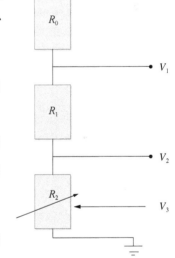

当 R_2 的最大阻值等于 R_1 时,a 的变化范围为 0~1。

图 4.8　变阻式液位传感器工作原理

液面高度为

$$h = h_0 + ka \qquad (4.7)$$

式中,h_0 为最低液面;k 为液面高度与电压比值的比例系数。

2. 电容式液位传感器

电容式液位传感器由一对同轴安装的铝合金管组成,内外管相当于电容器的两个极板,利用电容器的电容量与极板面积、极板间距离、极板间介质有关这一原理来测得液位高度。电容式液位传感器工作原理如图 4.9 所示,极板浸入油中的部分和暴露在空气中的部分介质不同,一部分是滑油,另一部分是滑油和空气的混合体(近似于空气)。因此,电容器总的电容量特性方程为

$$C = \frac{2\pi h \varepsilon_0}{\ln\left(\dfrac{r_2}{r_1}\right)} + \frac{2\pi h (\varepsilon_1 - \varepsilon_0)}{\ln\left(\dfrac{r_2}{r_1}\right)} \tag{4.8}$$

式中，C 为两极板间的电容量，μF；ε_1 为滑油的介电常数；ε_0 为滑油上方混合气的介电常数；r_2 为传感器外管的半径；r_1 为传感器内管的半径；h 为内外管总高度。

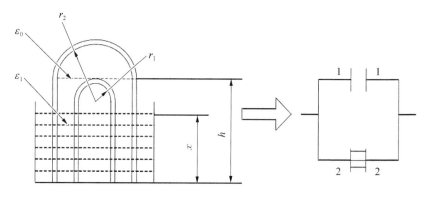

图 4.9　电容式液位传感器工作原理

当油箱油面高度发生变化时，传感器电容量也会随着发生微小变化，且电容量随油面高度变化呈线性变化。测量到的电容增量 ΔC 为

$$\Delta C = \frac{2\pi h (\varepsilon_1 - \varepsilon_0)}{\ln\left(\dfrac{r_2}{r_1}\right)} \tag{4.9}$$

式(4.9)说明，增大极板间面积和减小两个极板间的间隙可以提高传感器的灵敏度，但是减小间隙会影响传感器的抗污染能力，且绝缘电阻减小，装配难度增大。在两极板间设计一组高介电常数衬块进行绝缘，可以增大绝缘电阻。

3. 磁致伸缩液位传感器

磁致伸缩液位传感器由传感器头、磁性浮子、保护外管、波导管等组成，其工作原理图如图 4.10 所示。当微处理器控制发出脉冲信号时，沿波导管向下的脉冲电流通过导线时产生垂直导线的环形磁场，当磁性移动浮子感应的磁场与该磁场相互作用时，会产生一个螺旋磁场。波导管由磁致伸缩材料制成，在磁场作用下产生周向扭转形变，扭转波以恒定速度沿波导管传播并被传感器头吸收，两个脉冲的时间差即为扭转超声波从磁性浮子到传感器头所用的时间。在波导管中，扭转波的传播速度为

$$v = \sqrt{G/\rho} \tag{4.10}$$

式中，G 为磁致伸缩材料的弹性模量；ρ 为磁致伸缩材料的密度。

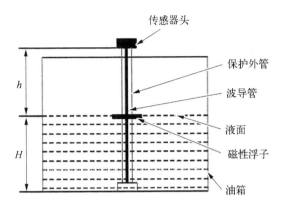

图 4.10 磁致伸缩液位传感器工作原理

忽略磁浮子到发射端之间的电流传递时间,传感器头到液面的距离 h 即为发射电脉冲至感应到扭转波的时间差 Δt 与超声扭转波传播速度 v 的乘积:

$$h = \Delta t v = \Delta t \sqrt{G/\rho} \tag{4.11}$$

根据式(4.11)可以计算出图 4.10 所示的液位值 H,即 $H = L - h$(其中 L 为探头到油箱底部的距离)。但是这种液位测量技术并不适合滑油量测量,在发动机工作时,轴承、齿轮、附件传动等机构高速运转,随工作时间增加,必然存在机械件的磨损,产生金属屑末,铁磁性金属屑末会沾在磁性浮子上,出现浮子移动不灵活的情况。

4. 超声波液位传感器

超声波液位传感器工作原理如图 4.11 所示,其由超声波发射探头、超声波接收探头、超声波信号发生与接收电路、计时器组成(部分未在图中标出)。计时器计算超声波发生至接收的时间 t,根据超声波传递速度、超声波发射与接收探头的距离 x 来计算油箱液位高度。

其中,超声波传播速度需要结合环境温度进行修正,修正公式为

$$v' = 331.5 + 0.607T \tag{4.12}$$

图 4.11 超声波液位传感器工作原理

式中,v' 为超声波的传播速度;T 为环境温度。

油箱的液面高度为

$$h = H - \sqrt{\frac{(331.5 + 0.607T)^2 t^2}{4} - \frac{x^2}{4}} \tag{4.13}$$

式中, h 为液面高度; H 为油箱的高度; t 为超声波传播的时间。

超声波发射与接收探头的距离 x 一般较小,为了消除发射探头信号直接被接收产生的干扰,在刚开始工作的一段时间内,接收探头不接收任何信号,其对应一个最小可测距离 h_0 的死区,当飞机做翻滚、俯冲等大状态机动动作时,油箱内的油液很可能进入死区,导致测量误差增大。

4.3.3 滑油量测量计算方法

切片法、插值法、神经网络拟合法是滑油量测量中计算的常用方法。

1. 切片法

发动机的滑油箱外形复杂,很难用一个简单的解析式表达滑油量,所以用解析法计算滑油箱任意姿态下的滑油量是一件非常艰巨的任务。基于数学模型的方法能够很好地解决不同姿态下任意形状油箱的滑油量计算,切片法为其中之一。

首先确定计算坐标系,如图 4.12 所示。设定飞机在飞行时的俯仰角为 α,侧滚角为 β,假定飞机坐标固定,转动油面角度,则平面方程为

$$y = y_c + x\tan\alpha \tag{4.14}$$

$$y = y_c + z\tan\beta \tag{4.15}$$

式中, y_c 为油平面在 y 轴上的截距。

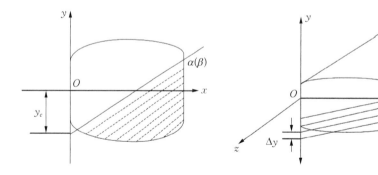

图 4.12　切片法计算坐标系　　　图 4.13　切片法原理

切片法原理如图 4.13 所示,即在平行于油平面的基础上以一定的步长把油箱切割成许多六面棱柱体的薄片。当分割得足够细时,可以用多个六面棱柱体代替任意外形复杂的油箱,从而把切面与整个油箱求交的问题转化为与各六面体单元求交。

为了便于计算薄片的体积,切割油箱时保证所切的六面体有两个面与 xOy 平面平行,这样所切割的六面体在 xOy 平面上的投影有三边形、四边形、五边形,再把这些多边形分割成三角形,即把多边形面积转化成三角形面积计算。三角形面积

计算可以用海伦公式：

$$s = \sqrt{C(C - a)(C - b)(C - c)} \qquad (4.16)$$

式中，s 为三角形的面积；C 为三角形的周长；a、b、c 为三角形的三个边长。

切片体积的公式为

$$\Delta V = \Delta y \cos \alpha S \qquad (4.17)$$

式中，ΔV 为切片的体积；Δy 为切片沿 y 轴的厚度；α 为俯仰角；S 为切片在 xOy 平面上的投影面积。

把所有切片的体积叠加起来即为滑油量，切片法是将滑油箱模拟成数学模型，通过切分滑油箱曲面，将复杂的多重积分求体积的算法转化成简单的多个单元多面体体积叠加。但是，这种算法计算量大，消耗时间长，不适合滑油量在线测量。

2. 插值法

插值法：根据滑油体积与油面高度、俯仰角、横滚角建立一个三维数据表格，再利用插值方法计算滑油体积，其原理如图 4.14 所示。

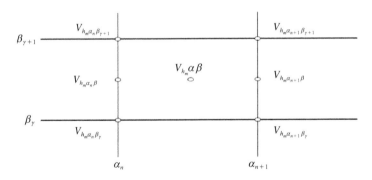

图 4.14　插值法原理

首先建立 $V = f(h, \alpha, \beta)$ 的插值基准点，以表格形式将这些基准点储存在计算机中。假设从飞控系统中得到一个测量值 (h, α, β)，先判断 h 所属区域 (h_m, h_{m+1})，固定 h_m，找到 α 所属区域 (α_n, α_{n+1})、β 所属区域 $(\beta_\gamma, \beta_{\gamma+1})$。包围 $V_{h_m \alpha \beta}$ 的 4 个点为 $V_{h_m \alpha_n \beta_\gamma}$、$V_{h_m \alpha_{n+1} \beta_\gamma}$、$V_{h_{m+1} \alpha_{n+1} \beta_\gamma}$、$V_{h_m \alpha_{n+1} \beta_{\gamma+1}}$，它们都是精确值。

固定 α，对 β 插值得

$$V_{h_m \alpha_n \beta} = V_{h_m \alpha_n \beta_\gamma} + \frac{V_{h_m \alpha_n \beta_{\gamma+1}} - V_{h_m \alpha_n \beta_\gamma}}{2}(\beta - \beta_\gamma) \qquad (4.18)$$

$$V_{h_m \alpha_{n+1} \beta} = V_{h_m \alpha_n \beta_\gamma} + \frac{V_{h_m \alpha_n \beta_{\gamma+1}} - V_{h_m \alpha_n \beta_\gamma}}{2}(\beta - \beta_\gamma) \qquad (4.19)$$

固定 β，对 α 插值得

$$V_{h_m\alpha\beta} = V_{h_m\alpha_n\beta} + \frac{V_{h_m\alpha_{n+1}\beta} - V_{h_m\alpha_n\beta_\gamma}}{2}(\alpha - \alpha_n) \qquad (4.20)$$

同理,对 h_{m+1} 进行插值可得

$$V_{h_{m+1}\alpha_n\beta} = V_{h_{m+1}\alpha_n\beta_\gamma} + \frac{V_{h_{m+1}\alpha_{n+1}\beta_{\gamma+1}} - V_{h_{m+1}\alpha_n\beta_\gamma}}{2}(\alpha - \alpha_n) \qquad (4.21)$$

$$V_{h_{m+1}\alpha_{n+1}\beta} = V_{h_{m+1}\alpha_{n+1}\beta_\gamma} + \frac{V_{h_{m+1}\alpha_{n+1}\beta_{\gamma+1}} - V_{h_{m+1}\alpha_{n+1}\beta_\gamma}}{2}(\beta - \beta_\gamma) \qquad (4.22)$$

$$V_{h_{m+1}\alpha\beta} = V_{h_{m+1}\alpha_n\beta} + \frac{V_{h_m\alpha_{n+1}\beta} - V_{h_m\alpha_n\beta_\gamma}}{2}(\alpha - \alpha_n) \qquad (4.23)$$

最后对 h 进行插值可得

$$V_{h_m\alpha\beta} = V_{h_m\alpha\beta} + \frac{V_{h_{m+1}\alpha\beta} - V_{h_m\alpha\beta}}{h_{m+1} - h_m}(h - h_m) \qquad (4.24)$$

求得插值基点的值 $V_{h_m\alpha\beta}$ 即为所求的滑油体积。插值法是对滑油量特性数据库进行插值计算,因为这种插值为多元非线性插值,所以很难在各参数全局变化范围内既保证算法简单,又获得满意的精度,不太适用于在线测量。

3. 神经网络拟合法

反向传播(back propagation, BP)神经网络能根据给定的有效的离散样本数据点获得一个连续的超曲面,非线性拟合能力良好。在样本点处的曲面值逼近样本值,而且能够在非样本点处估计该点在超曲面上对应的值。

BP 神经网络是一种误差反向传播算法的学习过程,由信息的正向传播与误差的反向传播两个过程组成,是目前应用最为广泛的神经网络模型之一,其拓扑结构如图 4.15 所示。BP 神经网络无须事前揭示描述输入-输出映射关系的数学方程,

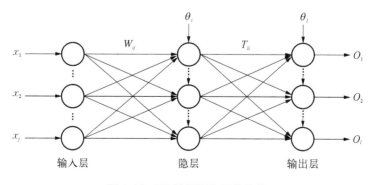

图 4.15　BP 神经网络拓扑结构

通过学习和存储实现,其基本原理为:输入信号 x_j 通过中间节点作用于输出节点,经过非线性转换,产生输出信号 O_l,网络训练的样本包括输入向量 x_j 和期望输出向量 t_l,以及网络输出值 O_l 与期望输出值 t_l 之间的偏差,通过调整输入节点与隐节点的关联权重值 W_{ij} 及阈值 θ_i,以及隐节点与输出节点之间的关联权重值 T_{li} 及阈值 θ_l,使误差沿梯度下降,经反复训练,确定与最小误差对应的网络参数(权重值和阈值),训练即停止。其中,η、η' 分别为输出节点权值和隐节点权值修正系数。

BP 模型的计算公式如下。

隐节点的输出:

$$y_i = f\left(\sum_j W_{ij}x_j - \theta_i \right) = f(\mathrm{net}_i) \tag{4.25}$$

输出节点的计算输出:

$$O_l = f\left(\sum_i T_{li}y_i - \theta_l \right) = f(\mathrm{net}_l) \tag{4.26}$$

输出节点的误差公式:

$$E = \frac{1}{2} \sum_l (t_l - O_l)^2 \tag{4.27}$$

对输出节点权值修正:

$$T_{li}(k+1) = T_{li}(k) + \Delta T_{li} \tag{4.28}$$

式中,

$$\Delta T_{li} = \eta \delta_l y_l \tag{4.29}$$

$$\delta_l = (t_l - O_l)f'(\mathrm{net}_l) \tag{4.30}$$

对隐节点权值修正:

$$W_{ij}(k+1) = W_{ij}(k) + \Delta W_{ij} \tag{4.31}$$

式中,

$$\Delta W_{ij} = \eta'\delta_i'x_j \tag{4.32}$$

$$\delta_i' = f'(\mathrm{net}_i) \sum_l \delta_l T_{li} \tag{4.33}$$

对输出节点阈值的修正:

$$\theta_l(k+1) = \theta_l(k) + \eta'\delta_l \tag{4.34}$$

对隐节点阈值的修正:

$$\theta_i(k+1) = \theta_i(k) + \eta'\delta_i' \tag{4.35}$$

首先,通过试验制定出特定滑油箱的体积特性数据库,该体积特性数据库包括飞机各种飞行姿态下滑油油位高度与滑油量的对应关系。然后,建立神经网络模型,将滑油箱体积特性数据输入神经网络中进行训练,不断调整网络结构参数,保存能够达到预测精度要求的神经网络。最后,向优化好的神经网络输入飞机飞行姿态和油位高度信息,就可以算出滑油量。

通过神经网络拟合其与滑油箱姿态角、油位高度的特性关系来计算滑油量,不仅能满足测量的精度要求,而且能保证在瞬间算出滑油量,满足滑油量在线测量的要求。

4.4　滑油磨粒采集技术与应用现状

发动机零部件摩擦副的相互作用会产生很多细小的磨粒,这些颗粒在滑油系统的作用下悬浮在滑油中,包含大量发动机磨损状态的重要信息,如果能够采用有效手段获取这些颗粒的种类、数量及变化规律,有利于获取发动机零部件磨损状态和进行故障预警。由此应运而生的滑油信号采集与综合分析技术成为发动机健康状态监视的重要手段与方法。

4.4.1　滑油磨粒采集传感器

滑油油液分析技术是发动机健康管理的一种重要关键技术,对发动机转动件的磨损情况进行有效监视与故障诊断。近年来,世界各国均投入了大量人力物力,基于各种新理论、新技术、新材料,对油液分析仪器、机载发动机滑油监视与故障系统进行了探索研究。

以往,都是在发动机异常或使用一段时间后,在现场采集油样,然后送到实验室进行分析,分析完成后再将分析结果送回,由维护人员开展相应维护工作。油样传递、数据反馈时间周期长,短则数小时,长则超过一个月,实时性差,难以保证数据的时效性。另根据调查,约50%的离线滑油油样分析是在发动机未出现问题时开展的,这就消耗了大量的人力物力。近年来,发达国家基于先进的信号处理、电子技术研发了多种嵌入式油液传感器,并在飞机、发动机健康管理系统中集成应用,实现了滑油信号的在线分析、实时监控,为发动机视情维护提供重要的信息来源。

加拿大 Gas TOPS 有限公司研发的一种嵌入式油液磨粒分析装置 Metal SCAN 滑油磨粒检测装置如图 4.16 所示,该装置安装于发动机滑油路中,通过电缆连接传感器与滑油磨粒处理单元。滑油磨粒处理单元可以是独立的设备,也可以作为小型集成电路集成在健康管理机载设备中,其工作原理如图 4.17 所示:传感器内有 3 个内置线圈,其中外置两个线圈绕向反向,使用交流信号驱动时,产生方向相反的磁场,在两个线圈的中间位置,磁场相互抵消。当有铁磁或非铁磁颗粒通过中间感应线圈时,会引起磁场扰动,其幅值特征代表通过管路的颗粒尺寸,其相位特征代表颗粒是铁磁性还是非铁磁性。该传感器能够实时在线监视直径为 $100~\mu m$ 以上的颗粒,并根据统计的各尺寸范围的不同性质的颗粒数量对磨损情况进行趋势分析。Metal SCAN 滑油磨粒检测装置已经成功应用于阿帕奇直升机、CH124 海王直升机、F117 和 F22 等多型战斗机,该装置在实际应用过程中已经多次成功发现并预报了突发性故障,证明其检测速度快、有效性好、灵敏度高。

图 4.16 Metal SCAN 滑油磨粒检测装置

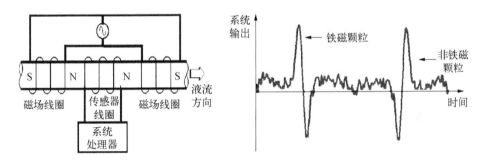

图 4.17 滑油磨粒检测原理

在发动机油液颗粒在线监测研究方面,另一个比较有代表性的检测系统为 Eaton Tedeco Products 公司研制开发的屑末监测系统(debris monitoring system, DMS),它由感应式磨粒收集器/传感器、涡流磨粒分离器、信号处理模块等组成部分。传感器信号经过处理后,将其与信号门限值对比,当信号超过门限值时,代表磨粒尺寸超过特定值并参与计数。DMS 目前已服役于 Boeing 777 飞机的 GE90 发动机,使用时,飞机的中央维护系统会显示三类维护信息:① 飞行中检测的滑油磨粒数量超标;② 系统复位并投入使用后,检测的累计磨粒数量超标;③ 系统 BIT 故障。另外,也可通过飞机通信寻址与 ACARS 将维护信息发送给地面维护人员。在实际使用中,DMS 对轴承转动疲劳类磨粒的检测效率可达 90%,误报率低,明显优于传统磁塞。DMS 已经成功预警了多起 GE90 发动机致命故障,保障了 Boeing 777 的安全飞行。

4.4.2   滑油磨粒在线采集指标

滑油在线磨粒采集指标主要为检出率,某型滑油在线磨粒采集系统指标示例如下。

铁磁性屑末尺寸:125~300 μm,检出率≥80%,随机误差≯±15 μm。

铁磁性屑末尺寸:300~500 μm,检出率≥90%,随机误差≯±25 μm。

铁磁性屑末尺寸:>500 μm,检出率=100%,随机误差≯±50 μm。

非铁磁性屑末尺寸:500~700 μm,检出率≥80%,随机误差≯±50 μm。

非铁磁性屑末尺寸:>700 μm,检出率=100%,随机误差≯±70 μm。

4.5   常用的数据传输总线

4.5.1   ARINC 429 总线

美国航空无线电通信公司 ARINC 于 1978 年发布了 ARINC 429 机载数据总线标准,目的是规范机载电子设备的电气接口、信息传输协议。ARINC 429 总线的收发为单向,通过正负信号线的双绞线将机载设备连接到一起构成整个航电通信系统。ARINC 429 总线接口方便、可靠性高、通信速率较低,在国内外多型民用飞机中应用广泛,包括空客 A330/340、波音 737/747 等客机。

航空电子系统数据总线的基本要求为高效、稳定可靠、实时性好。纵观机载数据总线发展,从最早的 ARINC 429 单向数据通信总线(通信速率只有 12.5 kb/s 和 100 kb/s)到 ARINC 629 双向数据通信总线(同时传输速率也提升到了 2Mb/s),再到新一代双向通信数据总线(传输速率可达 100Mb/s)。随着机载设备的不断增加,导致同一时间内需要传输的机载数据不断增多,这对机载数据总线的带宽提出了新的要求,但这并不意味着 ARINC 429 数据通信总线的淘汰。

ARINC 429 数据总线使用历史悠久,其具有以下几个优点:① 通信介质采用的是屏蔽双绞线,有效减少了自身向外界辐射的电磁信号,同时屏蔽双绞结构的存在有效抵御了外部电磁干扰;② 传输速率较低但容错性强;③ 结构简单,采用单一发送、多个接收的单向通信模式。现阶段,我国处于自主研发大飞机快速发展的时期,使用成熟的飞机总线,是保障飞机自主研发安全性和可靠性的必然选择。

因为其传输速率较低,ARINC 429 数据总线目前主要用于飞机内部不同位置的传感器及一些对数据传输速率要求不高的设备上。如果需要双向通信,则采用双 ARINC 429 通道分别来实现信号的发送和接收功能。例如,在飞机燃油计量管理系统中,就是通过双 ARINC 429 数据通信总线将燃油管理及计量计算机的不同模块进行连接。在飞机全向信标系统、大气数据惯性系统和气象雷达系统中的数据传输量并不高,对带宽要求较低,但对数据总线的可靠性要求较高,综合考虑维护方面等因素,所以均采用 ARINC 429 数据总线进行系统之间的数据传输。

目前,常用传输速率、误码率、吞吐量、丢包率、利用率及传输时延等性能指标来描述总线数据的传输性能。

4.5.2　1394B 总线

1394B 作为一种新的数据总线,其特点如下:价格低、占用空间小、带宽高、支持热插拔、标准为开放式、数据传输速率可扩展、完全数字兼容、拓扑结构灵活多样,同时支持同步和异步两种数据传输模式等,因此在航空电子设备领域获得了越来越广泛的应用,如美军的 F22/F35、X-47B 等飞机中。

在航电系统中,1394 通常作为数据通信接口,网络拓扑结构可以是除环形之外的树形、星形、菊花链或其他混合方式,由于其构成的网络是对等网络,节点不分主从。而在航电系统环境中,需要同时遵循 IEEE 1394B 和 SAE AS 5643 总线协议,这种军用 1394B 网络与普通 1394B 网络不同,更加强调确定性、可靠性和容错性。

1. 单控制计算机的基本网络

单控制计算机(control computer,CC)网络是基本的军用 1394B 网络形式,如图 4.18 所示。和普通网络相比,由于 CC 节点的引入,系统的确定性得到很大

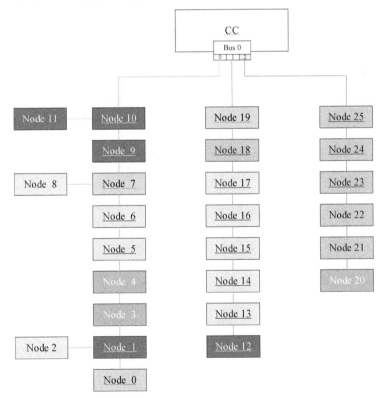

图 4.18　单 CC 单环路的基本网络

改善。但这种网络拓扑也存在一些缺陷,例如,当上级 1394 节点失效后,会影响到后续节点,因此一般用于节点数量少、结构简单、对可靠性要求较低的情况。

2. 典型的 3CC 网络

3CC 网络是目前完善的军用 1394 网络,如图 4.19 所示。以 F35 的飞机管理系统为例,采用符合 SAE AS 5643 标准的 1394B 总线作为系统总线,包含 3 个飞机管理计算机。三台飞机管理计算机同时处理数据,对数据处理结果进行比较,确保数据的完整性。

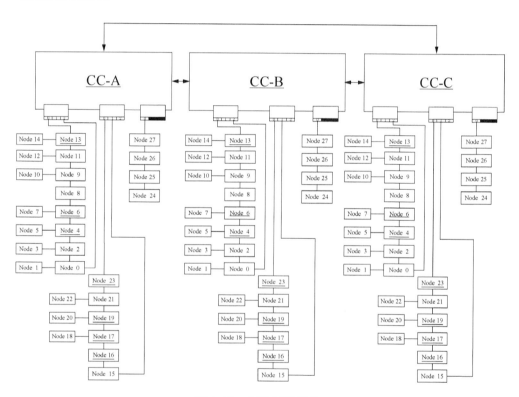

图 4.19　典型 3CC 网络

MIL - 1394B 总线采用异步流包的方式进行通信,由 CC 节点按照固定周期发出起始帧(STOF)包,其余 RN 节点检测 STOF 包的到达,以 STOF 包到达时间为始点,根据设定的数据收发偏移进行数据的发送和接收。STOF 包的帧格式如图 4.20 所示。异步流包的帧结构如图 4.21 所示。

由于 MIL - 1394B 总线带宽高、延时低、可靠性高,在航空电子领域得到了越来越广泛的应用,在很多应用场合中成为新型航空通信主干网络,并且可以推广到航天、兵器、电子通信等其他领域。

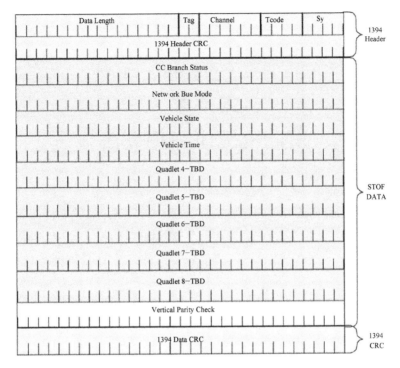

图 4.20　STOF 包的帧格式

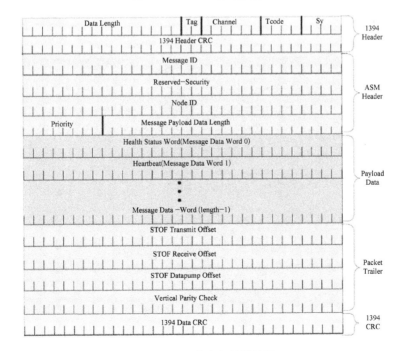

图 4.21　异步流包的帧结构

第 5 章
发动机健康管理算法

健康管理算法涵盖信号预处理方法、气路健康管理算法、振动健康管理算法、滑油健康管理算法、寿命管理算法、控制系统健康管理算法。这些功能算法以机载和地面系统为载体实现发动机的状态监视、故障诊断预测、性能趋势分析与寿命管理。

其中,信号预处理是健康管理算法实现的基础,通过处理异常值、消除趋势项、数据平滑滤波等处理流程,获得真实、干净、平稳的发动机测量信号,作为健康管理算法的输入。气路健康管理算法利用由喷嘴积碳、外来物打伤、封严磨损或过间隙、叶片烧蚀、弯曲或掉块等故障模式引起的可观测的气路参数变化情况,实现气路部件故障的监测和定位。振动健康管理算法利用振动信号中包含的幅值、频率、相位、模态等信息,分析转动、传动系统的工作状态,并实现旋转机械部件机械故障的监测和定位。滑油健康管理算法通过监视滑油温度压力、金属屑末、理化指标等参数,实现对轴承、齿轮、滑油系统健康状况的监视。控制系统健康管理算法利用发动机控制参数的可观测变化及机内测试技术,实现传感器、执行机构及全权限数字发动机控制通道的故障监测与定位。寿命管理算法通过跟踪部件的使用和损伤情况,以及部件剩余使用寿命的预测,实现对部件寿命的科学管理,最大限度地利用部件的使用寿命。

5.1　信号预处理方法

信号预处理的目的在于提高航空发动机及航改燃机健康管理算法的数据可靠性和数据分析精度,使健康管理的可靠性提高。由于采集的信号或者获取的数据中往往存在各种干扰或者异常值,预处理的核心是检测处理异常值或者采用滤波技术提高信号的信噪比,去伪存真、去粗取精。

5.1.1　异常值处理

在采集和传输过程中,由于环境干扰或人为因素,气路、滑油、振动等关键参数的个别数据不符合实际情况或者丢失,这种数据称为异常值。异常值处理的基本方法是根据待处理数据的统计规律或者特点来规定一个置信水平,确定一个置信限度,凡是超过该限度的数据,就认为它是异常值,下面介绍两种常用的异常值判断方法。

1. 拉依达准则

拉依达准则,又称为 3σ 准则,是指先假设一组待处理数据只含有随机误差,对其进行计算处理得到标准偏差,按一定概率确定一个置信区间,认为超过这个区间的误差就不属于随机误差,而是粗大误差,含有该误差的数据应予以剔除。需要注意的是:这种判别处理原理及方法仅局限于对正态分布或近似正态分布的数据处理,是以测量次数充分大为前提的,在测量次数较少的情形下,用拉依达准则剔除粗大误差是不够可靠的。因此,在测量次数较少的情况下,不能选用该准则。

设测量数据为 $x_n, n = 1, 2, \cdots, N$,当某测量值 x_i 与平均值 $\bar{x}$ 之差大于标准差的 3 倍时,即认为 x_i 是异常值:

$$|x_i - \bar{x}| > 3\sigma \tag{5.1}$$

式中, $\bar{x} = \dfrac{1}{N}\sum_{n=1}^{N} x_n$,为数据平均值; $\sigma = \sqrt{\dfrac{1}{N-1}\sum_{n=1}^{N}(x_n - \bar{x})^2}$,为数据标准差。

如图 5.1 所示,拉依达准则所遵循的 3σ 准则:数值分布在 $(\bar{x} - \sigma, \bar{x} + \sigma)$ 的概率为 0.682;数值分布在 $(\bar{x} - 2\sigma, \bar{x} + 2\sigma)$ 的概率为 0.954;数值分布在 $(\bar{x} - 3\sigma, \bar{x} + 3\sigma)$ 的概率为 0.996。可以认为,测量值的取值几乎全部集中在 $(\bar{x} - 3\sigma, \bar{x} + 3\sigma)$,而超出该范围的可能性很小,只占 0.4%。

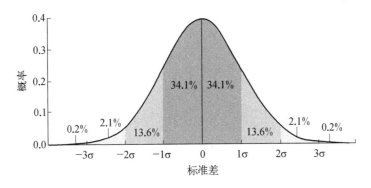

图 5.1　3σ 准则对应的概率密度图

2. 格拉布斯准则

与拉依达准则适用于测量次数较多的情况不同,格拉布斯准则适用于测量次数较少的情况,通常取置信概率为 95%,对样本中仅混入一个异常值的情况的判别效率最高,其判别方法如下。

先将数据 x_1, x_2, $\cdots$, x_N 按从小到大排列，记为 $\tilde{x}_1$, $\tilde{x}_2$, $\cdots$, $\tilde{x}_N$，查临界系数 $G(n,a)$［取决于测量次数 n 和显著性水平 a，相当于犯"弃真"错误的概率系数，a 通常取 0.01 或 0.05，通过查表可得：当 $n = 15$ 时，$a = 0.05$，$G(n,a) = 2.41$］，然后分别计算出 G_N 与 G_1：

$$G_N = |\tilde{x}_N - \bar{x}|/\sigma, \quad G_1 = |\tilde{x}_1 - \bar{x}|/\sigma \quad\quad (5.2)$$

（1）若 $G_1 \geqslant G_N$ 且 $G_1 \geqslant G(n,a)$，则 $\tilde{x}_1$ 为异常值；

（2）若 $G_N \geqslant G_1$ 且 $G_N \geqslant G(n,a)$，则 $\tilde{x}_N$ 为异常值；

（3）若 $G_1 < G(n,a)$ 且 $G_N < G(n,a)$，则不存在异常值。

以上三种情况对应的异常值示意图如图 5.2 所示，然后用剩下的数据重新计算平均值 $\bar{x}$ 和标准差 σ，还有 G_1、G_N 与 $G(n,a)$，重复上述过程继续判断，以此类推。

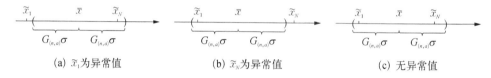

（a）$\tilde{x}_1$ 为异常值　　　（b）$\tilde{x}_N$ 为异常值　　　（c）无异常值

图 5.2　格拉布斯准则异常值判断

异常值的判断方法很多，除了这里介绍的常用的拉依达准则和格拉布斯准则，还有狄克逊准则/肖维勒准则等。这些方法都有各自的特点，例如，在检验样本量较小（显著性水平为 0.1 时，n 必须大于 10）的情况，拉依达准则不适用，而采用格拉布斯准则可以检验较少的数据。

5.1.2　趋势项消除或提取

航空发动机及航改燃机健康管理中，与一般信号分析相同，把周期大于记录长度的频率成分称为趋势项，代表数据缓慢变化的趋势。这种变化可能是航空发动机或者航改燃机的测试系统随所处环境条件（如温度、气压、湿度等）发生变化或仪器性能漂移导致的，也可能是因为被监测的航空发动机或者航改燃机本身性能不稳定。如果是前者，希望能够从航空发动机及航改燃机健康管理系统采集的数据中消除趋势项；如果是后者，由于其包含航空发动机及航改燃机监测对象的信息，希望从健康管理系统采集的数据中提取趋势项用以诊断。消除或提取趋势项可以通过硬件系统或者软件系统实现：硬件系统主要通过滤波器电路实现，用高通滤波器消除趋势项，用低通滤波器提取趋势项；软件系统主要是通过数字处理方法对采集的数据进行分析，从而消除或提取趋势项，如函数逼近、平滑先验等方法。

通常，趋势项可用下面的多项式近似给出：

$$f(t) = a_0 + a_1 t + a_2 t^2 + \cdots + a_m t^m \tag{5.3}$$

对于一组离散数据 x_n，$n = 1, 2, \cdots, N$，可用式(5.3)拟合，即令 $t = n\Delta$，可得

$$x_n = f_n + e_n = \sum_{i=0}^{m} a_i (n\Delta)^i + e(n\Delta), \quad n = 1, 2, \cdots, N \tag{5.4}$$

式中，Δ 为采样间隔；a_i 为待定系数；e_n 为拟合误差。

可以用最小二乘法来确定待定系数 a_i，即确定 a_i 使拟合误差 e_n 的平方和为最小，也就是令 J 为最小值：

$$J = \sum_{n=1}^{N} e_n^2 = \sum_{n=1}^{N} \left[x_n - \sum_{i=0}^{m} a_i (n\Delta)^i \right]^2 \tag{5.5}$$

计算式(5.5)对待定系数的偏导数，并使它们为零，可得

$$\frac{\partial J}{\partial a_j} = \sum_{n=1}^{N} 2 \left[x_n - \sum_{i=0}^{m} a_i (n\Delta)^i \right] \left[-(n\Delta)^j \right] = 0, \quad j = 0, 1, 2, \cdots, m \tag{5.6}$$

于是得到下列线性方程组：

$$\sum_{i=0}^{m} \left[a_i \sum_{n=1}^{N} (n\Delta)^{i+j} \right] = \sum_{n=1}^{N} \left[x_n (n\Delta)^j \right], \quad j = 1, 2, \cdots, m \tag{5.7}$$

写成矩阵形式为

$$
\begin{bmatrix}
N & \sum n\Delta & \sum (n\Delta)^2 & \cdots & \sum (n\Delta)^m \\
\sum n\Delta & \sum (n\Delta)^2 & \sum (n\Delta)^3 & \cdots & \sum (n\Delta)^{m+1} \\
\sum (n\Delta)^2 & \sum (n\Delta)^3 & \sum (n\Delta)^4 & \cdots & \sum (n\Delta)^{m+2} \\
\vdots & \vdots & \vdots & \ddots & \vdots \\
\sum (n\Delta)^m & \sum (n\Delta)^{m+1} & \sum (n\Delta)^{m+2} & \cdots & \sum (n\Delta)^{2m}
\end{bmatrix}
\begin{bmatrix}
a_0 \\
a_1 \\
a_2 \\
\vdots \\
a_m
\end{bmatrix}
=
\begin{bmatrix}
\sum x_n \\
\sum x_n (n\Delta) \\
\sum x_n (n\Delta)^2 \\
\vdots \\
\sum x_n (n\Delta)^m
\end{bmatrix}
\tag{5.8}
$$

式中，所有求和式均为 $\sum_{i=1}^{m}$，求解上述方程组可得到 $m + 1$ 个系数 $a_0, a_1, a_2, \cdots, a_m$。

对于具体问题，应取不同的多项式阶数，根据其残差平方和最小，选择较小的 J 值，或在满足所需阶数条件下选择较低阶数的多项式。通常，阶数 m 不超过 4。

当 $m = 0$ 时，为常量趋势项，a_0 即为平均值：

$$a_0 = \left(\sum_{n=1}^{N} x_n \right) \Big/ N \tag{5.9}$$

当 $m = 1$ 时，为线性趋势项：

$$a_0 = \frac{2(2N+1)\sum_{n=1}^{N} x_n - 6\sum_{n=1}^{N} nx_n}{N(N-1)} \qquad (5.10)$$

$$a_1 = \frac{12\sum_{n=1}^{N} nx_n}{N\Delta(N^2-1)} - \frac{6\sum_{n=1}^{N} x_n}{N\Delta(N-1)} \qquad (5.11)$$

如图 5.3 所示,信号中含有三阶趋势项,用最小二乘拟合法对其消除。图 5.3(a)为原始信号,从图中可以看到有明显的高阶趋势项存在。设置多项式的阶数为 3,即令 $m=3$,求解线性方程组。再用原始信号减去求得的趋势项,最后去除趋势项的信号如图 5.3(b)所示,为一个高斯分布的随机信号。

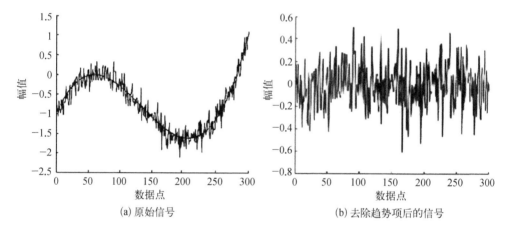

(a) 原始信号   (b) 去除趋势项后的信号

图 5.3   三阶趋势项消除前后的信号对比

其他趋势项分析方法有高次差法,通过对时间序列进行多次差分,从而求解回归方程或趋势项系数,计算简单,且具有一定的抗粗差能力,已在多个领域中获得应用,并取得了良好的效果。平滑先验法是一种非线性去趋势方法,可通过循环运算,对算法中的规则化参数进行选取,使其对应的截止频率与目标信号的频率特性相匹配,从而有效去除待处理信号中的趋势项,同时保留感兴趣的信号成分。

5.2   气路健康管理算法

发动机气路故障诊断是一个对发动机气路工作状态数据进行分析、研究其特征、了解其原因的主动过程,利用诊断分析气路部件不确定的现状,即对过程进行分析,以了解气路性能退化原因和确定气路部件特性变化,通常涉及状态监测、故障诊断与性能趋势分析。

5.2.1　发动机性能参数状态监测算法

在航空发动机状态监视与故障诊断中,气路参数占有重要的地位,利用气路参数可以对发动机性能进行诊断。当发动机中的一个或几个气路部件发生故障时,就会导致这些部件的特性参数发生变化。例如,压气机或风扇的故障会造成流量和效率的改变,涡轮故障会造成涡轮流量和膨胀效率的改变,这种故障称为航空发动机气路故障。

所有能直接反映发动机部件工作状态变化及故障特性的参数,如效率、流量等均称为性能参数。性能参数的变化直接反映被监测发动机故障的最重要、最基本的特征,但一般情况下,这些性能参数都难以测量或根本无法测量,而容易测量的参数是发动机各截面的温度、压力、转子转速和燃油流量,这些参数称为测量参数。在发动机工作条件不变的情况下,性能参数的改变将会引起测量参数的变化。因此,发动机状态监视与故障诊断系统需要利用发动机测量参数,一般发动机转子转速用于表征其工况,可利用发动机可测参数计算气路性能参数,通过将当前采集到的实际值减去标定参数得到测量参数偏差值,包含稳、瞬态偏差值,用于有效性检查和气路性能状态监测。

早期的航空发动机性能状态监视系统主要是基于可测参数的阈值超限与否直接实现的,该类性能状态监视系统有明显缺点:首先,发动机数据超限检查监测的是发动机传感器可测量参数的幅值、变化率等是否超过某一阈值,这个门限值不随发动机状态变化而变化;其次,故障诊断采取的是定期维修制度,在这种制度下,发动机经过一定时间运行,无论是否有故障,都要进行分解检修,这种维修方法会产生不必要的工作,造成人力和物力的浪费,同时也不能及时有效地预防故障发生;最后,通过地面试车确定发动机工作状态好坏,是目前对航空发动机进行分析的主要途径,然而由于地面试车和空中工作存在许多差别,地面试车不能对发动机工作状况做出全面评估。

在传统的发动机气路性能状态监测系统的基础上,其功能不断完善,在监测的前端增加了数据管理,在监测时引入不可测的气路部件性能信息。航空发动机性能状态监视具有如下功能:通过对测量参数的在线有效性检查实现发动机瞬态测量参数的超限判断,并且其有效性边界会随发动机的状态变化而变化,从而可以更加准确地监视测量参数是否超限;能在机载情况下分析发动机的性能状态,实时监测发动机因性能退化引起的异常。总之,系统能对主要的测量参数进行实时分析、监控和判断,可以及时提醒飞行员进行操作处理,另外能实时指示发动机的异常,并将异常性能参数记录下来,便于后续对发动机进行详尽的分析诊断。

对发动机可测参数进行预处理、显示和保存,对瞬态测量参数进行有效性检查,并且其有效性边界会随发动机状态变化而变化,从而更加准确地评价发动机测量参数的超限情况。状态监测则利用发动机稳态测量参数,实时监控发动机由于性能退化而引起的异常情况,对异常情况下的发动机数据进行标记,用于进一步分析。

1. 基于数据的状态监测方法

航空发动机测量参数和性能参数之间具有复杂非线性和复杂耦合特性,不可测的性能参数的改变将会引起测量参数的变化。采用数据驱动方法表示这类参数之间的强非线性关系,获得较为精确的性能描述,是实现气路状态监测的有效途径之一,此类方法主要依据已有的不同工况下的发动机工作数据,对发动机自身工作的物理特性知识要求较少。常用的数据驱动方法主要包括模糊逻辑、专家系统、支持向量机、神经网络及深度学习网络等人工智能算法,上述方法具有描述复杂非线性关系的能力,从而建立测量参数和性能参数之间的直接网络映射。

发动机数据超限检查时,若只通过对各个测量参数大小来判断该参数是否超限,则不能解决各个测量参数之间的相关性,容错能力差,而通过智能拓扑网络的数据驱动方法进行数据有效性检查,能实时检测发动机瞬态测量参数是否超限,具有以下优点:① 有效性边界会随发动机的状态变化而变化,从而可以更加准确地检测测量参数是否超限;② 智能拓扑网络的非线性映射能力能够很好地解决测量参数之间的相关性问题。

传统的测量参数超限检查利用门限值法,即通过监视参数 y 是否超出某一固定极限值 y_{th} 来判断测量参数是否发生超限。门限值法的关键是最大值的选择:若门限值定得太宽,会漏报故障;门限太窄,又易误报。门限值法的优点是在线执行简单、直观,但是被监视的测量变量会随发动机工作状态的变化而变化,如发动机从慢车到最大速度状态,转子转速的变化较大,简单地用某个固定的门限值无法描述变量的实际状况,不能随发动机的状况变化来对测量参数是否超限进行判断。

利用智能拓扑网络进行数据有效性检查时,首先将当前瞬态可测参数进行相似归一化,输入网络,然后调用训练学习数据得到的拓扑网络参数,根据网络输出来判断是否有参数超限。当判断存在数据超限时,则将这个超限值与其对应的发动机正常标定值相比较,若小于正常标定值则表明其比正常情况低,否则说明其比正常情况高。网络隐含层节点和层数太多会导致学习时间过长,误差不一定最小,同时泛化能力也会变差;数目太少会导致网络映射精度太低,网络的目标输出和实际输出的偏差会很大。隐含层的节点数需要根据设计者的经验和多次试验来确定,并参考系统本身的特性和输入/输出单元的数目。利用发动机从慢车直接加速到速度最大状态,通过多组过渡态数据,获得稳态和瞬态的无异常参数统计特性,以转子转速作为状态参数来标定各参数的有效范围。

发动机性能监测异常时,将工作状态分为正常和不正常两种。当监测结果为正常时,表示发动机性能未发生退化或者退化在容许范围之内,不影响发动机的正常工作;当监测结果为异常时,表示发动机性能退化超出了允许范围。模糊逻辑具有以下特点:输入、输出均为实型变量,故特别适用于工程应用系统;提供了一种描述专家组织的模糊"if-then"规则的一般化模式;模糊产生器、模糊推理机和去模糊化器的选择具有很大的自由度。利用模糊逻辑对发动机测量偏差进行分析,以实现性能退化监测。将智能拓扑输出参数进行模糊化,模糊化包含 low、medium、high 3 个级别。再利用模糊化后的结果从模糊逻辑规则库中调用相应的规则进行模糊推理,得到推理结果。最后对推理结果进行输出,输出也包含两个级别:正常(ok)、报警(alarm),利用该模糊逻辑对发动机测量参数的稳态偏差进行处理,实时分析发动机的性能状况,从而完成对发动机性能退化的实时监控。

2. 基于模型的状态监测方法

基于模型的状态监测方法,是指将发动机动态实时模型输出作为参考输出,利用发动机传感器测量的实际数据与其参考值进行比较,利用状态估计算法计算气路部件状态参数,监测判别其是否超限,该方法需要离线建立发动机动态实时模型,对模型的精度依赖程度高。

卡尔曼滤波器作为最小二乘意义下的状态估计器,在线性和非线性对象状态监测中都有应用,是一种最为典型的基于模型的状态监测方法。在建立比较精确的发动机线性模型基础上,卡尔曼滤波器可以实现发动机气路部件的在线监测。由于卡尔曼滤波算法对于测量噪声具有一定的鲁棒性,能够减小噪声对估计结果的影响,对生成的残差进行序列概率比检测时,能利用卡尔曼滤波器提供的残差正确进行气路状态检测,减少异常误报。

20 世纪 70 年代,卡尔曼滤波算法引入发动机气路状态监测领域中后,成为状态监视、诊断隔离与评估的主要技术,得到了推广并取得了一定的成功。普惠公司基于汉密尔顿规则,最先使用卡尔曼滤波器进行发动机气路状态异常监测,并对传统的卡尔曼滤波算法进行了一系列的改进,形成了可以独立运行的软件。目前,罗·罗公司正在使用的发动机气路部件状态监测工具也是基于卡尔曼滤波器的改进版本。

Brotherton 等(2003)利用线性卡尔曼滤波器建立了航空发动机机载自适应模型,通过卡尔曼滤波器在线估计和调节发动机气路部件健康参数,实现了机载模型对于发动机对象的自适应跟踪,如图 5.4 所示。Simon 等(2004)研究了在分别采用密度函数、线性不等式等约束条件下,基于卡尔曼滤波器的发动机状态估计算法,提高了算法的精度与稳定性。针对发动机模型精度影响状态滤波估计结果的问题,有研究将发动机建模误差视为附加一种随机测量噪声,在扩展卡尔曼滤波器状态监测系统中增加传感器故障检测隔离模块,保证了气路状态监测的置信度。

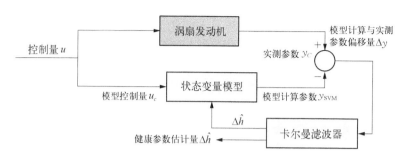

图 5.4   基于线性卡尔曼滤波器的气路性能监测

近年来,除扩展卡尔曼滤波器之外,研究人员相继提出了多种非线性卡尔曼滤波算法,如中心差分卡尔曼滤波器(central difference Kalman filter, CDKF)、无迹卡尔曼滤波器(unscented Kalman filter, UKF)、联邦卡尔曼滤波器等。CDKF 和 UKF 可以直接应用于非线性系统,不再需要建立系统的近似线性模型或者进行雅克比矩阵计算,且计算结果精度高、稳定性好,因此更加适用于发动机状态监测。有学者研究了基于 UKF 的发动机状态监测技术,并通过改进 UKF 算法,提高了算法对于测量噪声、传感器故障的鲁棒性,进一步提高了状态监测的精度。有学者采用发动机动态测量数据和 UKF 进行状态监测,使得其不再局限于稳态数据,提高了发动机性能监控和诊断系统的效率和经济性。

5.2.2   气路故障诊断算法

1. 基于数据的诊断方法

气路故障诊断所依据的信息来自发动机的测量参数,测量参数的选取对故障诊断的结果有很大影响。因此,用于故障诊断的测量参数需要满足两个要求:一是数量尽可能多,在传感器安装条件和数量的限制下,应尽可能多地获得包含发动机信息的测量参数,以便进行故障诊断;二是所选取测量参数需反映各个截面的状态,能够明显、及时、灵敏地反映故障状况,并且参数之间的相关性要尽量小。

基于数据的故障诊断方法,以采集的数据为基础,通过各种数据分析和处理方法挖掘其中的隐含信息,进行监控诊断操作,从而避免了基于模型和基于知识的故障诊断技术的缺点,是一种较为实用的故障诊断方法。但是,实际应用中,历史工作数据、故障模拟数据及仿真试验数据不易获取,而且所获得的数据往往具有不确定性和不完整性,这些问题都增加了基于数据的故障诊断技术的实现难度,通常采用的方法有小波变换和隐马尔可夫模型(hidden Markov model, HMM)理论。

1）小波变换

小波变换是基于尺度可变的基函数的时频分析方法,因其良好的时频定位特性及自适应能力,广泛应用于故障诊断。连续小波变换可区分信号突变和噪声,离散小波变换可检测随机信号频率结构的突变。目前,主要基于以下三种类型的小波变换进行故障诊断:基于观测信号的奇异性、基于观测信号频率结构的变换及基于脉冲响应函数的小波变换。小波变换具有较强的噪声抑制能力、较高灵敏度、较低计算量且不需要模型,已在工程实际中发挥一定作用,如应用于直升机故障诊断。连续小波变换的定义为信号与小波函数的各种位移、尺度的乘积在所有时间域上的和:

$$C(\text{scale}, \text{position}) = \int_{-\infty}^{+\infty} f(t) \psi(\text{scale}, \text{position}) \mathrm{d}t \tag{5.12}$$

式中,$f(t)$ 为信号;ψ 为小波函数;C 为变换得到的小波系数。

系统的故障通常会导致观测信号发生奇异变化,因此基于连续小波变换通过多尺度分析提取信号的奇异点来检测系统故障,当信号在奇异点附近的 Lipschitz 指数 $\alpha > 0$ 时,其模的极大值随尺度的增大而增大,反之则减小。由于噪声对应的 Lipschitz 指数远小于 0,而信号边沿对应的 Lipschitz 指数大于或等于 0,基于小波变换可以很好地区分噪声与信号边沿,以便准确检测系统故障。

Kullback 信息准则是检测具有未建模动态特性的动态系统故障的方法,首先基于 Goodwin 随机嵌入方法,将未建模动态特性当作软界估计,利用遗传算法和梯度方法辨识系统的参数和软界。在 Kullback 信息准则中引入一个新指标来评价未建模的动态特性,合理设置阈值,设计合适的决策方案,可以实现鲁棒故障诊断,但此方法对实现在线尚具有局限性。而 Monte - Carlo 统计试验方法则是采用统计抽样理论近似求解物理问题,该方法在很大程度上能够代替许多大型的、难以实现的复杂试验或社会行为过程。对于两个包含任意参数向量的密度函数 $f(Y \mid \theta)$ 和 $f(Y \mid \theta_*)$,它们之间的 Kullback 信息量为

$$I(\theta, \theta_*) = E_\theta \left[\ln \frac{f(Y \mid \theta)}{f(Y \mid \theta_*)} \right] \tag{5.13}$$

式中,E_θ 表示对 $f(Y \mid \theta)$ 取期望;$I(\theta, \theta_*)$ 用来衡量两个分布之间的非对称性或差异性。

进行故障诊断时,可将待检测数据与参考数据分别进行概率密度估计并求出其 Kullback 信息量 $I(\theta, \theta_*)$,若大于给定阈值,则判定为故障发生。

基于信号处理的故障诊断方法是诊断领域中应用较早的方法之一,主要采用阈值模型,信号分析采用较多的主要有时域、频域、幅值、时域-频域特性分析等。

将发动机不同工作状态和各种故障模式下的阈值和测量值或经过信号分析过的测量值进行比较,判断相应的故障模式及故障程度。信号处理方法主要有峰值、均方根值、波峰系数、波形系数、偏斜度指标等参数分析方法,以及相关分析法、包络分析法、最大熵谱法、倒频谱法、同步信号平均法、自回归谱分析法、小波分析、分形分析等。有研究人员开发出了基于贝叶斯网络的自动驾驶仪的故障诊断验证平台,并在此平台的基础上进行了飞机自动驾驶仪的故障诊断和预测。但由于气路测量信号在时间尺度上的变化相对较慢,采样周期较低,基于信号处理的时频域方法在气路故障诊断中应用较少。

2) HMM 理论

HMM 理论用一个隐变量序列来模拟系统动态行为的变化,模型的状态掩盖在系统的观测变量之中,HMM 是一种参数化模型,在实践中,其参数集合可以通过实际观测到的试验数据集合运用统计方法获得。HMM 的优点是既反映了对象的随机性,又反映了对象的潜在结构,便于利用对象的直观先验知识,另外 HMM 具有严格的数学结构,算法易于硬件实现。但是,HMM 也存在着不足之处,HMM 是一种具有强分类能力的模式识别方法,但缺乏对故障本身的描述信息,无法完全恰当地解释模型学习参数的意义。除此之外,HMM 的效果取决于初始模型的选取,目前仅是凭经验选取初始模型,而且对于隐藏状态的物理意义不能给出恰如其分的解释。通过使用 HMM 可以对传感器检测信号建模,评估对象当前的健康状态,从而预测其剩余使用寿命。

随机序列 X_n 的马尔可夫链可表示如下:

$$P\{X_{n+1} = q_{n+1} \mid X_n = q_n, X_{n-1} = q_{n-1}, \cdots, X_1 = q_1\} = P\{X_{n+1} = q_{n+1} \mid X_n = q_n\}$$

(5.14)

HMM 中发动机的所处状态不能被直接观测,因此引入观测事件的概率分布,一般记为

$$\lambda = (N, M, \pi, A, B)$$

(5.15)

式中,N 为可能的状态数;M 为观测符号数;π 为初始状态概率矢量;A 为状态转移矩阵;B 为观测值概率矩阵。

基于 HMM 的气路故障诊断过程包括:设置初始的隐藏状态数及观测状态数,并确定合适的 HMM 拓扑结构;利用参数重估公式训练 HMM;针对每一个气路故障模式,都建立一个 HMM,形成 HMM 库。观测序列通过 Baum - Welch 算法得到 HMM 库中每个故障的匹配指标 LL,LL 用于衡量观测序列与 HMM 的相似程度,当 LL 为最大值时,则判定为故障模式。图 5.5 给出了基于隐马尔可夫链的发动机气路故障的诊断框架。

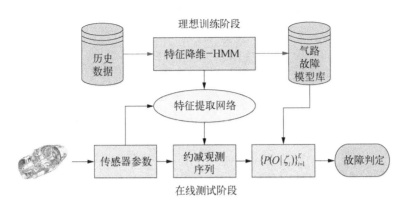

图 5.5　基于隐马尔可夫链的发动机气路故障诊断框架

2. 基于模型的诊断方法

基于模型的发动机气路故障诊断方法,是利用发动机可测参数与模型输出之间的残差进行气路故障模式识别,根据采用的发动机模型,可将其分为基于线性模型的诊断方法和基于非线性模型的诊断方法。

1) 基于线性模型的诊断方法

基于线性模型的诊断方法中,在发动机稳态点附近,测量向量变化量 Δz 与部件性能向量变化量 Δx 之间的关系可以由近似线性小偏差方程表示,方程之间存在故障影响系数矩阵 H 的数学变换关系,该矩阵可通过在发动机稳态部件级非线性模型中对部件性能进行小幅度的"拉偏"计算得到。发动机部件性能变化会引起测量参数的变化,而测量参数变化可以直接获得,因此发动机故障诊断问题就转化为线性故障方程的求解问题。

求解基于线性模型的故障方程时,要求测量参数的个数大于或等于故障类别,由于发动机传感器具有有限性,故障呈多样性,这一要求往往难以满足。目前,可以采用如下两种方法解决测量参数数量少于故障类别的问题。

(1) 减少可诊断的故障类别,即相当于只实现所有故障类别中一个子集的诊断。除特别情况外,正常运行中的航空发动机在同一时间内发生多种故障的可能性很小,因此可在发动机所有故障模式中,选取可能发生的故障组合,每个故障组合中的故障类别数均少于测量参数数量,根据发动机当前的测量输出数据,在所有故障组合中计算得到可能发生故障的最优解。

(2) 选取多个稳态工作点的故障方程来增加方程的数量,使方程个数多于故障类别个数。此方法的前提要求各个稳态工作点具有一定的独立性,从而避免故障影响系数矩阵出现很强的多重共线性。有学者利用发动机飞行包线内多个工作点的测量数据对发动机性能监控与故障进行了分析;有学者根据压气机特性图,共选取了慢车和两个巡航状态下的稳态工作点数据进行发动机性能分析和故障诊

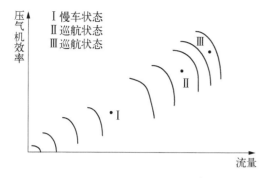

图 5.6　发动机压气机特性中的稳态工作点

断,如图 5.6 所示,仿真结果证明该方法具有一定的效果。

基于线性模型的发动机故障诊断算法的优点在于:实现方法简单、计算量较小;可同时完成对于单一及部分多重故障的检测、隔离与辨识。然而,由于故障方程通过线性假设得到,只适用于小偏差范围内的故障诊断,其诊断结果不仅依赖于非线性模型,而且依赖于线性模型的精度。

2) 基于非线性模型的诊断方法

基于非线性模型故障诊断算法等同于建立发动机自适应模型,其本质是通过对发动机部件性能参数的辨识来实现故障的诊断和辨识。假设发动机输出为 z,非线性模型输出为 $\hat{z}$,发动机故障诊断问题可以转化为在部件性能参数 x 取值范围内搜索 x^*,满足可测输出与非线性模型输出之间的残差取极小值为目标函数的优化求解问题。

基于非线性模型的故障诊断算法直接利用发动机非线性模型,较线性模型而言,非线性模型的精度更高,更接近发动机真实工作情况,通过对故障隔离算法的改进优化,基于非线性模型的故障诊断算法可以更加准确地实现气路部件、传感器的单一或多重故障的诊断。但基于非线性模型的故障诊断通常也有一定的约束条件,以保证故障诊断结果的精度与可靠性,其中最主要的问题是要求测量参数的数量不小于待辨识的发动机部件性能参数的数量,这与基于线性模型的故障诊断方法要求类似。

除了考虑气路部件故障问题之外,Zedda 等(2002)考虑了传感器发生故障时的气路故障诊断问题,通过对传感器与气路部件的两层组合搜索,分别进行传感器与气路部件的故障隔离,其中气路故障诊断采用遗传算法进行优化。Zedda 等(2002)采用 EFA2000 发动机精确数学模型进行了该算法的计算机仿真,证明了该方法的有效性。Kobayashi(2003)采用一组卡尔曼滤波器,实现了传感器、执行机构与气路部件故障的检测与隔离。

为了提高基于模型方法对气路故障模式诊断的可识别度,在基于模型的气路故障诊断方法中引入主因子概念,相比常规解法,它不是把全部故障因子放在一起组成故障方程,也不是只取其中的某一固定的组合进行计算,而是对全部可能的或具有代表性的故障因子组合(或者称为主因子组合)分别组成主因子方程进行求解,求出每一个主因子组合的最优解,然后利用故障隔离准则(包括故障相关性准则和合理性准则)从所有最优解中选择合理解作为诊断结果,其主要步骤如下:选取主因子建立主因子方程,对于 n 种故障模式,每次可以选取一个或多个故障因子,选取的故障因子称为主因子。按照最小二乘最优估计方法确定的主因子方程的解称为最优解,采用的方法称为最优估计或最优方法。最后,利用故障隔离准则对最优解进行筛选,最终得到合理解。

故障隔离准则就是从众多的主因子解中选择正确解的准则。利用主因子模型进行故障诊断时,每一组主因子组合都会得到一组最优解,在全部故障诊断过程中可以解出很多组最优解。因此,必须对这些解进行筛选,舍弃不合理的解而保留合理的解,这一过程称为故障隔离或合理解的选择。合理解是指满足发动机工作条件的解,即具有物理意义的解。故障隔离准则包括故障相关性准则和故障合理性准则,故障相关性准则主要用来判断主因子选择的正确与否,而合理性准则用来判断最优解是否具有现实的物理意义。

故障相关性的一般定义如下:除了测量误差以外,如果组成主因子方程的故障因子组合的数值是引起测量参数数值变化的唯一原因,则称该主因子方程是故障相关的,或称主因子故障方程的故障相关性成立,重要的故障相关性准则包括残差平方和准则、一致性准则与假设检验准则。主因子模型的解应当符合发动机工作的物理合理性,例如,当发动机某部件发生故障时,部件的效率应当是降低的,而不能增大。这些物理合理性条件可以用来对故障进行隔离,称为合理性准则,合理性准则包括偏差方向性准则、小偏差准则、定偏差准则、部件间偏差分配合理性准则及发动机间偏差一致性准则。

3. 基于人工智能的诊断方法

人工神经网络具有并行分布处理信息的特点,且具有非线性自组织、自学习能力,广泛应用于故障诊断领域中。采用神经网络进行发动机故障诊断时通常包含两个步骤:① 设计网络拓扑结构和学习算法,选择学习样本进行神经网络训练,确定神经网络的权值;② 网络回想过程,给定对象的输出作为神经网络的输入,将网络输出与训练模式中确定的故障编码进行比对,从而确定发动机是健康状态还是发生故障。

目前,在发动机气路故障诊断中,常见的网络模型包括 BP 神经网络、径向基网络、自组织映射网络、概率神经网络及自联想神经网络等,网络学习方法分为有导师监督与无导师监督型。在有导师监督学习网络中,BP 神经网络依靠整个网络学习故障模式,径向基网络靠隐含层核函数中心学习典型故障,概率神经网络则是根据已知模式样本估计出条件概率密度函数,得到贝叶斯意义下的最优分类,与其他神经网络相比,概率神经网络对于测量噪声具有较强的鲁棒性。20世纪 90 年代中期,澳大利亚航空航海研究实验室以 F404 涡扇发动机为研究对象,进行了采用概率神经网络的故障诊断研究,试验结果证明了该方法的有效性。

自组织特征映射网络(self-organizing feature mapping, SOFM)属于无导师监督学习网络,SOFM 利用样本的距离实现故障的自动聚类。美国空军研究实验室在20 世纪 90 年代研制的实时发动机诊断样机系统中,采用 SOFM 实现故障的初始诊断,确认故障发生后再采用 BP 神经网络进行进一步诊断,研究结果表明,SOFM 对于噪声测量具有一定的鲁棒性。自联想神经网络通过网络结构对输入数据的压缩和解压缩过程实现对于噪声及故障信号的抑制,并利用输入数据之间的冗余信息实现局部故障数据的重构。自联想神经网络可用于处理测量参数,消除测量噪声的影响,以提高最终故障诊断结果的精度。

基于神经网络的故障诊断方法存在的主要问题如下:① 神经网络不可诊断未知故障,对于未学习的故障模式,难以给出准确的诊断结果;② 神经网络的推理过程不可知,网络结构与参数的初始值直接影响其故障诊断能力;③ 有导师监督型学习神经网络的训练精度控制带有一定的经验性;④ 网络的泛化能力受到样本数量、质量的制约,诊断误差将随着发动机工作点、故障模式等因素的变化而增大。

支持向量机是由 Vapnik 等在 20 世纪 60 年代提出的一种机器学习算法,具有完备的统计学习理论基础和出色的学习性能(Vapnik 等,1963)。与传统的采用经验风险最小原则设计的神经网络相比,支持向量机采用结构风险最小学习原则,尤其适用于解决样本数量较少时的分类问题,可以从根本上解决学习机的泛化能力问题。自 20 世纪 90 年代以来,支持向量机的研究受到越来越多的关注,支持向量机及各种改进算法在航空发动机故障诊断、性能趋势预测、振动故障检测和气路故障检测等方面均有应用。航空发动机故障诊断也是一种模式分类问题,徐启华等(2005)研究了基于支持向量机分类算法的发动机故障诊断技术;郝英等(2005)针对支持向量机在发动机故障诊断中所面临的一些问题,如核函数的选择、核函数参数的确定、控制训练精度与泛化能力的正则化参数的确定、快速高效学习算法等,开展了深入的研究,取得了一定的成果。

Kanelopoulos 等(1997)和 Zedda 等(2002)分别针对单轴燃气轮机与航空涡扇发动机开展了应用复杂信息网络的故障信息初步诊断工作。翁史烈等(2002)给出了故障与征兆之间的定量映射关系的求取方法,初步构建了燃气轮机模糊神经网络故障诊断方法。由于极限学习机算法具有简单的拓扑结构,在此基础上发展的改进复杂网络也逐步应用于发动机气路故障诊断中,图 5.7 给出了基于受限玻尔兹曼-极限学习机的发动机气路故障诊断原理框图。

近年来,人工智能的诊断方法的一个重要分支为智能融合分析方法,美国是将智能融合技术应用于航空发动机故障诊断并发展最快的国家。在对直升机发动机振动和性能进行可靠诊断和预测的研究中,空军和陆军联合参与研发了分布式健

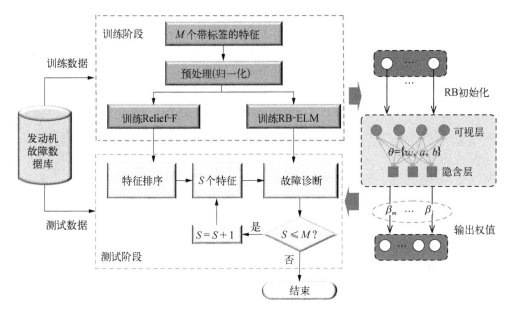

图 5.7　基于受限玻尔兹曼-极限学习机的发动机气路故障诊断原理框图

Relief－F 为特征排序算法;RB－ELM 为受限玻尔兹曼-极限学习机算法

康管理系统,通过对各个传感器数据进行有效融合,对真实飞行器进行监视。NASA 的 C17－T1 PHM 计划中设计了两层融合对 F117 发动机故障进行研究,第一层获取特征信息并对发动机健康状况进行评价,第二层通过结合飞行员、地勤人员的观测数据和历史维修、飞行数据进行诊断,采用的是气路参数分析健康评价和异常监视相结合的方法。美国国防部将机载 PHM 系统应用于短距垂直起降战斗机平台,即应用于 P&W F135 和 GE F136 发动机的升力风扇驱动系统和推力系统,该系统通过特征级提取和智能融合,实现检测故障隐患和寿命限制状况,以及预测剩余使用寿命等功能。

5.2.3　气路性能趋势分析算法

随着发动机的持续运行,发动机的性能必然会下降,这就需要对发动机性能的衰退程度进行预测评估。精确的发动机性能趋势预测是判断发动机是否发生故障的基础,使用精确的性能趋势预测结果及时更新机载故障诊断算法中的发动机基准性能,可以提高诊断的准确率,减少虚警的发生。进行性能趋势预测的基础是发动机数学模型及发动机的历史使用数据和维修数据。

发动机预测技术发展至今,已经产生了各种各样的方法,包括多级卡尔曼滤波、自回归滑动模型、布尔模型、维纳模型、参数估计方法,而且人工智能、基于案例推理、智能决策树、模糊神经网络、深度神经网络等都已经成为预测的候选方法。关于预测方法的分类,没有统一的定论,目前以基于数据驱动的预测方法为主。

随着人工智能技术的发展,神经网络在基于数据驱动的预测中的应用较为广泛,而且还经常将其与其他技术结合,衍生出多种形式的神经网络结构。除神经网络之外,还有一些其他基于数据的预测方法,如模糊逻辑、隐马尔可夫模型等。当有充分的状态检测数据可用于预测时,需要考虑相关的可靠性数据和统计信息。对于发动机这样的复杂系统,由于预测研究较困难,使用单一方法进行预测往往难以保证其应用效果。采用混合预测方法不仅能充分吸收各方法的优点,同时也能弥补其各自的不足。因此,将多种不同的预测方法进行有机结合,进一步提高预测的综合性能,是预测技术发展的一个必然趋势。

发动机衰退是长期累积的过程,其性能衰退过程形成时间序列,所以可将性能衰退状态视为时间序列预测方法,可分为单步预测及多步预测,在多步预测中,预测的步数越多,预测结果的可靠性就越低,因为多步预测一般是多次执行单步预测,每一次单步预测的误差和不确定性都会累积到下一步。一般来说,基于数据驱动的预测方法主要分为:① 时间序列预测模型;② 基于瞬时信号的智能学习模型;③ 基于过程的智能学习算法;④ 基于集成模型的学习算法。

1. 时间序列预测模型

传统的时间序列预测模型中,最常用的就是自回归滑动平均(auto-regression and moving average,ARMA)模型。ARMA 模型通过对序列进行平稳性检验和差分操作,有效简化了建模过程。例如,使用 ARMA 模型预测发动机转速,以及使用求和模型预测排气温度。在平稳信号状态下,非常适宜用 ARMA 模型,从而实现预测,ARMA 模型具有理论成熟、建模简单、运算速度快的优势。

2. 基于瞬时信号的智能学习模型

具有代表性的基于瞬时信号的智能学习模型有人工神经网络、支持向量回归模型等。传统时间序列预测模型一般只适用于平稳信号,但航空发动机信号中有较大波动,因此有研究人员基于智能学习模型强大的非线性逼近能力来预测发动机的性能参数或状态。基于瞬时信号的智能学习模型通过学习瞬时信号间的映射关系来建立模型,从而实现预测:Kiakojoori 等(2016)使用动态神经网络预测发动机的涡轮温度;此外,有学者使用灰色系统、自适应神经网络等预测排气温度,利用支持向量机对发动机油耗进行预测等。

3. 基于过程的智能学习算法

由于航空发动机的性能衰退是随时间累积的,而基于瞬时信号的学习模型并没有考虑这点,鉴于此,过程神经网络应运而生,过程神经网络在传统人工神经网络的基础上加入了时间累积算子,以模拟神经元的持续输入,因此过程神经网络模型考虑了发动机性能衰退过程的时间累积效应。有学者使用过程神经网络预测了航空发动机的燃油流量和滑油消耗,并发展了卷积过程神经网络,应用于航空发动机的排气温度预测中。

4. 基于集成模型的学习算法

在上述智能学习模型中均使用单一的模型建模,不能反映多工况下的复杂变化,因此有研究人员尝试使用集成学习模型代替全局模型预测发动机的性能衰退状态。集成学习策略针对同一问题训练多个智能学习模型,然后将其集成后得到统一的模型,因此集成学习模型有更好的非线性逼近能力。例如,将不同类型的智能学习模型集成,将神经网络与灰色模型组合后预测航空发动机的磨损趋势,采用集成学习策略将同类型的多个智能学习模型集成后预测航空发动机的燃油流量及性能参数等。

长短期记忆(long short term memory, LSTM)网络常用作建立航空发动机多故障和混合故障的通用模型,可以同时得到发动机剩余使用寿命的估计值和对应的概率值,在保证高精度的同时降低了健康管理系统的复杂度,为维护计划提供更可靠的信息。核递推最小二乘算法是航空发动机参数自回归预测模型,并结合隐马尔可夫模型对发动机健康状态进行评价;利用经过遗传算法优化的支持向量机网络对发动机性能退化趋势进行预测,从而得到剩余使用寿命;采用在线序列的智能学习算法预测发动机健康衰退程度,图 5.8 给出了基于 LSTM 网络的发动机性能衰退趋势预测流程。

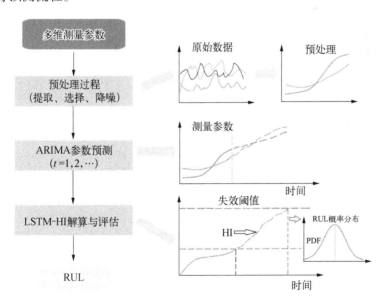

图 5.8　基于 LSTM 网络的发动机性能衰退趋势预测流程

ARIMA 表示差分整合移动平均自回归模型;HI 表示健康指数;PDF 表示概率分布函数;RUL 表示剩余使用寿命

5.3   振动健康管理算法

　　航空发动机或航改燃机机械系统中的转动部件和传动部件是进行能量转换和功率传输的关键件,也是安全关键件。航空发动机或航改燃机机械系统的主要转动部件有转子、主轴和主轴轴承等,当发动机工作时,转子以极高的转速在机匣内转动。风扇、压气机和涡轮叶片等转子部件会产生磨损和损伤,从而导致转子出现不平衡。转子不平衡会对发动机支撑结构和主轴轴承产生周期性的激振力,同时也会诱发其他部件和附件产生破坏性的振动。

　　据权威资料统计,发动机的大部分机械故障可通过振动形式表现出来。振动信号中包含的振动幅值、振动频率与相位、模态等信息能够直接反映转动、传动系统的工作状况。已证实,航空发动机或者航改燃机机械系统的转动和传动部件故障检测与诊断中,最可靠、最灵敏的技术手段是振动监视。随着可靠性、准确率、诊断能力的不断提升,除了用于不平衡、损伤、异常磨损等故障识别及转子配平外,振动健康管理技术已经初步具备用于部件寿命预测的早期检测和监视能力,并已发展成为固定翼和旋翼飞机发动机健康管理系统的主要组成部分之一。

5.3.1   发动机振动状态监测算法

　　航空发动机转动和传动部件的振动状态对于发动机的安全至关重要,因此发动机振动状态监测在发动机健康管理系统中也扮演着十分重要的角色,其监测对象不仅包含转子、主轴和主轴轴承等主要转动部件,还已扩展到了加力燃烧室、减速齿轮等其他部附件。

1. 基于数据的状态监测方法

　　振动信号主要有位移、速度与加速度三种类型,分别对应位移传感器、速度传感器与加速度传感器三种传感器。其中,加速度传感器是发动机振动监视系统中应用最为广泛的振动传感器。

　　振动信号经过预处理之后,可以根据监测对象的特点和监测需求,计算不同部件的状态指标,状态指标总体上可以分为时域统计指标和时域同步平均信号的状态指标。

1) 时域统计指标

时域统计指标分为有量纲指标和无量纲指标,分别介绍如下。

(1) 有量纲时域统计指标。

均方根值(root mean square,RMS):

$$\text{RMS}_x = \sqrt{\frac{1}{N}\sum_{n=1}^{N} x^2(n)}\,, \quad n = 1, 2, \cdots, N \tag{5.16}$$

式中，$x(n)$ 表示时域振动信号离散形式；N 表示离散信号长度。

平均幅值：

$$|\overline{X}| = \frac{1}{N}\sum_{n=1}^{N} |x(n)| \tag{5.17}$$

方根幅值：

$$X_r = \left[\frac{1}{N}\sum_{n=1}^{N}\sqrt{|x(n)|}\right]^2 \tag{5.18}$$

峭度：

$$\beta = \frac{1}{N}\sum_{n=1}^{N}\left[x(n) - \overline{x}\right]^4 \tag{5.19}$$

（2）无量纲指标。

波形指标（shape factor）：

$$S_f = \frac{\text{RMS}_x}{|\overline{X}|} \tag{5.20}$$

峰值因子（crest factor）：

$$C_f = \frac{X_{\max}}{\text{RMS}_x} \tag{5.21}$$

脉冲指标（impulse factor）：

$$I_f = \frac{X_{\max}}{|\overline{X}|} \tag{5.22}$$

裕度指标（clearance factor）：

$$\text{CL}_f = \frac{X_{\max}}{X_r} \tag{5.23}$$

峭度指标（kurtosis value）：

$$K = \frac{\beta}{\sigma_x^4} = \frac{N\sum_{i=1}^{N}\left[x(n) - \overline{x}\right]^4}{\left[\sum_{i=1}^{N}\left[x(n) - \overline{x}\right]^2\right]^2} \tag{5.24}$$

式中, σ_x 为信号的标准差。

有量纲指标直接反映了振动信号能量的大小,但是容易受负载、转速等试验条件的影响。在实际应用中,很难单独使用有量纲指标判断设备是否发生故障。无量纲指标是量纲为 1 的参数,对振动信号的幅值和频率的变化不敏感,受设备工作条件的影响较小。

采用有量纲指标和无量纲指标判断设备故障时各有优缺点。峭度指标对冲击脉冲类故障比较敏感,特别是当早期故障发生时,该指标会明显增加,但是上升到一定程度后,随着故障增多,该指标反而下降。峭度指标对早期故障的敏感性较好,但稳定性较差;而均方根值指标稳定性较好,但对早期故障不敏感。

2) 时域同步平均信号的状态指标

时域同步平均(time synchronous averaging, TSA)技术用于去除振动信号中的随机噪声成分及与转轴转频不同步的信号成分,是一种有效去噪并保留与转轴同步的信号成分的信号处理方法,其示意图如图 5.9 所示。

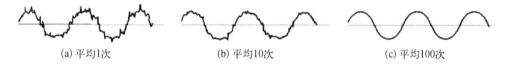

(a) 平均1次   (b) 平均10次   (c) 平均100次

图 5.9   时域同步平均提高信噪比示意图

要进行时域同步平均处理,必须对转轴的振动信号和转速信号进行同步采集。为了提高时域同步平均结果的准确性,首先需要对测得的振动信号通过拟合插值的方法增大单位旋转周期内的数据点数,然后根据转速时标信号对插值后的振动信号进行周期分割,得到整周期的振动信号,并对分割后的信号块作平均处理。时域同步平均技术包含有三个重要参数:插值因子、连续数据块中所包含的旋转周期个数及进行时域同步平均的数据块个数。对于时域同步平均后的信号,可以通过计算一阶旋转频率 OM1、二阶旋转频率 OM2 等来监测轴的运行状态。

(1) 一阶旋转频率 OM1。当轴存在制造误差或安装偏心,以及使用过程中发生转轴弯曲时, OM1 增大。

(2) 二阶旋转频率 OM2。二倍频常用来反映转子的装配过程中是否存在不对中的情况,当转子安装出现不对中的情况时, OM2 增大。对于时域同步平均后的信号,还可以计算齿轮的一阶啮合频率 OMX、二阶啮合频率 OM2X、FM0、超低频率(super low frequency, SLF)等来监测齿轮的运行状态。

2. 基于模型的状态监测方法

机械设备异常状态是指实际运行状态与正常状态产生了一定的偏差,这个偏差能够通过单个测量变量或一组测量变量表示为能够识别的模式。异常状态通常由以下两个原因引起：① 正常使用引起的退化；② 外界因素施加的一个突变，如发动机的外来物损伤。通过对机械设备的部件进行振动机理分析，可以得到每一类部件模型发生故障时的理论振动特征，通过将处理后的信号特征与模型理论故障振动特征进行对比，可以监测机械设备是否发生故障。

频域分析是振动监测中应用最广泛的信号处理方法之一，其目的是将复杂的时间信号分解为单个频率成分。频域分析主要包括复数频谱和实数频谱，其中复数频谱同时保留时间信号幅值和相位，允许信号进行重构，而实数频谱既给出了振动信号的频率成分组成及谐波分量，又说明了谐波分量中哪些成分幅值最为突出。实际上，随着发动机故障的产生、发展，一般都会引起振动频率的变化，这种变化主要体现在如下方面：一是增加了新的振动频率，二是原有频率幅值的增长。在正常状态下，在同样的工作条件下，一台健康的发动机的振动频率和幅值成分一般是一致的，而当发动机状态变化时，发动机振动特征也会对应产生变化。振动现象产生的根本原因是频谱成分发生了变化，发动机振动监测手段一般有瀑布图、宽频和窄频跟踪、快速傅里叶变换、倒谱分析、阶次跟踪，以及分数阶转速和谐波等。常见的转子系统、轴承、齿轮故障特征如下所述。

1）转子系统常见故障特征

转子系统中比较常见的故障有转子不平衡、转子不对中、转子摩碰等，这些故障的主要振动特征如下所述。

（1）转子不平衡。

转子的稳态振动是一个与转速同频的强迫振动，振动幅值随转速按振动理论中的共振曲线呈规律变化，在临界转速处达到最大值。因此，转子不平衡故障的突出表现为一倍频振动幅值较大；转子的轴心轨迹是圆或椭圆；当工作转速一定时，相位稳定；转子的进动方向为同步正进动。转子振幅对转速变化很敏感，转速下降，振幅也明显下降。

（2）转子不对中。

转子径向振动出现二倍频，以一倍频和二倍频分量为主，不对中越严重，二倍频所占比例越大；典型的轴心轨迹为香蕉形，正进动；联轴器不对中时，轴向振动较大，振动频率为一倍频，振动幅值和相位稳定；联轴器同一侧相互垂直的两个方向，二倍频的相位差是基频的 2 倍；联轴器两侧同一方向的相位在平行不对中时为 0°，在偏角不对中时为 180°，平行偏角不对中时为 0°～180°；轴承不对中时，径向振动较大，有可能出现高次谐波，振动不稳定；振动对负荷变化敏感。

（3）转子摩碰。

转子失稳前，频谱丰富，波形产生畸变，轴心轨迹产生不规则变化，正进动；转子失稳后，波形产生严重畸变或削波，轴心轨迹发散，反进动；轻微摩碰时，同频幅值波动，轴心轨迹带有小圆环内圈；随着摩碰严重程度的增大，内圈小圆环增多，且形状变化不定;轨迹图上的键相位置不稳定,出现快速跳动现象;摩碰严重时,出现1/2 频率成分,其轴心轨迹形状为"8"字形;系统的刚度增大,临界转速区展宽,各阶振动的相位发生变化;工作转速下发生的轻微摩碰振动,其振幅随时间缓慢变化,相位沿逆转动方向旋转。

除了上述三种比较常见的故障外,转子系统还有可能会出现其他故障,如转轴裂纹故障、油膜涡动和油膜振荡、松动故障、滑动轴承故障、旋转失速、喘振、不均匀气流涡动等。

2) 轴承常见故障特征

考虑到滚动轴承有 N 个滚动体、外圈旋转频率为 f_o、内圈旋转频率为 f_i、保持架旋转频率(即滚动体公转频率)为 f_c、轴承节径(滚动体中心所在的圆)为 D、滚动体直径为 d、接触角为 α,则滚动体在外圈上的通过频率(即外圈故障特征频率)BPFO、滚动体在内圈上的通过频率(即内圈故障特征频率)BPFI、滚动体相对保持架的旋转频率(即滚动体故障特征频率)BSF 及保持架相对外圈的旋转频率(即保持架故障特征频率)FTF 可分别表示为

$$BPFO = \frac{N}{2}f_r\left(1 - \frac{d}{D}\cos\alpha\right) \tag{5.25}$$

$$BPFI = \frac{N}{2}f_r\left(1 + \frac{d}{D}\cos\alpha\right) \tag{5.26}$$

$$BSF = \frac{1}{2}\cdot\frac{D}{d}f_r\left[1 - \left(\frac{d}{D}\cos\alpha\right)^2\right] \tag{5.27}$$

$$FTF = \frac{1}{2}f_r\left(1 - \frac{d}{D}\cos\alpha\right) \tag{5.28}$$

式中,$f_r = |f_i - f_o|$,为内外圈的相对转动频率,当外圈固定时,f_r 即为轴的转动频率。

相对于轴与齿轮的信号而言,即使是正常状态的轴承,其信号也较为微弱。因此,轴承故障特征提取前,需要从振动信号中消除轴与齿轮对应的振动信号成分的干扰,然后采用包络谱方法提取轴承故障特征频率。因此,可以通过傅里叶变换将振动信号变换到频域后,剔除确定性的轴频、齿轮啮合频率成分等,然后再经傅里叶逆变换得到时域信号,经过包络谱方法提取轴承故障特征频率作为轴承状态指标。

3) 齿轮常见故障特征

常用来表征齿轮不同故障的特征有一阶啮合频率 OMX、二阶啮合频率 OM2X、FM0、SLF 等。

（1）一阶啮合频率 OMX。

齿轮在转动过程中,随着齿轮的啮合和分离,齿轮的啮合刚度发生周期性的改变,从而导致齿轮发生以啮合频率为频率的周期性振动。当发生故障时,可以通过一阶啮合频率 OMX 定位发生故障的齿轮轴系。

（2）二阶啮合频率 OM2X。

二阶啮合频率即齿轮啮合频率的 2 倍。有文献指出,装配时,当两齿轮轴轴线平行度误差和同轴度误差不能严格控制时,二阶啮合频率 OM2X 为主要故障特征频率。

（3）FM0。

FM0 是时域同步平均信号的最大峰峰值与啮合频率及其谐波成分幅值之和的比值,主要表征齿轮啮合故障:

$$
\text{FM0} = \frac{\text{PP}_x}{\sum\limits_{n=1}^{H} P_n} \tag{5.29}
$$

式中, PP_x 为信号 $x(t)$ 的最大峰峰值; P_n 为啮合频率第 n 次谐波的幅值; H 为频域范围内的谐波总数。

对于严重轮齿故障,往往会导致振动信号峰峰值的增大,但不会引起啮合频率及其谐波成分幅值的改变;而对于严重磨损故障,振动信号的峰峰值基本保持不变,但啮合频率及其谐波成分幅值将会减小,以上两种情况发生时都会引起 FM0 的增大,因此可以用于故障诊断,但对于早期微弱的齿轮损伤故障,其诊断效果不理想。

（4）SLF。

SLF 是一阶齿轮啮合频率的左右一阶边频带幅值之和与时域同步平均信号均方根值 RMS_x 的比值,是用于检测单齿损伤或齿轮轴损伤的无量纲指标:

$$
\text{SLF} = \frac{R_{I,-1}^{\text{esb}}(x) + R_{I,+1}^{\text{esb}}(x)}{\text{RMS}_x} \tag{5.30}
$$

式中, $R_{I,-1}^{\text{esb}}(x)$ 为一阶齿轮啮合频率的左一阶边频带幅值; $R_{I,+1}^{\text{esb}}(x)$ 为一阶齿轮啮合频率的右一阶边频带幅值; RMS_x 为时域同步平均信号均方根值。

当齿轮轴弯曲或发生故障时会造成偏心啮合,直接反映为一阶边频带幅值的增加,从而使 SLF 值增大。

5.3.2　振动故障诊断方法

采用发动机振动状态监测方法能够在发动机运行时实时监测其运行状态,依据状态指标并结合状态指标提前设置的阈值,能够监测发动机及其部件工作是否正常。但是,要准确诊断故障部位与类型,还需要进一步利用振动故障诊断方法分析发动机监测系统存储的振动信号。本节重点介绍基于数据和基于模型的两类诊断方法。

1. 基于数据的诊断方法

基于故障特征提取的振动故障诊断方法的基本流程就是从振动信号中提取感兴趣的部件对应的振动信号特征,或者从振动信号中滤除其他噪声成分的干扰,从而用简单的频谱或者包络谱识别故障特征。

稀疏理论是近年来信号处理领域(包括振动信号处理与故障诊断)的研究热点,其核心思想是基于优化理论挖掘信号的稀疏属性(感兴趣的信号在稀疏域只集中于少数系数,而其他干扰信息与噪声分散到整个稀疏域),即利用稀疏约束或者稀疏正则化构建信号分析模型,并利用优化方法求解模型最优解,并最终实现信号分析目的。由于能够更有效地对信号特征建模,目前稀疏理论已经成功应用于图像处理、模式识别等众多领域。近年来,稀疏诊断方法已经受到机械振动信号分析与故障诊断领域研究人员的关注,并取得了初步的研究成果。

由于航空发动机本身结构的复杂性、运行工况的特殊性及监测手段的局限性,其振动信号呈现出强噪声干扰、故障特征微弱等特性,在有限测点情况下没有快速精准的发动机振动信号故障诊断策略。稀疏理论能够利用稀疏属性为观测信号,寻求更加简洁的表示,便于挖掘信号的本质结构,从而促进故障特征的识别与匹配,所以在航空发动机振动信号故障诊断中受到重视。

经典的稀疏正则化方法将信号 x 的稀疏性建模为 $\|x\|_0$,其物理意义是信号 x 中的非零元个数。然而,对应的 ℓ_0 正则化问题的求解是一个组合优化的不确定性多项式(nondeterministic polynomial, NP)- HARD 问题。因此,有研究人员提出了 ℓ_1 的近似的稀疏正则化函数 $\|x\|_1$,其物理意义是信号中非零元素的绝对值之和,相比 ℓ_0 问题,ℓ_1 问题是一个凸问题,可以收敛到全局最优解,因此在信号处理领域得到了广泛研究与应用。

1)稀疏诊断方法

本节回顾稀疏建模的基本理论,包括 ℓ_1 范数正则化方法及其优化求解方法、可调品质因数小波变换(tunable Q-factor wavelet transform, TQWT)等。

(1)稀疏建模与 ℓ_1 范数正则化方法。

假设测量信号中 y 感兴趣的信号成分 y_0 存在可逆的线性变换,表示为一组稀疏系数:

$$y_0 = Ax \text{ 或 } x = A^{\mathrm{T}} y_0 \tag{5.31}$$

式中,矩阵 $A \in R^{M \times N}$,为可逆的线性变换;A^{T} 为 A 的转置矩阵;x 为变换系数。

对于机械故障诊断,通常情况下,$M < N$,即变换后的系数长度大于变换前的信号长度。稀疏诊断通过稀疏正则化构建信号分析模型,并利用优化方法求解模

型最优解,并最终实现故障特征提取的目的。从稀疏逼近的角度出发,对于无噪声的信号表示问题,希望在满足式(5.31)的前提下,从各种可能的解中,寻求最稀疏的信号表示,也就是等同于求解下面的优化问题:

$$\min \| x \|_0, \quad \text{s.t. } y = Ax \tag{5.32}$$

式中,$\| x \|_0$ 为稀疏系数中非零稀疏的个数。

式(5.32)的求解为 NP 的非凸优化问题,现实中不存在准确求解 NP 问题的多项式算法。

ℓ_1 范数具有凸特性与稀疏刻画能力,常作为 $\| x \|_0$ 的替代函数建立稀疏模型:

$$\begin{cases} \min\limits_{x} \| x \|_1, \quad \text{s.t. } y = Ax & (\text{无噪声问题}) \\ \min\limits_{x} \| x \|_1, \quad \text{s.t. } \| y - Ax \|_2^2 \leqslant \varepsilon & (\text{含噪声问题}) \end{cases} \tag{5.33}$$

式中,$\| x \|_1 = \sum\limits_{n=1}^{N} | x_n |$,为 x 的 ℓ_1 范数。

式(5.33)中无噪声问题和含噪声问题的约束形式不同,前者为无噪声的等式约束,在 $y = Ax$ 的前提下求解 $\| x \|_1$ 最小值;后者为含噪声的不等式约束,在噪声能量小于 ε 的约束前提下求解 $\| x \|_1$ 最小值。由于故障诊断问题都是含噪声问题,这里只讨论不等式约束的形式,这种不等式约束的形式在一定条件下又可以等价转换为稀疏正则化最小二乘形式:

$$\min\limits_{x} \left\{ \frac{1}{2} \| y - Ax \|_2^2 + \lambda \| x \|_1 \right\} \tag{5.34}$$

式中,λ 为平衡数据保真项和稀疏正则项的正则化参数。

式(5.34)中的目标函数为凸函数,该问题常常称为基追踪(basis pursuit,BP)降噪问题或最小绝对收缩和选择算法问题。由于目标函数为凸性,大量的凸优化算法都可以用于该问题的求解,如前向-后向分裂(forward-backward splitting,FBS)算法、交替方向乘子法(alternating direction method of multipliers,ADMM)等。式(5.35)为采用 FBS 算法求解式(5.34)的优化算法,其中 $\| A \|_2$ 是矩阵 $A^{\mathrm{T}}A$ 最大特征值的平方根,软阈值算子 soft 的定义为

$$\text{soft}(x;\lambda) = x \frac{\max\{ | x | - \lambda, 0 \}}{\max\{ | x |, \lambda \}} \tag{5.35}$$

(2) TQWT 与稀疏表示。

为克服传统离散小波变换的不足,有学者于 2009 年提出了 TQWT,其概念相对简单,且能够通过快速傅里叶变换实现,其变换参数与变换的品质因数大小有关,品质因数 Q 和冗余度能够直接指定,无须依赖小波基函数。

与传统离散小波变换相似,调 Q 小波变换是基于迭代滤波器组的恒 Q 离散小波变换完成的。调 Q 小波变换所用的低通和高通滤波器分别如图 5.10(a) 和(b)所示。

(a) 低通滤波器　　　　　　　　　　　(b) 高通滤波器

图 5.10　调 Q 小波变换滤波器

LPS 表示低通滤波器;HPS 表示高通滤波器。

若原始输入信号的采样率为 f_s,在调 Q 小波变换中,当信号经过如图 5.10(a) 所示的尺度参数为 α 的低通滤波操作时,输出信号的采样率为 αf_s,α 的大小决定了经低通滤波后输出信号的采样率。

当 $0 < \alpha \leq 1$ 时,信号经参数为 α 的低通滤波操作为

$$Y(\omega) = X(\alpha\omega), \quad |\omega| \leq \pi \tag{5.36}$$

当 $\alpha \geq 1$ 时,信号经参数为 α 的低通滤波操作为

$$Y(\omega) = \begin{cases} X(\alpha\omega), & |\omega| \leq \pi/\alpha \\ 0, & \pi/\alpha < |\omega| \leq \pi \end{cases} \tag{5.37}$$

类似地,当信号经过如图 5.10(b)所示的尺度参数为 β 的高通滤波操作时,输出信号的采样率为 βf_s,β 的大小则决定了经高通滤波后输出信号的采样率。

当 $0 < \beta \leq 1$ 时,信号经过参数为 β 的高通滤波操作定义为

$$Y(\omega) = \begin{cases} X[\beta\omega + (1-\beta)\pi], & 0 < \omega < \pi \\ X[\beta\omega - (1-\beta)\pi], & -\pi < \omega < 0 \end{cases} \tag{5.38}$$

当 $\beta \geq 1$ 时,信号经过参数为 β 的高通滤波操作定义为

$$Y(\omega) = \begin{cases} 0, & |\omega| < (1 - 1/\beta)\pi \\ X[\beta\omega + (1-\beta\pi)], & (1-1/\beta)\pi < \omega < \pi \\ X[\beta\omega - (1-\beta\pi)], & -\pi < \omega < -(1-1/\beta)\pi \end{cases} \tag{5.39}$$

图 5.11 所示为 J 层调 Q 小波变换的分解与重构迭代滤波器组示意图。由图可知,调 Q 小波变换是通过对滤波得到的低频成分反复执行尺度因子为 α 的低通滤波和尺度因子为 β 的高通滤波实现的。尺度因子 α 和 β 与调 Q 小波变换的品质因数 Q 和冗余度 r 之间的关系为

$$\beta = \frac{2}{Q+1}, \quad \alpha = 1 - \frac{\beta}{r} \tag{5.40}$$

为实现调 Q 小波变换的完美重构,调 Q 小波变换中,低通滤波器和高通滤波

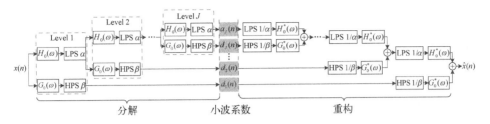

图 5.11　J 层调 Q 小波变换分解与重构迭代滤波器组示意图

器的频率响应 $H_0(\omega)$ 和 $G_0(\omega)$ 分别为

$$H_0(\omega) = \begin{cases} 1, & |\omega| \leqslant (1-\beta)\pi \\ \theta\left(\dfrac{\omega + (\beta - 1)\pi}{\alpha + \beta - 1}\right), & (1-\beta)\pi < |\omega| < \alpha\pi \\ 0, & \alpha\pi \leqslant |\omega| \leqslant \pi \end{cases} \tag{5.41}$$

$$G_0(\omega) = \begin{cases} 0, & |\omega| \leqslant (1-\beta)\pi \\ \theta\left(\dfrac{\alpha\pi - \omega}{\alpha + \beta - 1}\right), & (1-\beta)\pi < |\omega| < \alpha\pi \\ 1, & \alpha\pi \leqslant |\omega| \leqslant \pi \end{cases} \tag{5.42}$$

　　验证可得,调 Q 小波变换的低通滤波器 $H_0(\omega)$ 和高通滤波器 $G_0(\omega)$ 满足完美重构条件,即 $|H_0(\omega)|^2 + |G_0(\omega)|^2 = 1$。尺度参数 α 和 β 决定了低通滤波器 $H_0(\omega)$ 和高通滤波器 $G_0(\omega)$ 的性能,如图 5.12 所示。为避免调 Q 小波变换过冗余,α 和 β 需满足 $0 < \beta \leqslant 1$,$0 < \alpha \leqslant 1$。此外,为保证调 Q 小波变换的有限长度滤波器响应,需满足 $(1-\beta)\pi < \alpha\pi$,即需要满足 $\alpha + \beta > 1$。

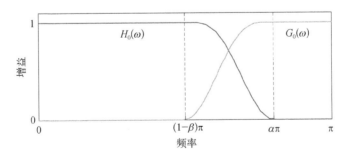

图 5.12　调 Q 小波变换的频率响应 $H_0(\omega)$ 和 $G_0(\omega)$

对于多级调 Q 小波变换,其等效子带滤波器组 $H_j(\omega)$ 和 $G_j(\omega)$ 分别为

$$H_j(\omega) = \begin{cases} \displaystyle\prod_{m=0}^{j-1} H_0(\omega/\alpha^m), & |\omega| \leqslant \alpha^j\pi \\ 0, & \alpha^j\pi < |\omega| \leqslant \pi \end{cases} \tag{5.43}$$

$$G_j(\omega) = \begin{cases} G_0(\omega/\alpha^{j-1}) \displaystyle\prod_{m=0}^{j-2} H_0(\omega/\alpha^m), & (1-\beta)\alpha^{j-1}\pi < |\omega| \leqslant \alpha^{j-1}\pi \\ 0, & |\omega| \leqslant \pi \end{cases}$$

$$(5.44)$$

多级调 Q 小波变换的等效滤波系统如图 5.13 所示。当分解层数为 J 时,两个具有不同品质因数的调 Q 小波变换 $G_j(\omega)(1 \leqslant j \leqslant J)$ 的频率响应如图 5.14 所示。通过观察,可以总结得到如下三个方面的重要信息。

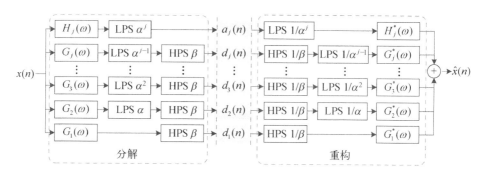

图 5.13　多级调 Q 小波变换的等效滤波系统

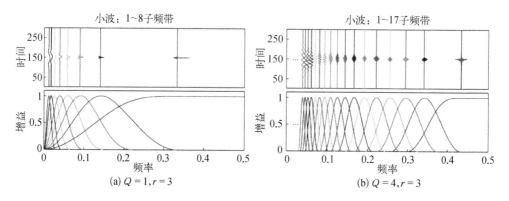

图 5.14　调 Q 小波变换小波基的小波函数和频率响应

首先,对于一个给定的品质因数 Q,尽管在分解的不同子带中,其小波函数的 Q 值是一样的,但其小波波形是不一样。随着分解层数的增加,小波波形持续时间变长,小波的振荡周期变大。

其次,小波变换的 Q 值决定了小波变换带通滤波器的宽度。对于 Q 值较小的调 Q 小波变换,其带通滤波器较宽,这与传统的离散小波变换相似。在此情况下,只需对信号进行较少层数的分解,其小波变换的频率响应即可覆盖待分析信号的频谱。与之相反,对于 Q 值较高的调 Q 小波变换,其带通滤波器往往较窄,因此在该情况下,若需将调 Q 小波变换的频率响应覆盖信号的整个频谱,则需要对信号进行较多层数的分解。此外,在选定合适的小波基情况下,通过调 Q 小波变换能够提取传统离散小波变换频带过渡带中的特征信息。

最后,品质因数的作用还体现在对小波波形的影响上。高 Q 值情况下,小波具有更多的振荡次数,即包含了更多的振荡周期,这些特性使高 Q 值调 Q 小波变换适用于稀疏表示和振荡信号分析。低 Q 值情况下,小波具有较少的振荡次数,包含了较少的振荡周期,因此对于较低 Q 值的调 Q 小波变换,其更适用于瞬态冲击成分的稀疏表示。

为和前面提出的稀疏表示一致,接下来用 A^T 表示调 Q 小波变换,用 A 表示调 Q 小波逆变换。信号 y 的小波系数 x 由 $x = A^T y$ 计算得到,同时信号 y 也可由小波系数 x 重构得到 $y = Ax$。 调 Q 小波变换的系数表示为

$$x = \{x^{[1]},\ x^{[2]},\ \cdots,\ x^{[J+1]}\} \tag{5.45}$$

式中, $x^{[j]}$ 为小波系数 $[d_j(1),\ d_j(2),\ \cdots,\ d_j(n)]$, $j = 1,\ 2,\ \cdots,\ J$; $x^{[J+1]}$ 为尺度系数 $[a_{J+1}(1),\ a_{J+1}(2),\ \cdots,\ a_{J+1}(n)]$。

TQWT 的每一尺度下的小波函数的 ℓ_2 范数可能不同,线性变换矩阵 A 的每一行元素的能量不一定相同。因此,正则化参数 λ 设置为

$$\lambda_j = \theta \parallel \psi_j \parallel_2,\quad j = 1,\ 2,\ \cdots,\ J + 1 \tag{5.46}$$

式中, $\psi_j (j = 1,\ 2,\ \cdots,\ J)$ 为尺度为 j 的小波函数; ψ_{J+1} 为尺度为 J 的尺度函数。

2)轴承故障稀疏诊断案例分析

(1)轴承诊断稀疏建模。

轴承局部故障导致的振动信号通常可以表示为

$$y = y_0 + n \tag{5.47}$$

式中, y_0 表示无噪的局部故障信号(通常为周期性的冲击响应成分); n 为噪声成分(通常假设为高斯白噪声); y 为传感器采集到的包含故障信号成分的含噪信号。

因此,在 TQWT 等作用下,可以将时域振动信号转换为稀疏域的信号系数,其中感兴趣的轴承信号成分变换为稀疏信号,而不感兴趣的噪声变换为非稀疏信号。在变换作用下,信号模型可以表示为

$$y = Ax + n \tag{5.48}$$

因此,可以采用优化算法直接建模与求解。采用 FBS 算法求解 ℓ_1 范数正则化最小二乘最小化问题,该算法中仅包含矩阵 A、A^T 及软阈值等计算,而矩阵 A 与 A^T 的运算本质是 TQWT 的逆变换和正变换。TQWT 可以采用快速傅里叶变换计算,

其计算复杂度为 $O(r'M\log 2^M)$，其中 M 为待分析信号的长度、r' 为 TQWT 的冗余度参数，因此矩阵 A、A^{T} 运算可以被快速傅里叶变换算法替代。算法计算复杂度为 $O(r'LM\log 2^M)$，其中 L 为迭代算法的迭代次数。

（2）仿真试验验证。

本节将通过 NASA 所公布的轴承全寿命疲劳退化试验数据分析，验证基于惩罚函数方法的轴承故障诊断性能。该试验由美国辛辛那提大学智能维护中心完成，采用轴承疲劳寿命试验机，试验机主要由加载系统、润滑系统等组成，试验台主体结构如图 5.15 所示。从图中可以看出，试验机主轴通过电机驱动，主轴上安装四个测试轴承，按从左至右的顺序依次为 1#、2#、3#和 4#轴承。测试采用 ZA – 2115 型双列腰鼓形滚子轴承，该轴承主要参数如表 5.1 所示。测试过程中，轴承转速为 2 000 r/min，承受径向载荷为 26. 67 kN，轴向载荷为 0，轴承润滑形式采用油润滑。

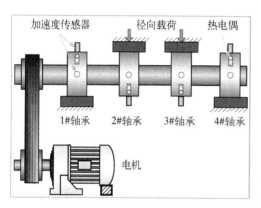

图 5.15　轴承全疲劳寿命试验台主体结构简图

表 5.1　测试轴承主要参数

轴承型号	节圆直径/mm	轴承内径/mm	滚子直径/mm	每列滚子个数/个	压力角/(°)
ZA – 2115	71.50	49.21	8.41	16	15. 17

为了实时监测轴承的运行状态，利用热电偶传感器监测轴承运行过程中的温度信号，利用振动加速度传感器监测轴承径向水平和竖直两个方向的振动信息，利用振动数据采集器采集轴承运行过程中的振动信号，信号采样频率为 20 480 Hz，采样长度为 20 480 个点。试验过程中利用安装在试验台回油管道中的磁性装置收集轴承剥落铁屑，当铁屑达到一定数量时，即认为轴承已失效，此时磁性装置发出指令，关闭试验台电路，试验结束。对所完成的一组全寿命疲劳试验数据进行分析，该组试验中轴承发生外圈疲劳失效，轴承失效时间为 163. 8 h，失效形式为外圈剥落。

整个轴承疲劳试验过程中，每 10 min 记录 1 s 的振动信号，至试验结束，共记录 984 段数据。整个试验过程中，振动传感器采集到的振动信号的均方根指标如图 5.16 所示，同时给出了轴承在损伤初期、中期及最终失效期三个阶段的振动信号时域波形图，其中损伤初期和中期分别对应最终失效前 70 h、最终失效前 45 h。从不同阶段振动信号中可以观察出,随着故障的发展,振动信号的幅值逐渐增大,且周期性的冲击越发明显。损伤初期,信号幅值小,周期冲击不可见。

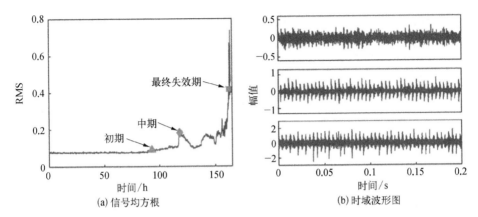

图 5.16 轴承疲劳试验过程中振动信号均方根
指标与不同故障阶段的时域波形

首先,运用轴承稀疏诊断方法分析损伤初期阶段的振动信号。在此例中,TQWT 的参数为 $Q = 2$、$r = 5$、$J = 10$,因此信号系数为 $M = 4\,096$,小波域稀疏个数为 $N = 24\,576$,稀疏度参数设置为保留稀疏域系数的 2%,即 $k = 24\,576 \times 2\% = 492$。$\ell_1$ 方法分析结果如图 5.17 所示,分析结果表明,采用 ℓ_1 方法能够准确识别轴承故障特征频率。对比谱峭度(spectral kurtosis, SK)方法(图 5.18)可以看出,由于早期故障为微弱性,采用 SK 方法获得的滤波效果容易被干扰,而 ℓ_1 方法的抗噪性能更强。

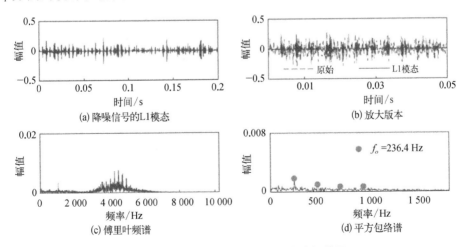

图 5.17 轴承损伤初期的 ℓ_1 方法分析效果

f_o 表示外圈故障特征频率

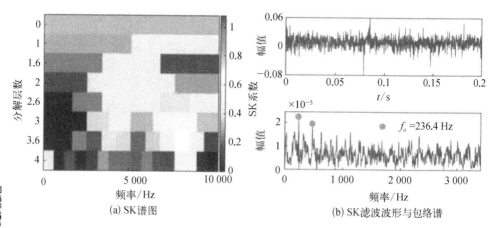

(a) SK谱图   (b) SK滤波波形与包络谱

图 5.18   轴承损伤初期的 SK 方法分析效果

2. 基于模型的诊断方法

机械故障诊断是一个将测量空间获得的信息或特征空间的特征映射到故障空间的过程,主要涵盖故障的检测、分离与识别,这种映射过程称为模式识别。我国机械故障诊断领域专家屈梁生指出,机械故障诊断技术的实质是机器运行状态的模式识别问题。目前,故障识别方法可以分为以下三种:基于模型的故障诊断方法、基于数理统计的故障诊断方法和基于人工智能的故障诊断方法,其中基于模型的诊断方法又可以分为基于物理模型和基于概率分布模型的诊断方法。

1)基于物理模型的诊断方法

发动机各个部件发生不同故障时都会产生不同的故障特征,故障模式分类就是将处理后的数据所展现出来的特征与发动机的不同故障理论特征相匹配,从而确定故障种类的过程。与发动机振动监测不同,故障诊断需要对信号的特征进行更深层次的挖掘,除了频谱分析和稀疏处理外,采用时频分析、小波分析等方法也可以从不同层面揭示信号所包含的特征,将信号的特征与故障理论特征匹配起来,在航空发动机振动信号故障诊断中也十分重要。对时频分析、小波分析作简单介绍,如下所述。

(1)时频分析。

时频分析是在常规傅里叶变换中通过特殊的时频变换引入含有时间和频率项的内核,将信号强度同时表征为时间和频率的函数形式,由此可以得到随时间变化的谱图,从而用于暂态事件的识别。常用的时频分析方法有短时傅里叶变换、Wigner-Ville 分布、经验模式分解等。实际应用中,由于时频变换中仍包括积分,与傅里叶变换一样,时频曲线本质上也都被平滑处理了,这显然限制了时频曲线的分辨率,且往往会合并单独的事件,导致曲线难以解译,且由于时频变换自身也能引入不对应任何物理现象的伪事件,时频分析在实际应用中受到了一定的限制。

（2）小波分析。

小波分析是仍处于研究阶段的时频分析方法,且与时频分析密切相关。在典型的时频图中,由于窗口大小固定,时域和频域分辨率相同。但是,高频成分要求采用小窗口,而低频成分要求采用大窗口,小波分析可将信号表征为不同尺度（对应不同频率）下的特定波,从而满足这种分析要求,可有效揭示出信号中易被常规技术忽略的崩溃点、趋势、高阶导数不连续、自相似性等典型特征。由于小波分析可提供不同视角下的数据特征,也可用于信号压缩或除噪,而不会使信号明显降级,目前国内外已将小波分析成功应用于发动机振动数据分析,包括识别外来物打伤等。但是,当前小波分析面临的难题是小波类型很多,尚需研究何种小波适合何种用途。

2）基于概率分布模型的诊断方法

机械振动信号是开展故障检测时最常用的手段,但是在实际采集测试时,由于外部环境干扰,所采集的振动信号往往包含大量外部噪声。采用概率分布模型驱动的方法可以将原始信号分解为状态相关信号和噪声相关信号两部分,对健康状态信号的概率分布进行建模。对于未知的无标签信号,属于健康状态的概率密度值即可作为监测指标,为故障检测提供依据。

基于概率分布模型的诊断方法包括模型构建、分布拟合与故障检测三部分。

（1）模型构建。如图 5.19 所示,实际采集的信号可以看作背景噪声与原始信号的叠加:

$$x = \bar{x} + r \qquad (5.49)$$

式中,$\bar{x} \in R^m$,代表不含噪声的信号;$x \in R^m$,代表实测信号;r 代表背景噪声。

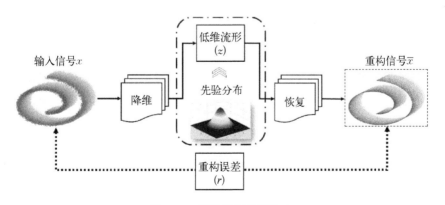

图 5.19 故障检测模型构建

假设不含噪声的信号是嵌入在高维空间中的低维流形 z，通过信号降维，即可以得到原始信号的低维空间表示 z。进一步，通过信号恢复可以得到 z 的高维空间表示，即不含噪声的信号 $\bar{x}$。

在信号降维与信号重构过程中，对低维流形 z 的分布进行约束，即向其施加先验分布假设，通常假设为独立的标准正态分布。

(2) 分别对低维流形 z 和重构误差 r 的分布进行拟合，得到健康状态信号的概率分布函数，即概率分布模型。

(3) 使用拟合的概率分布模型，逐一计算检测样本属于健康状态的概率，当概率值低于预设阈值时，即发出警报，认为当前设备发生故障。

3) 概率分布模型驱动的轴承故障检测案例分析

试验在轴承全寿命试验台上进行，在试验台上进行轴承加速旋转试验，直至其失效，用来模拟轴承在实际运行中的退化过程。试验台工作转速为 2 500 r/min，采样间隔为 5 min，采样频率为 20 480 Hz。共测试了两对 61911 轴承，运行失效时间分别间 339.25 h 与 63.6 h，两次测试中轴承分别出现了内圈故障与外圈故障。其中，对于轴承 1，将 500~1 500 样本组设定为正样本，3 885~4 071 样本组设定为负样本。对于轴承 2，将 0~500 样本组设定为正样本，516~616 样本组设定为负样本。

试验结果如表 5.2 所示，由表可知，两组样本的故障检测率都达到了 96% 以上，且虚警率小于 1%。异常状态指标的变化趋势如图 5.20 所示，从图中可以看出，在整个周期内，异常状态指标的变化是与故障的萌发紧密相关的。

表 5.2   概率分布模型驱动的轴承故障检测结果

轴 承 对	故障检测率	虚警率	F_1	AUC	FPR95	精度
轴承 1(内圈故障)	96.13%	1.04%	0.98	0.99	0.00%	98.02%
轴承 2(外圈故障)	98.88%	0.87%	0.99	0.94	0.08%	99.02%

注：F_1、AUC、FPR95 均为测量图象参数。

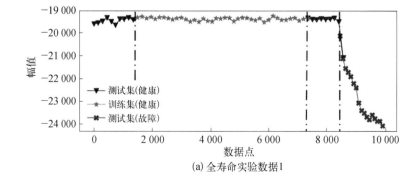

(a) 全寿命实验数据1

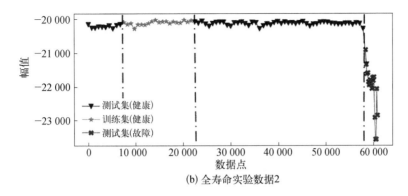

(b) 全寿命实验数据2

图 5.20　概率分布模型驱动的轴承故障检测变化趋势

5.3.3　机械状态趋势分析与预测方法

航空发动机与航改燃机健康管理系统的最终目标是从不同源数据中最大化地提取有意义的信息,得到发动机健康状态的综合诊断和预测知识。信息融合的本质是综合利用所有可用信息来增强诊断的可见度、提高诊断的可靠性并减少诊断虚警率和漏报率。监测系统采集的振动信号、温度信号、声发射信号等具有不同的物理和统计特性,可视为不同物理特性的信号。深度学习如何选用信息融合框架、如何处理不同物理特性之间的数据融合,是健康管理领域需要着重解决的难题。

1. 基于数据的趋势分析方法

由于机械的复杂性和受各种运行因素(如磨损、外部冲击、负载、运行环境)的影响,机械设备的性能及健康状态将会发生不可逆的退化,进而造成设备的最终失效。对于这类运行性能逐渐退化的设备,如果能够在性能退化的初期,尤其是在尚未造成重大危害时,根据监测信息,及时发现异常或定量评价设备的健康状态、预测设备的剩余使用寿命(即当前时刻到设备失效时刻的有效时间间隔),并依据这些结果确定对设备实施维护的最佳时机,对于切实保障复杂设备的运行安全性、可靠性和经济性具有重要的工程价值。

2001 年,在美国国家科学基金会的资助下,威斯康星大学与墨西哥大学以维护思想为核心开展了广泛的基础和应用研究,关键技术是采用性能退化评估与预测的方法,结合 infotronics 技术(融合互联网、非接触式通信技术、嵌入式智能电子技术),使设备和系统具备接近于零故障停工的能力。性能退化评估的目的在于评估设备当前的退化程度并提取出设备性能随时间的变化趋势。性能退化评估是常规故障诊断技术的延伸和发展,从数据层面来讲,性能退化评估侧重于设备性能的连续变化状态,分析数据是时序性的;从技术层面来讲,性能退化评估方法侧重于构造设备性能随时间的连续变化趋势。

以振动信号为数据源、信号处理方法为分析手段,提取振动信号的固有模式和本质特征,构造了一系列状态指标,用于轴承退化状态在线评估。对于设备的退化评估的研究集中于数据驱动的方法,忽略了退化失效的物理模型。同时,浅层的机器学习方法对于具有高度非线性退化趋势的建模能力有限,因此考虑机械设备的物理失效机制,利用具有非线性建模能力的机器学习方法建立退化模型是重要的研究方向。

2. 基于模型的预测方法

基于模型的预测方法是将观测到的系统输入量作为建立系统精确的数学模型的输入量,采用数学模型描述系统或部件的物理特性,得到模型输出量和检测到的系统输出量之间的差值,偏差量反映了系统运动行为和现实系统运动行为之间的不一致,然后基于对偏差信号的分析对系统的运动状态进行预测。这种方法的优点在于对系统的运动变化规律有更加深层次的认知,诊断效果良好,其缺点在于此方法需要精确的数学模型,然而复杂的工业过程通常具有多变量、强耦合、强非线性、大延时、生产边界条件变化快、动态特性随工况变化、较难利用数学模型表示等综合复杂特性。

建立精确数学模型的参数取决于材料的特性和应力水平,通常需要通过特定的试验、有限元分析或其他合适的方法来确定。机械设备在运行过程中受到载荷、转速、温度、润滑情况等多种因素的影响,其运行状态千变万化,机械设备信号是设备运行状态的综合体现,能够从不同角度体现设备的健康状况。

以主轴承损伤物理失效建模预测技术为例对这种方法进行说明。从以上分析可以得知,该预测方法中需要精确数学模型和测量的系统输出,即传感器监测到的设备信号。因此,主轴承损伤物理失效建模预测技术主要包含材料级滚动接触疲劳模型和基于传感器特征的预测使用模型两部分。实际使用中,两部分模型也可以合二为一作为预测建模的融合。材料级滚动接触疲劳模型主要用于轴承初始剥落等的检测,模型参数可以由相关试验或根据专家经验确定,通过对传感器预测使用模型记录信号的筛检和计算得到轴承自安装之后的运行过程中的损伤信息,从而对轴承状态趋势进行分析和预测。

5.4 滑油健康管理算法

5.4.1 传动润滑系统状态监测算法

1. 传动润滑系统监测参数

传动润滑系统中的监测参数主要来自安装在系统中的各种传感器,以及在日常维护过程中的各种监测参数。航空发动机传动润滑系统在线监测参数如表 5.3 所示(以 CFM-56 发动机为例),此外还有一些离线监测参数:润滑油的油液品质、消耗率、油液中的磨粒信息等。这些参数一般可以为三类:滑油系统参数、滑油磨粒参数及滑油油品参数。

表 5.3　CFM-56 发动机传动润滑系统在线监测参数

序号	传感器类型	监 测 参 数	安 装 位 置
1	温度传感器	供油管路温度	供油管路
2		润滑装置滑油温度	润滑装置
3	压力传感器	供油管路滑油压力	供油管路
4		主过滤器压差	主过滤器
5	屑末探测器	回油管路中的屑末量	回油管路

1）滑油系统参数

滑油系统参数为体现传动润滑系统自身的管路、阀门、泵等组件的健康状态的参数，主要包含滑油温度、压力、消耗率等。

2）滑油磨粒参数

滑油是发动机各种传动系统中的润滑剂。屑末或者磨粒，是传动系统中各种摩擦副所产生的磨损残物。现阶段，通过对磨粒的尺寸、数量、形貌、材质等参数进行定量或定性的研究和分析，能够精准诊断磨损的故障程度、定位故障部位、判断故障类型及原因。

通过铁谱分析技术可以离线获得磨粒的形态、尺寸、颜色等参数，而通过一些磨粒在线监测方法（表 5.4）可以在线获得磨粒的定性或定量参数，如数量、材质及尺寸等。

表 5.4　滑油磨粒在线监测方法

传感器类型	在线监测方式	检 测 范 围
磁感应式传感器	主油路	$\leqslant 200\ \mu m$
超声传感器	旁路	$45 \sim 220\ \mu m$
电容型传感器	旁路	$\geqslant 20\ \mu m$
电感型传感器	主油路	$\leqslant 100\ \mu m$
光学传感器	旁路	$4 \sim 800\ \mu m$
静电传感器	主油路	$\geqslant 20\ \mu m$

3）滑油油品参数

油液的黏度、含水量、燃料稀释、固体或不溶物、氧化、硝化、总酸值和总碱值等是油品的主要参数,油品参数对滑油本身的性能衰退及系统组件的健康状态均有很好的指征作用。

2. 基于知识的状态监测方法

基于知识的润滑系统状态监测方法是指借助一些定性的分析工具和行业专家的经验,建立精确的系统解析模型,分析参数和系统的异常。对于航空发动机润滑系统,主要是通过与预先设定好的基线相比较来实现状态监测,具体方法如下:

(1)在设计阶段给出各个参数的参考值(基线值);

(2)对比测量值与标准值(如维修手册中的参数);

(3)根据实际运行工况进行对比结果的校正;

(4)将突变和持续增长的数据点作为状态异常点。

例如,在压力参数方面,如果压力变化超过 10 psi/步,应怀疑指示系统有问题;如果压力在 3~5 psi 范围内缓慢变化,应怀疑喷嘴被堵塞。而在磨粒数量方面,磨粒数量的迅速上升通常预示着发生了严重磨损。

基于知识的状态监测方法需要完善的知识库和推理机制,在实际工程应用中,领域工程师拥有大量的领域知识。然而,获得广泛的知识是困难的,这也使得基于知识的方法产生了巨大的发展阻碍。

3. 基于数据的状态监测方法

基于数据的状态监测方法主要用于分析和处理润滑系统的运行数据,不需要建立精确的分析模型和完整的知识库,根据类型,主要有基于分类、基于聚类和基于统计的状态监测方法,下面对上述方法进行详细介绍。

1)基于分类的状态监测方法

基于分类的状态监测方法要求拥有完备的正常数据样本和故障数据样本,或者至少具有"正常"的数据样本。基于这些样本,训练一个分类器,落入故障类别的数据即被认为是异常数据,常见的方法有神经网络、支持向量机网络、随机森林等。

2)基于聚类的状态监测方法

聚类被划分为一种无监督型机器学习算法,可以将具有相似特征的参数归入同一类别。基于聚类的状态监测方法中,一般认为正常数据样本属于样本量大、密度高的聚类,而异常数据属于样本量少、数据分布稀疏的聚类。聚类方法不要求训练样本拥有详细的标签信息,可以根据数据特征,无监督地进行学习和监测,常见的方法有自组织映射、K-means 等。

3)基于统计的状态监测方法

基于统计的状态监测方法的基本原理是:异常值是与假定统计模型部分相关或者完全无关的观测值。基于统计的状态监测方法首先根据给定的数据拟合一个统计模型,然后应用统计推断测试来确定一个测试数据是否属于这个模型,而异常值一般是指在运行过程中生成概率较低的样本。基于统计的状态监测方法需要假定基础分布,并根据给定的数据估计参数,往往不适用于高维的数据样本。

而对于传动润滑系统,数据样本中包含温度、压力、磨粒、油品等多种参数,是一种高维的数据样本。对于高维的数据样本,基于统计的状态监测方法往往计算量较大,不适合实际的工程应用。因此,实际应用中,通常根据是否拥有完善的正常和故障数据样本,选择基于分类或基于聚类的状态监测算法。

案例:自组织映射是一种无监督型深度学习算法,具体来说,是一种典型的神经网络方法。基于自组织映射的润滑系统状态监测算法如下:首先,认为在润滑系统设计寿命的初期阶段,设备通常处于健康状态,因此可以通过这些正常的训练数据训练自组织映射,假设形成的自组织映射网络表示系统的正常状态。进一步,正常状态的自组织映射网络训练完成后,即可对新产生的监测数据进行异常监测。如果新产生的数据与训练的自组织映射网络相似,则认为正常;若与训练的自组织映射网络相差较大,则认为异常。

5.4.2　滑油故障诊断及预测算法

1. 基于知识的诊断方法

1) 磨粒形貌与故障间的对应关系

在航空发动机的工作过程中,不同的部件经过不同类型的磨损后会产生不同的磨粒,而不同类型的磨粒也具有相对恒定的特性。大量先进监测技术(如铁谱技术和扫描电子显微镜)的实例表明,经不同类型的磨损后产生的颗粒一般都有其特定的形态特性,可分为如下几种。

正常滑动磨粒:正常滑动磨粒大都产生于设备运转过程中的每一磨损阶段。一般情况下,该磨粒主要表现为均匀的薄层,表面光滑,尺寸较小,棱角较少,其长轴尺寸为 $0.5 \sim 15~\mu m$,厚度为 $0.15 \sim 1~\mu m$,且两个指标之比为 $3:1 \sim 10:1$。此类磨粒产生在滑动摩擦的磨合期和稳定期,属于正常摩擦范围之内,其形貌如图 5.21(a)所示。

切削磨粒:切削磨粒一般都是相互接触的两个运动表面发生磨料磨损的产物,其大多表现为弯月形,同时还有螺钉形、线圈形等,长度一般在 $25 \sim 100~\mu m$,其平均宽度为 $2 \sim 5~\mu m$,长短轴比不小于 5。若在滑油中监测到大量切削磨粒,则代表某些制动器、离合器等零部件的工作状态不佳,有待改善,其形貌如图 5.21(b)所示。

严重滑动磨粒:当两个相互运动的接触表面出现滑动摩擦时,在负荷和速度的作用下,材料的磨损表面产生过高的应力,从而发生很大程度的滑动磨损,这时,切混层开始不再处于稳定状态,出现受损较严重的磨粒,如图 5.21(c)所示。这种磨粒表面呈现出相对清晰的划痕,棱边通常是平直的,部分为蓝色或草黄色,长度通常大于 15 μm,长轴与短轴之比一般较高。当严重滑动磨粒开始不断出现时,那么就表明设备出现严重的磨损,可能存在滑油失效或负载过大现象。

疲劳剥块磨粒:一般情况下,当两个物体的外表面产生相对运动时,物体表面便会开始出现破损现象,如裂纹等,而这些破损会逐渐变大,直至最后慢慢连接到一起,某部分材料开始脱落,由此形成的磨粒即是由于疲劳而形成的脱落磨粒。疲劳剥块磨粒一般表现为块状,其表面也是光滑的,但是轮廓比较不规则,长轴为10~100 μm,长度与厚度之比大约是 10∶1。疲劳剥块磨粒的出现,意味着齿轮或滚动轴承的负载过大,比较常见的疲劳剥块磨粒如图 5.21(d)所示。

球状磨粒:当物体之间存在裂痕时,受一些外界因素影响,致使裂痕继续扩张,随着时间的变化,最终会形成一种类似球形的磨粒,即球状磨粒。此类磨粒通

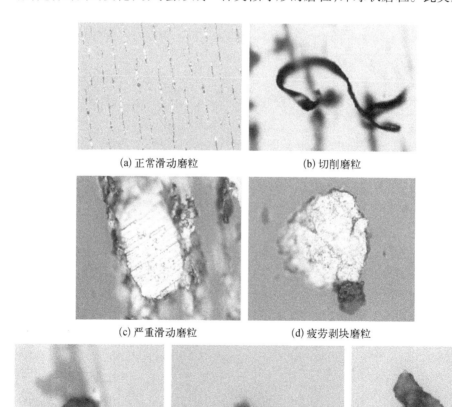

(a) 正常滑动磨粒　　　　　　　(b) 切削磨粒

(c) 严重滑动磨粒　　　　　　　(d) 疲劳剥块磨粒

(e) 球状磨粒　　　　(f) 红色氧化物磨粒　　　　(g) 黑色氧化物磨粒

图 5.21　磨粒磨损示意图

常形成于滚动轴承,产生于疲劳裂纹中,该磨粒表现为圆球形状,一般尺寸较小,长轴为 1~5 μm。球状磨粒的出现,预示着即将发生滚动接触疲劳,产生疲劳破坏,典型球状磨粒如图 5.21(e)所示。

氧化物磨粒大致分为两种形式:通过腐蚀形成及通过一些物质的氧化物形成,其中后者更为常见,通常有两种存在状态:红色氧化物和黑色氧化物。红色氧化物磨粒主要呈现颗粒状或者扁平状,颜色表现为橘红或者红棕色,是 Fe_2O_3 的化合物。如果出现这种磨粒,则表明系统的润滑性产生轻微下降或者表明有水进入,典型的红色氧化物磨粒如图 5.21(f)所示。黑色氧化物磨粒具有粗糙的表面,主要呈现类似岩石形状的颗粒,在它的边缘可以透过些许光,局部表现为蓝色或者橘色的斑点,是 Fe_3O_4、$a-Fe_3O_4$、FeO 的混合物。如果出现这种磨粒,则表明系统出现严重的润滑性下降或者油液短缺,典型的黑色氧化物磨粒见图 5.21(g)。

2) 油品状态与故障间的对应关系

发动机润滑系统的作用是为传动部件提供润滑环境,而同时各传动系统摩擦磨损所产生的颗粒等物质也存在于循环的润滑油油液中。因此,对滑油状态进行监控分析,也可以反映各主要摩擦副的磨损过程。滑油的常规理化分析包括对其黏度、酸值、倾点、水分、机械杂质等进行测定。

黏度是液体的密度及内摩擦等性质的综合体现,是一项反映滑油使用性能的重要参数。对于不同黏度的滑油,在工业上的使用有着严格的限制,通常采用运动黏度(单位为 mm^2/s)这一指标体现,过大或过小的黏度都会对设备的运行产生严重的影响,如增加设备的阻力或油膜支撑力不足,导致设备磨损等。而黏度与温度的变化也可以反映出发动机等旋转设备的运行情况,一般当机械发生严重磨损时,将会引起滑油温度的剧烈变化,从而导致滑油黏度异常。

酸值表示油中酸性物质的含量,也是滑油性能控制的重要指标之一,指中和 1 g 滑油样品中的酸性物质所需的 KOH 质量(单位: mg KOH/g)。滑油使用一段时间后,由于氧化和逐渐变质,酸值增加,极易造成零件的腐蚀。因此,需要对酸值的变化进行评估,从而监测滑油的变质程度。

水分是指滑油中水的质量百分比,是衡量滑油质量的又一重要指标。滑油中的水分不仅会引起乳化、破坏油膜,使润滑效果下降、损害增加,而且会造成零件的腐蚀,加速滑油的氧化变质。特别是对于含有添加剂的油液,水分会使添加剂乳化、固化或水解而失去效能。当与水分接触的金属摩擦表面温度高于100℃时,就会产生水蒸气,使润滑膜破坏,产生更加严重的后果。

机械杂质是指存在于滑油中的不溶于汽油和苯等溶剂的物质,如沙子、黏土、铁屑、炭渣和纤维等,一般用质量百分数表示。如果机械杂质的含量过高,会增加旋转或传动机械摩擦副的磨损,造成滤油器堵塞等故障。

上述指标是衡量滑油性能的最简单、最常用的指标,通过测量这些指标,可以对润滑系统进行监测,避免因润滑不良而导致的机器设备故障。表 5.5 为滑油理化分析和检测方法的常用标准。

表 5.5　滑油理化分析和检测方法常用标准

测试项目	运 动 黏 度	酸　　值	倾　　点
试验标准	《石油产品运动粘度测定法和动力粘度计算法》(GB/T 265—88)	《石油产品酸值的测定 电位滴定法》(GB/T 7304—2014)	《石油产品倾点测定法》(GB/T 3535—2006)

3) 油温参数变化与故障间的对应关系

油温参数是监测发动机健康状况的重要参数之一。如果滑油温度过高,滑油的黏度则会降低,从而影响润滑效果,导致齿轮和轴承加速磨损,降低滑油泵效率,造成滑油喷嘴和散热器管路的局部堵塞等故障。图 5.22 为燃气轮机滑油温度过高故障树。

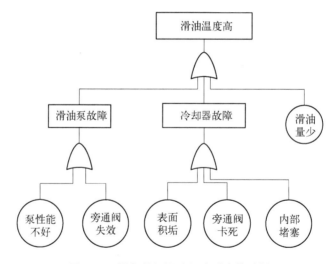

图 5.22　燃气轮机滑油温度过高故障树

2. 基于数据的诊断方法

在航空发动机的滑油系统运行过程中,随着故障的发生,滑油磨粒形态、磨粒数量、滑油黏度、滑油温度等参数也都会发生变化。基于数据驱动的滑油系统故障诊断是根据这些参数的变化来评估和判断滑油系统的工作状态,在早期预测和识别故障,避免在运行中出现问题,保证发动机安全、稳定、可靠地运行。现有的基于数据驱动的滑油系统故障诊断方法主要是通过静电式传感器、电容式传感器和电感式传感器等对滑油中的磨粒等相应的监测信号进行分析,包括基于信号处理、统计分析和人工智能技术的诊断方法。

基于信号处理的方法是利用频谱、小波变换、交叉相关函数等信号模型,直接提取可测信号在时域和频域的特征,通过方差、振幅、均方根、频率等特征值来判断工作状态,从而检测故障。在现有的静电监测技术研究中,大部分的静电特性参数都是基于传感器输出的电压信号的时域特征值,主要是静电信号振幅的一些基本统计特征,如平均值、均方根、极差、标准差等。

基于统计分析的诊断方法主要是依靠对过程数据统计的分析,从变化中提取特征,利用特征统计的可重复性,可以为某些变量设置特定的阈值,以有效检测异常情况。例如,当采用电容式传感器诊断滑油系统的故障时,由于污染或磨粒含量的增加,当介电常数大于某一阈值时,报警电路灯就会亮起,提示检测人员油液异常,需更换滑油,完成系统诊断。

基于人工智能技术的诊断方法是通过教会计算机如何学习、推理和决策来诊断航空器滑油系统的故障,主要包括基于神经网络的诊断方法、基于模糊逻辑的诊断方法和基于支持向量机的诊断方法等,下面对这三种方法进行详细说明。

1) 基于神经网络的诊断方法

从映射的角度看,故障诊断的本质是建立从故障征兆到故障源的映射过程。神经网络是基于分布式的并行计算方法,它打破了串行处理信息的限制,可以处理各种并行信息,并具有很强的自学能力,自适应性能高,容错性好。

BP 神经网络是一个多层传播的前馈单向网络,输入信号从输入层节点依次传送到各隐藏层节点,然后传送到输出层节点。每层节点的输出只影响下一层节点的输出,其传输函数为 Sigmoid 型,即

$$f(x) = \frac{1}{1 + e^{-Bx}} \tag{5.50}$$

式中,B 是 Sigmoid 函数的斜率参数,且 $B > 0$。

设一个 BP 神经网络中有 1 个隐藏层和 n 个节点,为了简化模型,假设网络只有一个输出 y。给定 N 个样本 $(x_k, y_k)(k = 1, 2, \cdots, N)$,任一节点 i 的输出为 O_i,对某一个输入 x_k,网络的输出为 y_k,节点 i 的输出为 O_{ik},则 BP 算法的步骤可概括如下:① 选定权系数初值;② 对 $k = (1 \sim N)$ 通过正向过程计算,得出每层各单元的输出 O_{ik}、l 层的输入 net_{jk}^l 和实际输出 y_k;③ 再通过反向过程计算,计算每层各单元的误差分量 δ_{jk};④ 最后修正权值 W_{ij}。重复上述过程,直至收敛。

D-S 证据理论的基本概念是定义辨识框 θ,定义为不相容的完备集合,即针对某个问题提出了许多可能的答案,但其中只有一个是正确的。对于辨识框 θ,若 $m: 2^\theta \rightarrow [0, 1]$,则满足下列条件: $\sum\limits_{A \subseteq \theta} m(A) = 1$。式中,$m$ 称为事件 A 的基本概率赋

值,满足如下条件:

$$Bel(\boldsymbol{\Phi}) = 0$$

$$Bel(\theta) = 1$$

$$Bel(A) = \sum_{B \subseteq A} m(B), \quad \forall A \subseteq \theta \tag{5.51}$$

式中,$\boldsymbol{\Phi}$ 表示空集;$Bel(A)$ 为命题 A 的总信任度。

本概率赋值可表示为

$$m(A) = \sum_{B \subseteq A} (-1)^{|A-B|} Bel(B), \quad \forall A \subseteq \theta \tag{5.52}$$

对于不否定事件 A 的信任度,则称为函数 P_1,满足如下条件:

$$P_1(A) = 1 - Bel(-A)$$

$$P_1(A) = \sum_{A \cap B \neq \varnothing} m(B), \quad \forall A \subseteq \theta \tag{5.53}$$

关键问题是如何将这些证据信息进行有效地组合并得到最终的融合推理决策结果,为此引入证据理论的组合规则。组合规则称为正交和规则,用 $\oplus$ 表示。从多源信息中合成全新的概率,并最终计算出一个新的概率值作为该系统的输出。综合来自多源信息的基本概率赋值,得到一个新的基本概率赋值作为输出。对于多个基本概率赋值函数,规则为 $m(A) = m_1 \oplus m_2 \oplus \cdots \oplus m_1$,组合以后的综合概率赋值为

$$m(A) = K^{-1} \sum_{\cap A_i = A} \prod_{1 \leq i \leq n} m(A_i), \quad A \neq \varnothing \tag{5.54}$$

式中,$K^{-1} = 1 - \sum_{\cap A_i = \varnothing} \prod_{1 \leq i \leq n} m(A_i)$,如果 $K^{-1} \neq 0$,则 $m(A)$ 为 $m_1, m_2, \cdots, m_n$ 的正交和,也是一个基本概率赋值,否则 $m_1, m_2, \cdots, m_n$ 之间冲突,解不存在。

信息融合方法中的信息可以来自单个传感器或多个传感器,在单个传感器的情况下,通常将其给出的功能参数按照合理的标准进行分组,然后将各种特征或局部结果进行融合,得到最终的输出结果。

有文献表明,基于 D-S 证据理论的子 BP 神经网络磨粒识别结果的融合诊断得到了良好的分类效果及较高的精度,整体的识别流程如图 5.23 所示。首先对获得的磨粒图像进行图形预处理,将获得的特征参数按照优化原则分为两组,然后建立两种相应的神经网络识别方法。最后,通过 D-S 证据理论将两个子神经网络的识别结果结合起来,得到磨粒的最终识别结果。然而,神经网络的训练需要大量的数据样本,训练时间长,而且存在局部最优的限制。

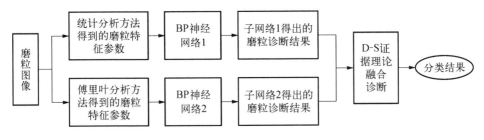

图 5.23　磨粒识别流程

2) 基于模糊逻辑的诊断方法

模糊推理其实就是一种近似推理,可以在一定条件下以任意的精度对某一非线性函数进行近似表达。基于模糊条件语句的模糊推理在模糊综合评价中非常重要,尤其是在模糊控制中。在模糊控制中,模糊推理是模糊决策的前提,也是形成模糊控制规则的理论基础,常见的模糊推理方法有 Zadeh 法、Mandani 法、Baldwin 法和 Larsen 法,下面介绍前两种方法。

(1) Zadeh 法。

对于模糊命题“若 A 则 B”,Zadeh 利用模糊关系的合成运算法则提出了一种近似推理方法——推理合成法则,其基本原理如下:设模糊蕴含关系“若 A 则 B”用 $A \to B$ 表示,且 $A \in U$,$B \in V$,则 $A \to B$ 属于模糊关系 $U \times V$, 即

$$(A \to B)(u, v) \stackrel{\triangle}{=} R(u, v) \in U \times V \tag{5.55}$$

取 $R(u, v) = [A(u) \wedge B(v)] \vee [1 - A(u)]$ 或 $A(u,v) = 1 \wedge [1 - A(u) + B(v)]$,其隶属函数形式为

$$\mu_R(u,v) = 1 \wedge [1 - \mu_A(u) + \mu_B(v)] \tag{5.56}$$

在确定上述模糊关系后,有以下两种形式的模糊推理。一种是模糊广义前向推理法:已知模糊蕴含关系 $A \to B$ 的关系矩阵 R,对于给定的 A^*,$A^* \in U$, 则可推得结论 B^*,$B^* \in V$。

另一种是模糊广义后向推理法:已知模糊蕴含关系 $A \to B$ 的关系矩阵 R, 对于给定的 B^*,$B^* \in V$, 则可推得结论 A^*,$A^* \in U$。

(2) Mamdani 法。

Mamdani 法是模糊控制中得到广泛应用的一种方法,其本质上仍然是一种基于概率推理的合成推理规则,但是对模糊蕴含关系采取了不同的表达形式。该方法的独特之处就是用 A 和 B 的直积来表示模糊蕴含关系 $A \to B$, 即

$$A \to B = A \times B \tag{5.57}$$

即 $R(u, v) = A(u) \wedge B(v)$ 或 $\mu_A(u, v) = \mu_A(u) \wedge \mu_B(v)$。

若给定一个输入 $A^*(A^* \in U)$ ，则可推得结论 $B^*(B^* \in V)$ ，且 B^* 为

$$B^* = \bigvee_{u \in U} \{A^*(u) \wedge [A(u) \wedge B(v)]\} \tag{5.58}$$

其隶属函数形式为

$$\mu_{B^*} = \bigvee_{u \in U} \{\mu_{A^*}(u) \wedge [\mu_A(u) \wedge \mu_B(v)]\} \tag{5.59}$$

模糊逻辑系统可以在一定条件下以任意的精度对某一非线性函数进行近似表达。基于模糊模型的故障诊断有两种基本方法：一种方法是首先确定故障征兆与故障类型之间的因果关系矩阵，然后建立故障与征兆之间的模糊关系方程；另一种方法是根据以往的知识，建立故障征兆与相应原因之间的模糊规则库，并利用该规则库进行模糊逻辑推理。

3）基于支持向量机的诊断方法

支持向量机是一种基于统计学习理论的学习机，通常适用于高维和小样本数据集的分类，因此在模式识别中有着非常重要的应用。

基于支持向量机的诊断方法通过核函数将不能在低维空间得到线性划分的样本数据映射到高维空间，从而使数据在高维空间被线性划分。训练样本为 $(x_i, y_i)_{i=1}^n, x \in R^d$ ，其中 $y_i \in \{1, -1\}$ ，是第 i 个样本的标记。通过非线性映射 $\phi(x_i)$ 将训练样本映射到高于 d 维的特征空间，然后通过高维特征空间构造出最优分类超平面：

$$w^{\mathrm{T}}\phi(x_i) + b = 0 \tag{5.60}$$

式中， w^{T} 为将特征空间映射到输出空间的权值特征向量； b 为偏置。此时，样本在高维空间线性可分条件转换为使 $\|w\|$ 取最小值的问题。针对数据集中因偶尔存在的少数异常值导致整个样本集找不到最优分类超平面的问题，需要引入松弛变量 ξ_i 来解决：

$$\begin{cases} \min \dfrac{1}{2}(w^{\mathrm{T}}w) + C \displaystyle\sum_{i=1}^n \xi_i \\ \mathrm{s.t.} \quad y_i \Big[\displaystyle\sum_{j=1}^N w_j\phi_j(x_j) + b \Big] \geq 1 - \xi_i \\ \xi_i > 0, \quad i = 1, 2, \cdots, N \end{cases} \tag{5.61}$$

式中， C 为惩罚系数，可以通过构造 Lagrange 函数转化为对偶问题来求解，即

$$\begin{cases} \max Q(a) = \displaystyle\sum_{i=1}^N \alpha_i - \dfrac{1}{2} \displaystyle\sum_{i=1}^N \sum_{j=1}^n \alpha_i\alpha_j y_i y_j K(x_i, x_j) \\ \mathrm{s.t.} \quad \displaystyle\sum_{j=1}^N \alpha_i y_i = 0 \\ 0 \leq \alpha_i \leq C, \quad i = 1, 2, \cdots, N \end{cases} \tag{5.62}$$

式中，$\alpha_i > 0$，为 Lagrange 系数；$K(x_i, x_j)$ 为核函数。

针对上述求解可得到最优分类超平面函数为

$$f(x) = \text{sgn}\left[\sum_{i=1}^{N} \alpha_i^* y_i K(x, x_i) + b^*\right] \qquad (5.63)$$

核函数一般有四大类，分别如下。

多项式函数：

$$K(x, x_i) = (x \cdot x_i + 1)^d$$

径向基核函数：

$$K(x, x_i) = \exp\left(-\frac{\|x - x_i\|}{\sigma^2}\right)$$

多层感知器函数：

$$K(x, x_i) = \tanh\left[k(x \cdot x_i) + v\right]$$

B 样条函数：

$$K(x, x_i) = B_{2p+1}(x - x_i)$$

其中，径向基核函数能够实现模型样本的非线性映射，采用较少的参数也能够降低模型计算过程中的复杂度。

有文献采用遗传算法优化的支持向量机算法对航空发动机的机油磨粒数据进行诊断，从诊断精度、计算时间、抗噪能力三个方面检验了支持向量机算法对航空发动机磨损诊断的有效性。而在实际应用中，由于支持向量机的建模过程是一个凸二次优化过程，使用逼近算法来解决优化问题时，诊断结果可能会出现不稳定的现象。

5.4.3 滑油系统工作参数预测分析算法

航空发动机滑油系统的监测参数主要包括理化指标、铁谱监测信息、光谱元素信息、温度和压力等。在正常情况下，这些主要的监测参数应是相互耦合的。一个物理系统的未来系统状态不是完全孤立的，必须与系统的当前和先前状态有或多或少的联系。趋势预测就是基于一个监测对象的全部或部分先验故障征兆信息，根据多重验证的预测理论模型方法，建立合理的滑油系统故障预测模型，计算和预测发动机的未来运行状况。

1. 基于数据的趋势预测分析方法

1）滑油系统趋势预测重要参数分析

航空发动机及航改燃机的滑油系统预测需要对一系列的重要监测参数进行分

析,下面对涉及的重要参数进行简单的介绍。

（1）理化指标。

机械设备在运行过程中,因选择的滑油型号错误、新油质量问题、在用滑油变质等导致的润滑不良是机械设备异常磨损的主要原因,而滑油的性能在很大程度上是由油液的理化指标所决定的。因此,利用油液分析技术对设备进行状态监测和故障诊断时,必须对油液的理化指标进行检测,从而判断设备的润滑状态是否符合设备的使用要求。油液理化指标有很多,但是对于齿轮箱来说,一般检测黏度、酸值、水分、机械杂质等。

（2）光谱元素分析。

光谱元素分析技术是最早应用于机械设备状态监测和故障诊断并且取得成功的油液监测技术之一。通过光谱元素分析,可以准确地检测出油液中小于 5 μm 的磨粒及油中添加剂的元素及含量。

原子吸收能量后,原子核中的低轨道电子会跃迁到高轨道,其间的电子状态是不稳定的,会通过释放光子回到原来的低轨道,不同元素释放的光子频率不同。因此,通过测量光子的频率和数量,可以确定滑油中某种元素的类型和数量,这就是光谱分析的原理。光谱分析技术可分为原子发射光谱法、原子吸收光谱法、X 射线荧光光谱法、红外光谱法等。

对于航空发动机等监测设备,可以从 21 种可测元素中选择铁、铝、银、铜、锡、镁、钼、硫的含量值作为主要监测指标,并计算出这 8 种元素含量分布的平均值和方差。同时,对于航空发动机使用的大部分滑油,铁、铝、银、铜、锡、镁的原始含量为零,而钼、硫的原始含量应该是某个最佳值。结合具体的计算方法,可以得出钼的含量分布为以 0 为基准值的正态分布的一半,其含量分布区间的良好值为 $[0, \sigma]$,正常极限值是 $[0, 3\sigma]$;硫的含量分布可近似视为基于平均值的正态分布,而含量分布区间的良好值为 $[\mu - \sigma, \mu + \sigma]$,正常极限值是 $[\mu - 3\sigma, \mu + 3\sigma]$。在此基础上,可以统计出监测设备的元素含量分布范围。

（3）铁谱图像磨粒分析。

铁谱图像磨粒分析技术是 20 世纪 70 年代发展起来的磨损监测分析技术。1970 年,有研究者提出铁谱分析技术原理,1 年后,成功研制出世界上第一台铁谱仪和铁谱显微镜,此后,出现了各种形式的铁谱仪,如直读式铁谱仪、旋转式铁谱仪、分析式铁谱仪和在线式铁谱仪。

铁谱仪的基本原理是利用高强度的磁场将油液中的磨粒分离出来,然后使用显微镜对磨粒的形态、大小、类型和数量分布等进行分析,以获得设备磨损状况。与其他油品监测技术相比,铁谱图像磨粒分析技术有其独特的优势。例如,通过磨粒定量分析可以提前反映出运动部件的磨损异常。此外,通过分析磨粒图像信息,不仅可以反映出发生异常磨损的部位,还可以判断是何种异常磨损,这是其他油品分析技术难以做到的。因此,自铁谱图像磨粒分析技术问世以来,便立刻引起了国际摩擦学领域的广泛关注与应用。

在铁谱图像磨粒分析技术中,可以定义多个磨损状态描述参数,从某一角度来表征航空发动机磨损状态变化,如磨损烈度指数、Weibull 分布估计参数等。

(4) 温度和压力。

滑油压力是否正常,是整个滑油系统是否正常的一个重要标志。滑油压力直接影响滑油量,进而影响润滑效果和冷却效果。航空发动机滑油压力受飞行状态、飞行姿态、发动机工作状态等因素的影响,而影响滑油压力的参数通常是通过某些特征参数来确定的,如气压高度、飞行马赫数、总大气压、纵向过载、横向过载、法向过载、高压速度和油门角度等。滑油温度影响着滑油的黏度,过高的温度会改变滑油的特性(结焦和氧化)或破坏轴承的密封。滑油被燃油冷却,燃油流量、温度等参数也会影响滑油的温度。一般来说,影响滑油温度的参数包括气压高度、飞行马赫数、大气总温、滚转角、滑油压力、油门杆、高压转速等。

因此,可通过对以上滑油系统的重要参数进行数据分析及趋势预测等,实现对整个滑油系统运行状态和健康状态的分析预测。

2) 基于时间序列的自回归预测算法

时间序列分析方法,是一种对按可观测的时间序列、空间序列或其他物理量的顺序排列的有序观测数据进行统计处理和分析的数学方法。1927 年,Rule 首先提出了时序自回归(auto-regressive, AR)模型,然后逐步发展了滑动平均(moving average, MA)模型和自回归滑动平均模型(ARMA 模型)等时序分析模型。此后,时间序列分析方法和相关理论迅速发展。到目前为止,各种有效的建模方法和算法已经开发出来并得到了广泛使用。

时间序列 AR(n) 模型称为 n 阶自回归模型,作为时间序列分析的经典模型,该模型的算法简单可靠,AR(n) 模型在许多领域,特别是时间序列分析中得到了广泛的应用。

设待分析物理量(书中为航空发动机滑油系统的光谱或铁谱分析数据)按观测时间先后排列所得的原始观测数据全序列为

$$X' = \{x'_1, x'_2, x'_3, \cdots, x'_t, \cdots, x'_N\} \tag{5.64}$$

式中,下标 t 代表观测数据的时间序列先后;下标 N 表示观测数据的全序列长度。

依据 AR(n) 模型建模与应用要求,要对原始观测数据序列进行检验与预处理。

首先是原始数据序列 X' 的平稳性检验。由原始观测序列 X' 可以计算得到其均值 $\mu_{X'}$ 和 k 阶协方差 $\hat{C}_{xx,k}$ 分别如下:

$$\mu_{X'} = \sum_{t=1}^{N} x_t'/N \tag{5.65}$$

$$\hat{C}_{xx,k} = \Big[\sum_{t=k+1}^{N} (x_t' - \mu_{X'})(x_{t-k}' - \mu_{X'}) \Big] / (N-k) \tag{5.66}$$

如果求得原始数据序列 X' 的 1 阶和 2 阶协方差近似为零,则可以断定 X' 是宽平稳随机过程,通过平稳性检验。

然后是原始数据序列 X' 的正态性检验。原始数据序列 X' 的正态性检验的简单方法为检验 X' 的 3 阶矩和 4 阶矩,如果 X' 满足正态分布,则其 3 阶矩和 4 阶矩应该分别满足如下条件:

$$E\left[\frac{x_t' - \mu_{X'}}{\sigma_{X'}}\right]^3 = 0 \tag{5.67}$$

$$E\left[\frac{x_t' - \mu_{X'}}{\sigma_{X'}}\right]^4 = 0 \tag{5.68}$$

最后是原始数据序列 X' 的零化处理。当原始数据序列 X' 通过平稳性检验和正态性检验之后,可以将原始数据序列 X' 零化处理为 $X = \{x_t\}$ $(t = 1, 2, \cdots, N)$,处理方法如下:

$$x_t = x_t' - \mu_{X'}, \quad t = 1, 2, \cdots, N \tag{5.69}$$

对于经过上述步骤所得的零化序列 $X = \{x_t\}$ $(t = 1, 2, \cdots, N)$,可以建立 AR (n) 模型:

$$x_t = \varphi_1 x_{t-1} + \varphi_2 x_{t-2} + \cdots + \varphi_n x_{t-n} + a_t \tag{5.70}$$

式中,下角标 n 为模型阶数,需要在建模过程中确定。

模型中有 $\varphi_1, \varphi_1, \cdots, \varphi_n$ 和 σ_a^2,共计 $n+1$ 个未知参数,建模过程即确定这些未知参数的过程。

$\{a_t\}$ 为模型的残差序列,根据定义可得

$$a_t = x_t - \varphi_1 x_{t-1} - \varphi_2 x_{t-2} - \cdots - \varphi_n x_{t-n}$$
$$\sigma_a^2 = E[a_t^2] = \sum_{t=n+1}^{N} (x_t - \varphi_1 x_{t-1} - \varphi_2 x_{t-2} - \cdots - \varphi_n x_{t-n})/N \tag{5.71}$$

根据上述的模型定义,可得具体的 AR(n) 模型建模步骤如下所述。

(1) 确定模型形式。

$$\bar{y} = \overline{x\varphi} + \bar{a} \tag{5.72}$$

式中,

$$\bar{y} = [x_{n+1}, x_{n+2}, \cdots, x_N]^T$$

$$\bar{\varphi} = [\varphi_1, \varphi_2, \cdots, \varphi_N]^T$$

$$\bar{a} = [a_{n+1}, a_{n+2}, \cdots, a_N]^T$$

$$\bar{x} = \begin{pmatrix} x_n & x_{n-1} & \cdots & x_1 \\ \vdots & & \ddots & \vdots \\ x_{N-1} & x_{n-2} & \cdots & x_{N-n} \end{pmatrix}$$

（2）预设模型阶数。从 $1 \sim N'$ 依次取定模型阶数 n,其中 N' 为预设模型最高阶数,可以等于原始序列数据长度 N,也可以为小于 N 而大于 1 的任意自然数。

（3）估计模型参数 $\bar{\varphi}$。对于取定的模型阶数 n,根据多元线性回归理论,参数矩阵 $\bar{\varphi}$ 的最小二乘估计为

$$\hat{\bar{\varphi}} = (x^T x)^{-1} x^T y \tag{5.73}$$

（4）计算残差序列 $\{a_t\}$ 的方差 σ_a^2。将上一步估计得出的参数矩阵代入式（5.73）,即可计算得到 σ_a^2。

（5）进行建模误差检验。选用模型最终预测误差（final prediction error, FPE）准则进行模型误差检验,计算方法如下:

$$\text{FPE} = (N + n)\sigma_a^2 / (N - n) \tag{5.74}$$

（6）完成最终建模。反复执行上述第（2）~（5）步,对于不同的模型预设阶数,模型 FPE 值最小时,所对应的 n 即为模型最终阶数,相应的 $\hat{\bar{\varphi}}$ 和 $\hat{\sigma}_a^2$ 即为模型参数,从而可以确定最终的分析预测模型如下:

$$\hat{x}_{t+1} = \hat{\varphi}_1 x_{t+1} + \hat{\varphi}_2 x_{t-1} + \cdots + \hat{\varphi}_n x_{t-n+1} + \hat{a}_t \tag{5.75}$$

在上述步骤中确定的观察数据序列的分析和预测模型包含了观察数据之间的必然关系,也在一定程度上描述了观察数据的相应物理系统的特性。因此,可以用它来预测系统未来状态的演变。

3）灰色模型预测算法

对于动态系统的预测,最有效的工具是灰色模型（grey model, GM）预测算法。该模型必须基于动态系统的非负数据序列建模,如果不满足这个条件,可以通过全序列数据平移来解决。对于发动机滑油系统的趋势预测,动态系统的观测数据序列主要是航空发动机的光谱或铁谱分析数据,设动态系统的原始观测数据序列为

$$X^0 = \{x^0(1), x^0(2), \cdots, x^0(k), \cdots, x^0(n)\} \tag{5.76}$$

式中, n 为原始观测数据序列长度,则

$$\frac{\mathrm{d}X^0}{\mathrm{d}t} + aX^0 = b \tag{5.77}$$

微分方程(5.77)所代表的即为动态系统的 GM(1, 1),式中 a 和 b 为模型参数,下面详细介绍 GM(1, 1)的建模步骤。

(1) 计算原始观测数据序列的一次累加生成算子(accumulating generation operator, AGO)序列 $X^1 = \{x^1(1), x^1(2), \cdots, x^1(k), \cdots, x^1(n)\}$,简记为 1-AGO 序列,其中

$$x^1(k) = \sum_{i=1}^{k} x^0(i), \quad k, i = 1, 2, \cdots, n \tag{5.78}$$

(2) 进行准光滑性检验,具体检验式为

$$\rho(k) = \frac{x^0(k)}{x^1(k-1)} \tag{5.79}$$

如果当 $k \geqslant k_0 (1 < k_0 < n)$ 时可以得到 $\rho < 0.5$,则准光滑性检验满足;否则,检验不通过,建模中止。

(3) 检验原始观测数据序列的 1-AGO 序列 X^1 是否满足准指数规律,具体检验式为

$$\sigma(k) = \frac{x^1(k)}{x^1(k-1)} \tag{5.80}$$

如果当 $k \geqslant k_0 (1 < k_0 < n)$ 时可以得到 $\sigma(k) \in [1, 1.5]$,则准指数规律检验通过,可以对 X^1 建立 GM(1, 1);否则,检验不通过,建模中止。

(4) 对 X^1 作紧邻均值生成,所得序列为

$$Z^1 = \{z^1(1), z^1(2), \cdots, z^1(k), \cdots, z^1(n)\} \tag{5.81}$$

式中,

$$z^1(k) = [x^1(k) + x^1(k-1)]/2 \tag{5.82}$$

动态系统的 GM(1, 1)模型可以转化为如下形式:

$$x^0(k) + az^1(k) = b \tag{5.83}$$

(5) 估计模型参数 a 和 b。

设

$$B = \begin{bmatrix} -z^1(2) & -z^1(3) & \cdots & -z^1(n) \\ 1 & 1 & \cdots & 1 \end{bmatrix}^{\mathrm{T}} \tag{5.84}$$

$$Y = \begin{bmatrix} x^0(2) & x^0(3) & \cdots & x^0(n) \end{bmatrix}^{\mathrm{T}} \tag{5.85}$$

可以得到参数列 $a = [a, b]^{\mathrm{T}}$ 的最小二乘估计为

$$\hat{a} = [\hat{a}, \hat{b}]^{\mathrm{T}} = (B^{\mathrm{T}}, B)^{-1} B^{\mathrm{T}} Y \tag{5.86}$$

从而得到有动态系统的 GM(1, 1) 为

$$\frac{\mathrm{d}x^1}{\mathrm{d}t} - \hat{a}x^1 = \hat{b} \tag{5.87}$$

用于模型预测的时间相应公式为

$$\hat{x}^1(k+1) = \left[x^0(1) - \frac{\hat{b}}{\hat{a}} \right] e^{-\hat{a}k} + \frac{\hat{b}}{\hat{a}} \tag{5.88}$$

（6）求出 X^1 的预测值，并且还原出 X^0 的预测模拟值，具体公式如下：

$$\hat{x}^0(k+1) = \sum_{i=1}^{k} \left[x^0(1) - \frac{\hat{b}}{\hat{a}} \right] e^{-\hat{a}k} + \frac{\hat{b}}{\hat{a}} \tag{5.89}$$

即得到最终的动态系统原始观测数据序列的灰色预测值。

应用 GM(1, 1)，可以对光谱或铁谱等原始数据序列进行磨损故障预测和分析，监测滑油元素，如 Fe、Cu、Al 等含量的变化和趋势，预测滑油系统健康状态。

2. 多参数融合及人工智能的趋势预测分析方法

1）多参数融合的趋势分析方法

对于不同的监测对象，有选择地联合使用多种油品监测方法，这是获得更准确分析结论的有效途径。例如，对于含有多种材质和磨损形式的发动机，联合使用铁谱和光谱技术比单一方法更有效。铁谱和粒子计数技术的结合运用也可满足严格的污染度控制要求。通常，完备的油液监测实验室通常配备理化分析、原子发射（或吸收）光谱分析、铁谱分析、红外光谱分析、粒子计数等分析系统，以满足油液分析的一般要求。因此，将上述多种分析监测手段所提供的信息进行融合处理也就显得非常必要。

信息融合不是不同信息的简单叠加和组合，需要根据不同信息之间的关联性来探索多源信息间的处理方法。因此，比起依靠单一类型的信息，通过信息融合分析可以得到更加准确的分析结论。例如，光谱和铁谱技术各有优缺点，两者之间的关联性充分体现在互补性上。光谱技术可以测定滑油中各种元素的含量，但无法检测到磨粒的磨损信息；铁谱技术可以从油液样本中分析出磨粒并从中获得大量

的磨损信息,但对黑色金属以外的元素缺乏敏感性。将两种方法结合起来,融合所获得的信息,则可以更全面地了解滑油中存在的磨粒。图 5.24 是滑油系统光谱和铁谱技术监测信息融合示意图。

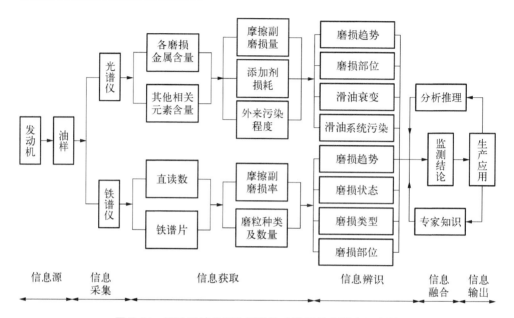

图 5.24　滑油系统光谱和铁谱技术监测信息融合示意图

图 5.25 是将这种信息融合方法应用于发动机磨损监测的一个例子,这一过程由运行中的光谱仪、铁谱仪和计算机磨粒信息分析系统实现。从图中可以看出,在发动机滑油监测的具体应用实践中,光谱和铁谱的信息融合并不是简单的单项信息相加。

在定量数据处理方面,通过验证直读式铁谱仪读数与光谱分析中铁、铜、铝、铂等磨损金属元素含量的相关性,系统采用由直读式铁谱仪读数和光谱元素含量值组成的多维参数空间定量方法进行多变量聚类统计回归,这也是定量信息融合的一种形式。

由理化分析、原子发射(或吸收光谱)、铁谱和油品红外光谱等油液监测方法获得的信息,从各方面提供了更全面的油液状态信息。联合使用多种监测技术进行油品监测,已在越来越多的工程测试部门得到应用,图 5.26 是这几种油液监测数据进行信息融合的示意图。

关于滑油监测的信息融合技术有以下几点说明。

(1) 虽然信息技术的实现离不开计算机技术的应用研究,但更多的是依靠专业理论的进步和知识的获取,将信息转化为认知。只有充分了解每条信息的知识内涵,才能将多条信息融合起来。

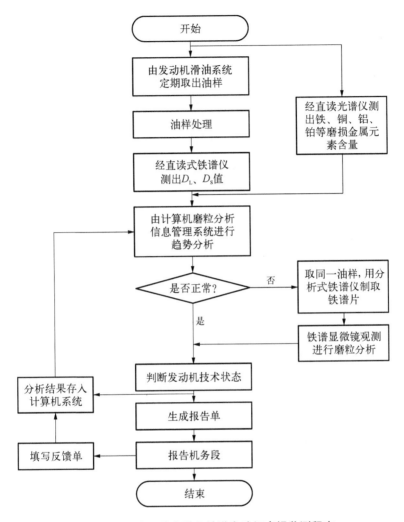

图 5.25　滑油系统光谱和铁谱发动机磨损监测程序

D_L 表示大磨粒($>5~\mu m$)的含量;D_S 表示小磨粒($1 \sim 2~\mu m$)的含量

（2）各种滑油监测手段的联合应用只是信息融合的前提,而不是信息融合的最终实现。对于每一项油液监测任务,在获得多源信息后,在信息融合模型、信息融合结构、信息融合知识获取、信息融合决策等方面都会有大量的工作。

（3）虽然信息融合可以提高基于多源信息的结论的准确性,但使用的监测工具和信息源并非越多越好,具体的监测对象应从技术和经济的角度综合考察后选择。技术上的关键在于信息的相关性,相关性不强的信息组合太多,会增加信息融合的难度。经济上的考虑在于投入的有效性,无效分析手段的滥用,必然会增加油液监测的成本。因此,合理选择信息源本身就是信息融合的关键内容之一。

（4）在大规模机械状态监测和故障诊断与预测的技术领域,信息融合已经超

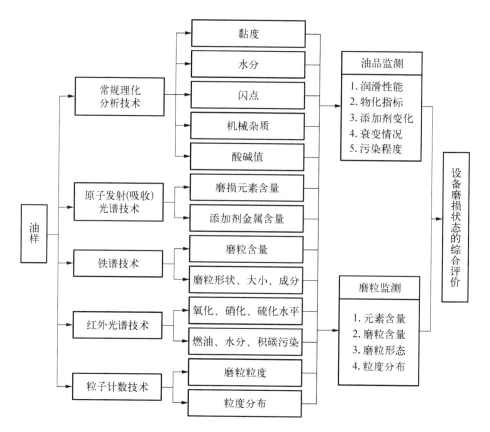

图 5.26   主要油液监测技术的信息融合示意图

过了油液监测的界限。目前,正在对油液监测、振动监测、噪声监测和红外测温的联合应用展开研究。例如,将铁谱和振动测量联合应用于轴承监测,取得了良好的效果。虽然上述只是信息融合的初步探讨,但也显示了信息融合检测技术的良好发展前景。

2）人工智能的趋势分析方法

基于人工智能算法的趋势分析方法也是目前针对滑油系统的研究热点,下面以神经网络为例来进行介绍。前面已对基于神经网络的诊断方法进行了简单介绍,而神经网络也可用于滑油系统工作参数的趋势预测中。

神经网络结构是一种具有三个或更多神经元层的网络,包括输入层、隐藏层和输出层,每个神经元的激励函数一般是一个可微分的 Sigmoid 函数,上层和下层之间是全连接的,但每层的神经元之间没有连接。通过将采集的历史参数数据引入输入层和输出层,对神经网络进行训练,最终通过确定隐藏层的权重来得到训练后的神经网络。输入新的采集特征参数值,得到的输出层值就是新的趋势预测值。

BP 神经网络算法是迄今为止使用最广泛的神经网络模型,在神经网络的应用中,单隐层网络的应用最为普遍。BP 神经网络是一种多层前馈神经网络,经过训练的 BP 神经网络也可以对不是训练样本的输入给出一个合适的输出。因此,通过 BP 神经网络学习滑油监测参数序列数据,实现网络输入和输出的精准映射后,就可以用来预测监测参数的变化趋势,完成对滑油系统的健康监测。

5.5　寿命管理算法

航空发动机寿命管理是针对从研制到退役全过程的发动机寿命所进行的组织、计划、协调和控制等工作,包括寿命确定、寿命控制、寿命调整等内容。

发动机寿命管理的基本任务是,运用科学的管理手段,按照规定的程序和方法,对发动机的寿命指标进行合理权衡、动态调控、试验验证、技术评审和监督管理,实现发动机在寿命期限中的安全可靠、经济高效,最大限度地确保发动机处于良好状态,以满足部队作战训练任务的需要。发动机寿命管理可大致分为综合计划、研制、生产、使用、翻修直至退役等几个阶段。

在外场使用过程中,为保证发动机的使用安全,需要对发动机的使用寿命及剩余使用寿命(如时间、循环次数、起动次数等)情况进行记录和监控,并通过一定的功能算法实现。

5.5.1　发动机定时维修寿命管理算法

1. 发动机定寿

发动机定寿是指按其技术状态,通过零部件试验、整机试验及外场使用信息进行综合分析和评估,以给出初始寿命并逐步确定发动机寿命的工作。许多情况下,不可能对整机或者机群规定合理的寿命,各零组件也并非按等寿命设计,因此需要对单独的组件和构件规定其寿命。目前,国内和国外的实践中,单独对航空发动机冷件和热件规定其寿命,仅对破坏后可能引起灾难性后果的零件规定寿命。

航空发动机的寿命不仅涉及结构设计方案、材料性能、加工工艺、维修质量等,还涉及飞机执行的任务、飞行员操作、使用方法和工作环境条件。当前,分析计算、检测手段和试验技术虽有很大发展,但由于航空发动机工作情况比较复杂,影响其结构完整性的因素较多,除计算分析外仍主要通过各种试验来初步解决航空发动机寿命问题,并最终靠实际飞行使用和维护修理所积累的经验数据来确定,具体研究内容如下。

1) 零部件和系统试验

发动机主要零部件寿命是整机寿命的基础,因此首先必须确定主要零部件和系统的寿命。结合国内外类似发动机的经验教训,确定发动机的薄弱环节,作为寿命研究的重点。同时,采用故障模式、影响及危害度分析方法或其他方法,对零部件进行分类,确定关键件、重要件和一般零部件,将薄弱环节的关键零部件作为优先研究的重点。零部件试验主要指低循环疲劳试验,系统试验包括任务化试验、加速老化试验、环境试验、沙石和灰尘试验、振动试验等。对于零部件低循环疲劳试验,按照《航空涡轮喷气和涡轮风扇发动机通用规范》(GJB 241A—2010)的要求,用三套在零件目录和结构上与持久试车发动机相同的发动机关键件,按以下规定进行低循环疲劳试验,以验证低循环疲劳要求。

2)整机地面试验

整机地面试验是指对发动机零件和系统的功能、性能、结构完整性、寿命和可靠性进行综合考核。在不同研制阶段,规范中规定了不同内容、不同苛刻程度的地面试车程序。按照《航空涡轮喷气和涡轮风扇发动机通用规范》(GJB 241A—2010)的要求,可分为初始飞行前规定试验、设计定型试验、生产定型试验。为了模拟空中大气条件,在不同阶段还要求开展加温试车。

对于初始飞行前规定试验,发动机持久试车程序由与飞行任务有关的加速模拟持久试车程序,以及前后阶梯/遭遇试车程序组成。对于设计定型试验,用两台符合规定的设计定型结构的发动机进行持久试车,该试车程序由与加速飞行任务有关的持久试车程序,以及前后阶梯/遭遇试车程序组成。在阶梯/遭遇试车程序中,先进行递增运转,再进行遭遇运转,最后进行递减运转,阶梯/遭遇试车过程中允许分阶段进行。对于生产定型试验,用一台符合规定的提交生产定型试验的发动机来加速模拟飞行任务持久试车,尽早暴露长期工作中可能出现的问题,以便评价发动机的耐久性、可靠性和维修性要求。

2. 发动机延寿

发动机延寿是指发动机达到规定寿命指标后继续延长其寿命的工作,是发动机设计研制工作的继续,是型号设计后续发展工程的重要内容。

延寿工作内容主要包括克服结构薄弱环节,针对厂内试车和外场实际使用中存在的问题,采用新材料、新工艺、新技术、新结构,并进行有针对性的分析、试验工作和有关零部件的寿命试验。克服在实际使用、维护、修理方面影响使用寿命的薄弱环节,采用便于应用的检测、维护和修理的技术措施。下面介绍几种常用的发动机延寿方法。

1)内厂试验法

由订货部门代表在已装入改进件并经检验试车合格的发动机上按照批准的长试大纲进行延寿试车,试车后对发动机进行分解、故检,得出结论,并将所做的工作上报机关批准。

2)飞行使用法

对产品的使用信息进行分析,由承制(或承修)单位确定到寿的发动机的具体号码、台数,并给出继续使用飞行小时数,结合其使用情况来进行延寿考核。发动机寿命到寿后,返回承制(或承修)单位进行分解、故检,得出延寿结论,此方法多用于双发或多发飞机的发动机。

3)内厂、外场结合试验法

根据使用部门对产品的使用信息,选用外场使用到寿的发动机的具体号码、台数,返回承制(或承修)单位,按预定延寿工作小时进行台架延寿试车,试车后对发动机进行分解、故检,得出结论,给出继续使用飞行小时数。然后在指定的发动机上进行领先延寿使用,使用到期后返回承制(或承修)单位进行分解、故检,得出延寿结论,此方法多用于单发飞机的发动机。

4)外场使用数据统计法

根据在大量、长时间飞行中发生或发现的产品故障或在可靠性数据统计分析的基础上来评估产品的寿命。为避免统计数据本身准确性带来的误差,该方法通常与工程分析法及内厂试验法结合使用。

3. 发动机寿命评估

发动机寿命评估是指按其技术状态,根据外场使用、工厂修理信息,以及主要零部件试验、整机试验信息进行综合分析和研究,以确定发动机阶段使用寿命或总寿命。

1)使用寿命跟踪

使用寿命跟踪是寿命评估的基石,是弥补设计和试验资料缺乏的有效途径。寿命跟踪指在外场使用、工厂修理、加速任务试车或特种试车和领先使用的整个过程中,对发动机的寿命和可靠性进行调研和动态跟踪。条件成熟时,实施对发动机的状态监视和故障诊断。

2)逐次推进寿命

逐次地给出发动机的阶段使用寿命,而不是一次性地给出发动机的总使用寿命。英美等国家提出了先锋批样机检查定寿法,英国的具体做法如下:在一批服役的发动机中,当有25%的发动机首先达到翻修期限时,及时对这些发动机分解检查,如果情况良好,则这些发动机(包括未到寿的其余75%的发动机)可以申请延长寿命25%。这种检查先锋批样机的方法可以继续使用若干次,采取逐次推进的方法可确保发动机的飞行安全,避免由此带来的风险和不必要的损失。

3)综合决策

寿命和可靠性不仅是发动机的技术指标,也是管理层面上的综合决策的最终体现。发动机寿命确定工作贯穿于研制的全过程,发动机主要零部件和系统试验是整机定寿工作的基础。各种整机的内厂(包括高空台)试验,是发动机给定初始寿命的依据,只有通过实际飞行使用才能最终给出整机寿命的确定值。

给出阶段使用寿命的同时,除了根据实际寿命考核(寿命跟踪、加速任务试车或特种试车及领先使用等)的最终结果外,还要综合可靠性、耐久性、性能、适用性、经济性、国情政策和装备发展更新等方面的要求。

5.5.2　发动机视情维护寿命管理方法

目前,定时维修的发动机一般通过控制整机的总工作时间、中间及以上状态时间、工作循环次数来保证发动机安全。时间和循环类参数记录要求通过数值算法在历程记录仪/机载监测单元中实现,在外场使用过程中,对飞参数据进行统计,得到发动机外场使用的总工作时间、中间及以上状态时间、工作循环次数等,并通过履历本进行记录,从而实现对发动机整机寿命的有效监控。

视情维护是一种对零件不规定控制翻修期,但仍要接受常规的就地检查,以保证零件继续完成功能的维修概念。视情维护以可靠性分析为基础,按照根据发动机各部件、附件的特点所选定的技术参数的变化情况,或监视一个或几个特性参数的变化,确定需要采取的维修措施。视情维护中,发动机由若干个单元体组成,没有整机寿命的概念。在视情维护发动机使用过程中,通过状态监视系统判断某个零件、组件和附件发生故障,从而决定更换哪个单元体。因此,在进行单元体研制时,要尽量做到组成同一单元体内的部件及附件为同寿的,这样可以保证使用方便和经济性。

1. 关键件寿命消耗模型

使用寿命监视中最重要的关键技术之一,就是建立准确的发动机限寿件寿命消耗模型。此处的限寿件,主要包括限制寿命的关键件(其故障可能危及飞行安全)和限制寿命的重要件(其故障会严重影响发动机性能、可靠性或使用成本)。由于发动机各限寿件所受载荷形式及大小都不同,限制其寿命的失效模式也不相同,主要包括低循环疲劳、蠕变、热疲劳、高周疲劳、腐蚀等,表5.6给出了发动机典型限寿件的受载及失效模式。因此,理想的使用寿命监视系统应涵盖所有限寿件的各种失效模式,并针对各种失效模式都建立一个准确的寿命消耗模型。

表 5.6　发动机典型限寿件的受载及失效模式

部 件 名 称	主 要 载 荷	主 要 失 效 模 式
压气机整流叶片	气动力	高周疲劳
压气机转子叶片	离心力、气动力	低周疲劳、高周疲劳
压气机轮盘	离心力	低周疲劳
燃烧室	热载荷	热疲劳、蠕变、热腐蚀
涡轮导向叶片	热载荷、气动力	热疲劳、蠕变、腐蚀疲劳

续　表

部件名称	主要载荷	主要失效模式
涡轮转子叶片	热载荷、离心力、气动力	热机械疲劳、蠕变、腐蚀疲劳、高周疲劳
涡轮盘	离心力、热载荷	低周疲劳、蠕变、腐蚀疲劳

发动机零件的高周疲劳失效,一般是由于零件的共振、颤振引起的,在使用寿命监视中很难加以预测,在发动机设计阶段应尽量避免,保证其工作包线内不出现有害阶次的共振和振型。发动机关键件的寿命管理一般主要考虑对低周疲劳和蠕变的寿命消耗监控,在某些情况下,将高周疲劳叠加到低周疲劳损伤中考虑。

引起零部件累计损伤或寿命损伤的因素主要是一定温度条件下的应力、持续时间或循环次数。低周疲劳损伤可近似表示为应力 σ、温度 T 和循环次数 N 的函数,蠕变损伤可近似表示为应力 σ、温度 T 和持续时间 t 的函数。低周疲劳损伤函数为 $D_L = f(\sigma, T, N)$,蠕变损伤函数为 $D_C = f(\sigma, T, t)$。

1) 低周疲劳寿命消耗模型

(1) 应力计算。

发动机寿命件的寿命消耗与其实际使用中所受的温度、应力等载荷是密切相关的,部件应力分析技术是发动机工作状态参数和部件寿命消耗之间的纽带。在发动机上直接测量应力和应力剖面非常困难,只能通过测量发动机转子转速、进排气温度等参数,通过建立应力与测量参数间的关系模型间接获得应力。

离心载荷:对于大部分旋转部件,如轮盘和转子叶片,离心载荷是最主要的载荷。对于风扇转子、压气机转子等冷端部件,可以只考虑离心应力的作用。一般认为,离心应力与转速的平方成正比(假设在弹性范围内),若已知在某转速 n_0 下某考核部位的应力为 σ_0,则在任意转速 n_i 下,该部位对应的离心应力为

$$\sigma_i = \frac{n_i^2}{n_0^2} \times \sigma_0 \tag{5.90}$$

通过原始转速谱可以直接得到 n_i 对应的时间 t_i,从而确定离心力与时间的对应关系,即离心应力谱。

温度应力载荷:对于高温部件,温度应力载荷是重要的载荷。在稳态区段测量稳态温度应力的方法如下:在总体载荷分析中确定若干个强度、寿命计算状态,经气动热力、内流和温度场分析,确定这些状态下的零部件温度场,进而计算确定这些稳态温度下的热应力。对于飞行剖面上任一稳定状态下的热应力,可以根据当前飞行状态参数(飞行高度 H、飞行马赫数 Ma、发动机转速 n 和高压涡轮进口截面温度 T_4^* 等)和 m 个状态下的热应力分析结果,采用加权平均法、最近区域法或

通过多元线性回归分析来确定当前状态的稳态热应力,从而形成零部件的稳态温度热应力谱。已知若干计算点的应力,即 n_i、Ma_i、H_i 及对应的 $\sigma_i(i=1,2,\cdots,m)$,通过多元线性回归分析得到相应的偏回归系数 $b_i(i=0,1,2,3)$,则任意飞参数据点对应的应力计算公式为

$$\sigma_i = b_0 + b_1 n_i + b_2 Ma_i + b_3 H_i \tag{5.91}$$

对于状态变化的区段,即瞬态区段,通过瞬态特征相似法来确定瞬态温度场,具体的方法如下:在总体载荷的瞬态历程分析中,已经确定了发动机典型瞬态变化历程,该历程中包括发动机转速变化的各种情况(如加减速特性、冷机、暖机、热机、停车等)。根据这一历程,由气动热力、内流和温度场分析,确定零部件在整个历程中每个时刻(若干个计算点)的瞬态温度场。对于飞行剖面上任一瞬态区域的瞬态温度场,可以根据当前区段的瞬态温度特征,如飞行剖面参数(H、Ma、n 和 T_4^* 等)的变化特征,即变化范围、变化区间和变化速率等,通过与典型瞬态变化历程中的温度变化历程相比较,采用相似区段的瞬态温度场,必要时应进行一定的修正。

飞行剖面是由一系列的稳态区段和瞬态区段构成的,采用上述方法确定各区段的温度状态后,就可以计算出相应的温度应力谱。

(2)应力谱的温度修正。

发动机零件温度随工作状态的变化而变化,但只有在有限温度下的材料性能数据。需要根据不同温度下的材料拉伸强度关系,将各种状态下的应力转化为参考温度下的等效应力,将不同温度下的应力谱统一转化为同一参考温度下的应力谱,如图5.27所示。对于温度 T 下的应力 σ_T,其参考温度 T_0 下的等效应力为

$$\sigma_{T_0} = \sigma_T \frac{\sigma_{b(T_0)}}{\sigma_{b(T)}} \tag{5.92}$$

式中,$\sigma_{b(T_0)}$ 为基准温度 T_0 时的拉伸强度极限;$\sigma_{b(T)}$ 为温度 T 时的拉伸强度极限。

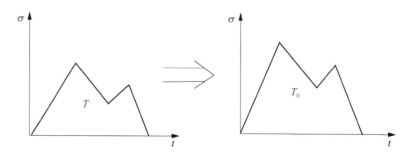

图5.27 不同温度下的应力谱转化

(3)应力谱的平均应力修正。

一般情况下,材料的 $S-N$ 曲线的应力循环是指"0→最大→0"的脉动循环或

者对称循环,而发动机实际转速(应力)剖面通常由一个"0→最大→0"的主循环和若干个次循环组成,每个次循环都由应力"$\sigma_{\min} \to \sigma_{\max} \to \sigma_{\min}$"组成。因此,要通过 Goodman 曲线将非脉动循环转化为"$0 \to \sigma_{\max} \to 0$"的脉动循环,这样才能利用材料的 $S-N$ 曲线来计算疲劳寿命。

可知,第 i 个单个循环的平均应力和应力幅分别为

$$\begin{cases} \sigma_m = \dfrac{1}{2}(\sigma_{\max} + \sigma_{\min}) \\ \sigma_a = \dfrac{1}{2}(\sigma_{\max} - \sigma_{\min}) \end{cases} \tag{5.93}$$

如图 5.28 中的点 $P(\sigma_m, \sigma_a)$,当 $\sigma_m = \sigma_a$ 时,则与点 P 疲劳等寿命的脉动循环应力点为 $\overline{P}(\overline{\sigma}_m, \overline{\sigma}_a)$,脉动循环当量应力 $\overline{\sigma} = 2\overline{\sigma}_m = 2\overline{\sigma}_a$。当 $\sigma_m = 0$,与点 P 疲劳等寿命的对称循环应力点为 $\overline{P}'(\overline{\sigma}_m, \overline{\sigma}_a)$,对称循环当量应力 $\sigma_{-1} = \overline{\sigma}_a$,则根据相似三角形可得

$$\frac{\dfrac{\sigma_b}{1.1} - \sigma_m}{\dfrac{\sigma_b}{1.1} - \dfrac{\overline{\sigma}}{2}} = \frac{\sigma_a}{\dfrac{\overline{\sigma}}{2}} \tag{5.94}$$

$$\frac{\dfrac{\sigma_b}{1.1} - \sigma_m}{\dfrac{\sigma_b}{1.1}} = \frac{\sigma_a}{\sigma_{-1}} \tag{5.95}$$

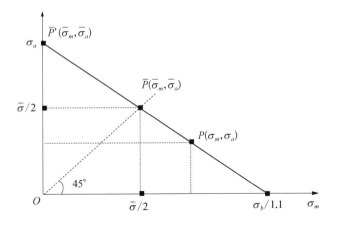

图 5.28　等寿命 Goodman 图

从而可得脉动循环的最大应力 $\overline{\sigma}$ 的表达式为

$$\bar{\sigma} = \frac{\sigma_{max} - \sigma_{min}}{1 - 1.1 \times \sigma_{min}/\sigma_b} \qquad (5.96)$$

$$\bar{\sigma}_a = \frac{\sigma_a}{1 - 1.1 \times \sigma_m/\sigma_b} \qquad (5.97)$$

式中，σ_{max} 为一次循环峰值；σ_{min} 为一次循环谷值。

这就将任意循环转化为可用于寿命计算的等效脉动循环和对称循环。图 5.29 为非脉动循环转化为等效脉动循环时各个物理量之间的关系，所有次循环均可按上述方法转换成脉动循环。对于一些较小的次循环，其峰值应力 $\sigma_{max} < 0.3\sigma_b$ 时，由于疲劳损伤极小，可以忽略不计。

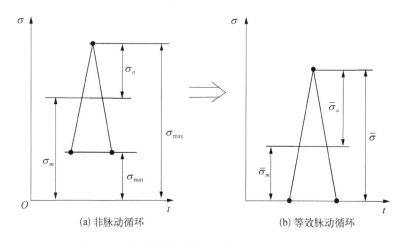

图 5.29　非脉动循环转换为等效脉动循环示意图

（4）单个应力循环的寿命计算。

采用带修正的通用斜率公式计算各"$\sigma_{min} \rightarrow \sigma_{max} \rightarrow \sigma_{min}$"型循环寿命值 N_i：

$$\Delta\varepsilon_t = 3.5 \frac{\sigma_b - \sigma_m}{E} N_i^{-0.12} + D^{0.6} N_i^{-0.6} \qquad (5.98)$$

式中，$D = \ln\frac{1}{1-\phi}$，ϕ 为断面收缩率；N_i 表示零件受任一循环应力 $\bar{\sigma}$ 作用的寿命；E 为弹性模量，MPa；$\Delta\varepsilon_t$ 为应变幅；σ_b 为拉伸强度，MPa（零件有使用限制时，采用持久强度的断裂值）；$\sigma_m = \sigma_{max}/2$，为平均应力，MPa。

（5）低循环疲劳寿命消耗累计。

零件受标准循环应力 σ_r 作用一次引起的低周疲劳（low circle fatigue，LCF）损伤是 $1/N_r$，寿命消耗是一次标准循环，σ_r 和 N_r 由设计给出。设一次飞行共有 W 个循环（主循环和次循环），用 Miner 线性累积理论计算一次飞行的低周疲劳寿命消耗，即

$$D_L = \sum_{i=1}^{W} \frac{N_r}{N_i} = N_r \sum_{i=1}^{W} \frac{1}{N_i} \tag{5.99}$$

在双对数坐标中,$S-N$ 曲线通常为直线关系,图 5.30 是一种常用的 $S-N$ 曲线。

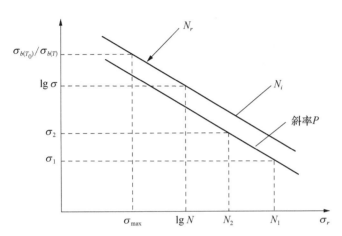

图 5.30　一种常用的 $S-N$ 曲线及其分散度

由三角形相似可以推出

$$\frac{N_r}{N_i} = \left(\frac{\sigma_{\max}}{\sigma_r} \right)^{\frac{1}{P}} \tag{5.100}$$

式中,P 为对数坐标中的 $S-N$ 曲线斜率,对于图 5.30,$P = 1/5.28$。

将式(5.97)代入式(5.100)可得

$$\frac{N_r}{N_i} = \left[\frac{\sigma_{\max} - \sigma_{\min}}{\left(1 - \dfrac{\sigma_{\min}}{\sigma_b} \right) \sigma_r} \right]^{\frac{1}{P}} \tag{5.101}$$

在没有热应力的条件下,轮盘关键部位的应力与转速的平方成正比,$\sigma = kn^2$,将其代入式(5.101)可得

$$\frac{N_r}{N_i} = \left[\frac{\left(\dfrac{n_{\max}}{n_r} \right)^2 - \left(\dfrac{n_{\min}}{n_r} \right)^2}{1 - \left(\dfrac{n_{\min}}{n_{\max}} \right)^2 \left(\dfrac{\sigma_r}{\sigma_b} \right)} \right]^{\frac{1}{P}} \tag{5.102}$$

将式(5.102)代入式(5.99)可得盘类零件一次飞行中的寿命消耗表达式：

$$D = \sum_{i=1}^{W} \left[\frac{\left(\dfrac{n_{max}}{n_r}\right)^2 - \left(\dfrac{n_{min}}{n_r}\right)^2}{1 - \left(\dfrac{n_{min}}{n_{max}}\right)^2 \left(\dfrac{\sigma_r}{\sigma_b}\right)} \right]^{\frac{1}{p}} \tag{5.103}$$

2) 蠕变寿命消耗模型

发动机零件的蠕变寿命消耗是应力、温度及在各应力水平下的使用时间的函数。统计蠕变寿命消耗的方法取决于发动机的工作类型,用发动机转速和工作温度下的时间所产成的应力水平表示。

可以使用发动机热端系数建立热端部件工作时间的每秒计数速率与涡轮排气温度的对应关系,以度量热端部件的蠕变寿命消耗。

按照 Miner 线性累加原理,零部件的蠕变寿命消耗 D_C 可表达为

$$D_C = \sum (t_i / l_i), \quad i = 1, \cdots, m \tag{5.104}$$

式中, t_i 为 i 状态下的工作时间,h; l_i 为 i 状态下的蠕变寿命,h, $i = 1$ 对应发动机的低状态, $i = m$ 对应发动机的高状态。

当 $D_C = 1$ 时,零部件到寿,记热端系数为

$$\text{shf} = \sum (t_i k / l_i), \quad i = 1, \cdots, m \tag{5.105}$$

可知,当热端系数 $\text{shf} = k$ 时,零部件到寿。

也可通过建立监视点处不同状态下的蠕变寿命 l_{ij} 与可监测的参数,如温度 T_i、转速 n_j 的对应关系,建立零件蠕变寿命矩阵,如表 5.7 所示,其中 n 表示发动机转速。

表5.7   零件蠕变寿命矩阵   (单位：循环次数)

$T/^{\circ}C$	(100%~102%)n	(99%~100%)n	(98%~99%)n	(96%~98%)n	(94%~96%)n	(92%~94%)n	(90%~92%)n	(87%~90%)n	(77%~87%)n
860~870	l11	l12	l13	l14	l15	l16	l17	l18	l19
850~860	l21	l22	l23	l24	l25	l26	l27	l28	l29
830~850	l31	l32	l33	l34	l35	l36	l37	l38	l39
810~830	l41	l42	l43	l44	l45	l46	l47	l48	l49
780~810	l51	l52	l53	l54	l55	l56	l57	l58	l59
750~780	l61	l62	l63	l64	l65	l66	l67	l68	l69

续　表

$T/℃$	(100%~102%) n	(99%~100%) n	(98%~99%) n	(96%~98%) n	(94%~96%) n	(92%~94%) n	(90%~92%) n	(87%~90%) n	(77%~87%) n
720~750	171	172	173	174	175	176	177	178	179
680~720	181	182	183	184	185	186	187	188	189

　　通过记录温度 T_i、转速 n_j 下的对应工作时间 t_{ij}，建立零件工作时间统计矩阵，如表 5.8 所示。

表 5.8　零件工作时间统计矩阵

$T/℃$	100%~102%	99%~100%	98%~99%	96%~98%	94%~96%	92%~94%	90%~92%	87%~90%	77%~87%
860~870	t_{11}	t_{12}	t_{13}	t_{14}	t_{15}	t_{16}	t_{17}	t_{18}	t_{19}
850~860	t_{21}	t_{22}	t_{23}	t_{24}	t_{25}	t_{26}	t_{27}	t_{28}	t_{29}
830~850	t_{31}	t_{32}	t_{33}	t_{34}	t_{35}	t_{36}	t_{37}	t_{38}	t_{39}
810~830	t_{41}	t_{42}	t_{43}	t_{44}	t_{45}	t_{46}	t_{47}	t_{48}	t_{49}
780~810	t_{51}	t_{52}	t_{53}	t_{54}	t_{55}	t_{56}	t_{57}	t_{58}	t_{59}
750~780	t_{61}	t_{62}	t_{63}	t_{64}	t_{65}	t_{66}	t_{67}	t_{68}	t_{69}
720~750	t_{71}	t_{72}	t_{73}	t_{74}	t_{75}	t_{76}	t_{77}	t_{78}	t_{79}
680~720	t_{81}	t_{82}	t_{83}	t_{84}	t_{85}	t_{86}	t_{87}	t_{88}	t_{89}

　　利用线性累积损伤公式,即可通过表 5.8 和表 5.9 得到在经历的飞行载荷历程下,零件寿命考核部位所产生的蠕变总损伤 D_C：

$$D_c = \sum_{i,j} D_{ij} = \sum_{i,j} \frac{t_{ij}}{l_{ij}} \tag{5.106}$$

3）温度状态模型

　　发动机寿命件的寿命消耗与其实际使用中所受的温度、应力等载荷密切相关。部件温度、应力分析技术是发动机工作状态参数和部件寿命消耗之间的纽带。使用过程中,发动机限寿件所受的载荷分析需要以其实际工作参数为基础。在现有监测水平下,发动机零部件的温度不能直接监测获得,因此需要建立简单高效发动机温度模型,通过高度 H、马赫数 Ma、转速 n、进气温度 T_2、排气温度 T_6 等有限发动机测量参数输入,建立零件关键部位温度或零件温度场与可测参数间的关系模型：

$$T = f(H, Ma, n, T_2, T_6, \cdots) \tag{5.107}$$

2. 关键件寿命评估算法

1）低循环疲劳寿命消耗评估

低循环疲劳寿命通常包括离心载荷、扭转载荷、气动力、温度梯度和不均匀膨胀引起的应力循环。如果发动机零部件中造成失效的应力主要由转子转速引起的离心力产生，则认为是机械因素导致的低循环疲劳。因此，为获得发动机零部件的低循环疲劳寿命，可通过构建转速循环与疲劳寿命间的数学模型来表征，并选取能够提取最大循环和最小循环的循环计数技术，以统计消耗的循环次数。

低循环疲劳寿命消耗评估算法的功能结构设计如图 5.31 所示。循环次数的

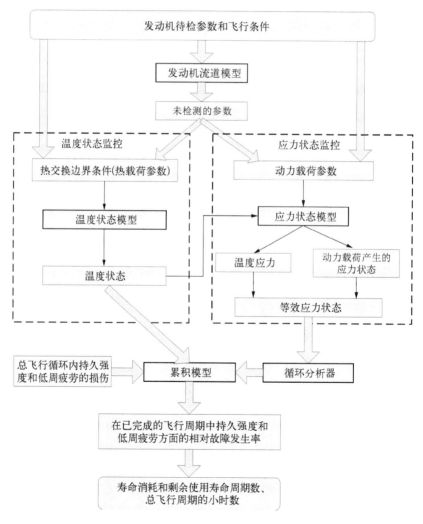

图 5.31 低循环疲劳寿命消耗评估算法的功能结构设计

统计分为两步：第一，压缩处理原始数据，获得有效峰谷值序列数据；第二，利用雨流计数法提取循环次数。

2) 有效峰谷值序列生成

除了进行寿命消耗评估外，还包括一些辅助功能，如飞参预处理、载荷循环次数提取、使用寿命管理、维护策略优化等方面，且随着使用寿命监视技术的成熟，其功能可进一步扩充。

有效峰谷值序列的生成过程主要包括峰谷值检测和无效幅值去除。无效幅值去除主要是指对飞行产生的大量小循环数据（这类数据幅值较小，对发动机零部件的损伤小，可以忽略不计）进行剔除，获得有效峰谷值序列。目前，有效峰谷值序列生成有两种思路，下面进行详细介绍。

(1) 有效峰谷值序列生成方法一。

无效峰谷值去除分为检测有效峰值和检测有效谷值两步来进行，无效幅值的门槛值初步定为 $D_{min} = 5\%$（无效幅值门槛值需根据具体发动机的工作状态确定）。通常，将原始数据的第一个点列为谷值点，然后判断峰值、谷值、峰值，直至发动机停车。

① 首先，检测有效峰值。第一个峰值点取 $n(I) \geq 80\%$（设计转速的 80%）以上的点，因为只有在 $n(I) \geq 80\%$ 以上，才能构成有效的循环（构成有效循环的临界转速与发动机工作状态相关，需进一步研究）。

若 $n(I) \geq AA$，$n(I) \to AA$，$I = I + 1$（这里更换峰值暂存变量 AA），继续检测。若 $n(I) < AA$，说明转速将下降，此时 AA 为峰值的候选点。若 $AA - n(I) \leq D_{min}$，则 AA 是无效峰值，$I = I + 1$，继续判断峰值；若 $AA - n(I) > D_{min}$，则 AA 是有效峰值，将 AA 存入 $np(j)$ 中，然后检测有效谷值。其中，$n(I)$ 为转速序列、AA 为峰值暂存变量、$np(j)$ 为峰值序列。有效峰值检测流程如图 5.32 所示。

② 其次，检测有效谷值。若 $n(I) \leq 45\%$（设计转速的 45%），则认为这一工作过程结束，记一个终点谷值到 $np(j)$。

若 $n(I) > 45\%$，将 $n(I)$ 与 BB 比较，若 $n(I) \leq BB$，$n(I) \to BB$，$I = I + 1$（这里更换谷值暂存变量 BB），继续检测。

若 $n(I) > BB$，可以判断转速将上升，BB 为谷值的候选点。若 $n(I) - BB \leq D_{min}$，则 BB 是无效谷值，$I = I + 1$，继续判断谷值；若 $n(I) - BB > D_{min}$，则 BB 是有效谷值，将 BB 存入 $nb(j)$ 中，转入检测有效峰值。其中，$n(I)$ 为转速序列、BB 为谷值暂存变量、$nb(j)$ 为谷值序列。有效谷值检测流程如图 5.33 所示。

有效峰谷值序列：根据低循环次数统计频率，每 6 min 合并峰值序列 $np(j)$ 和谷值序列 $nb(j)$，按顺序生成有效峰谷值折线图后存入文件中，待采用实时雨流计数处理。

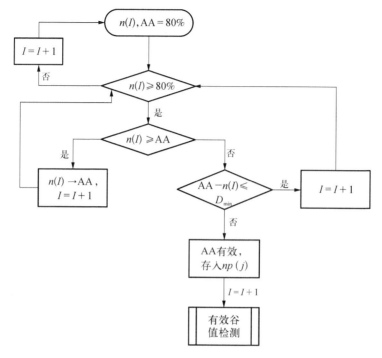

图 5.32 有效峰值检测流程示意图

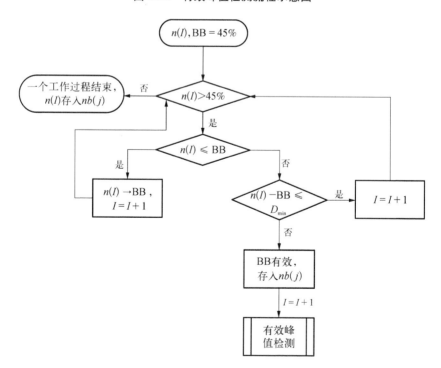

图 5.33 有效谷值检测流程示意图

（2）有效峰谷值序列生成方法二。

方法二主要包括峰谷值检测和无效幅值去除。程序运行时，同时进行峰谷值检测和无效幅值去除两个过程，运行结束后获得有效峰谷值序列，存入折线图中，供实时雨流技术处理。

① 首先是峰谷值检测，比较三个相邻点数值来选择峰谷值点，通过定义的变量来存放检测出来的峰谷点，一边检测峰谷值一边进行无效幅值去除。首先判断第一个监测点是峰值检测还是谷值检测。变量 XP 为第一个当前有效峰谷点，根据发动机高压转子转速 n_2 总是从 0 开始的特征，程序设计时，先预置为 0。变量 BX 为第一个采样点，若 BX = XP 则返回采样，直至 BX ≠ XP，根据 BX 的大小，程序运行产生分支，左侧分支为检测第一个峰值点，右侧分支为检测第一个谷值点。检测获得的峰谷点就作为有效峰谷值的候选点存于变量中，然后，程序同时进行无效幅值去除，最后将有效峰谷值序列存于数组中，并记录在数据文件中。

② 其次是无效幅值去除：主要是将对低循环疲劳损伤小的载荷循环数据剔除，减少数据量，从而提高循环统计效率。

发动机转速主要呈现高均值偏态波形，通常选用阈值公式定义次小循环：

$$D_{\min} = (P_{v\max} - P_{v\min}) \times \Delta\% \tag{5.108}$$

式中，$D_{\min}$ 为次小循环的阈值；$P_{v\max}$ 为载荷参数最大值；$P_{v\min}$ 为载荷参数最小值。

无效幅值去除采用最短航道法，$\Delta\%$ 值可以根据参数处理精度要求给定，如图 5.34 所示，图中上折线为峰谷值检测后的载荷曲线，下折线为上折线下移 $D_{\min}$ 后形成的折线。在两条折线中间连接各峰谷值点，形成折线，将折线斜率变化的点定为有效峰谷值点，图中 h、i、j 为有效峰谷值点，而 b、c、d、e、f、g 为非有效峰谷值点，根据上述思路可以选择全部有效峰谷值点。

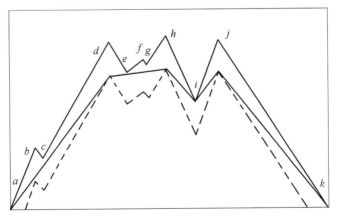

图 5.34　最短航道法简图

3）循环次数提取

本小节介绍应用最广的雨流计数法,由应力谱计算低循环疲劳的循环次数。采用雨流计数法不但可以计算循环次数,还可以识别每个循环中的最小、最大应力和应变。此外,还可用采用雨流计数法统计每个循环中的平均最高和最低峰值,计算得到平均应力、应力-应变范围的偏差。

雨流计数法原理如图 5.35 所示,将时间-历史应力或应变剖面顺时针旋转90°,时间轴垂直向下。

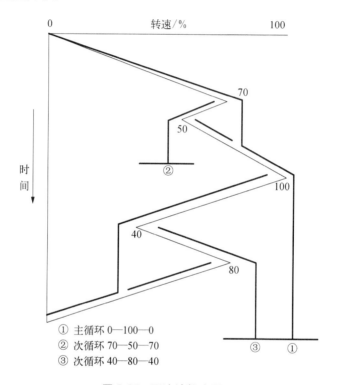

图 5.35　雨流计数法原理

可以将剖面想象为塔顶,雨顺着塔顶落向地面。在雨流计数过程中,若雨流在局部最大值峰值处开始,若落在另一个比原始峰值更大的最大峰值处,雨流停止(情况①)。同样,若雨流在一个局部最小值的峰值开始,当落在另一个负向最小峰值时,雨流停止(情况②)。此外,若下层塔顶雨流与从上层塔顶流下的雨相遇,雨流也需停止(情况③)。

雨流计数法的基本计数规则如下:

（1）重新排序应力-时间历程,以最高峰值或最低谷值为起点;

（2）雨流依次从每个峰(或谷)的内侧向下流,在下一个峰(或谷)处落下,直到后部有一个比其起点更高的峰值(或更低的谷值)时停止;

（3）当雨流遇到来自上层屋顶流下的雨流时停止；

（4）取出获得的所有全循环,分别保存其幅值和均值。

对于机械应力产生的 LCF,仅使用转速就能够确定其寿命使用值。但是,处理热应力产生的 LCF 可能存在负应力,因此要处理热应力产生的 LCF,必须要用比雨流计数更加复杂的循环计数方法。目前,最常用的雨流计数法是三点和四点雨流循环计数法。

① 三点雨流循环计数法。在计数前需要先重新排列峰谷值序列,整个程序在最大峰值或最小谷值位置起始,在开始为最大值的情况下,最大峰值之前的整个序列转移到序列的尾部。三点雨流循环计数考虑三个相邻的数据点,共有以下四种情况,如图 5.36 所示,图中（a）、（b）情况下,$|S_i - S_{i+1}| > |S_{i+2} - S_{i+1}|$,无循环；（c）、（d）情况下,$S_r = |S_i - S_{i+1}| \leqslant |S_{i+2} - S_{i+1}|$,记为一个循环。

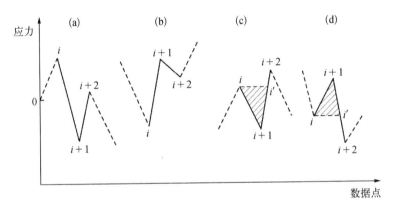

图 5.36　三点雨流循环计数法计算原理

② 四点雨流循环计数法原理如图 5.37 所示,图中（a）和（b）为抽取循环 $(i+1) - (i+2) - (i+1)'$ 的两种极值配置。

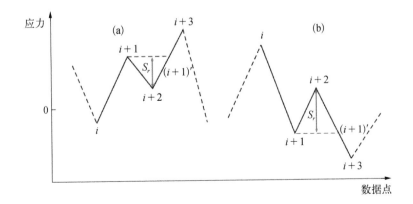

图 5.37　四点雨流循环计数法原理

四点(两极大、两极小)雨流循环计数法考虑图 5.37 中的两种情况,可提炼出抽取雨流循环的条件为

$$S_r = |S_{i+2} - S_{i+1}| \leqslant |S_{i+3} - S_{i+2}| \tag{5.109}$$

$$S_r = |S_{i+2} - S_{i+1}| \leqslant |S_{i+1} - S_i| \tag{5.110}$$

循环提取是从时间序列中去掉 $i+1$ 和 $i+2$ 两点,并将 i 和 $i+3$ 连接起来。若不满足上述条件,则无循环,依次分析下一点,$i+1, i+2, i+3, i+4$。这种方法不需要对时间序列重新排列,但是某些数据点可能不与任何循环相连,又称为残余数,残余数可视为一系列半循环。

③ 实时雨流计数法。实时雨流计数法来源于换装雨流计数法,该方法与传统雨流计数法原理一致,但其使用波形范围更广,还能够进行实时处理。

在使用过程中,程序接收到 3 个采样数据后,即可启动计数,同时数据保持持续输入,实现边采样边计数的功能,同时随着计数进行,自动去除前面的峰谷值数据,保留的空间可供下一步计数使用。因此,相比原有的三点雨流循环计数法和四点雨流循环计数法,实时雨流计数法更适用于机载系统循环计数。

实时雨流计数程序的计数过程包含两个阶段,当采样数据输入达到 3 个峰谷点后试行一次循环计数。在一次循环计数中,除比较 3 个峰谷值构成的两个幅值大小外,还要判别 3 个峰谷值点中是否含有非计数指针变量 S。满足幅值比较条件且不包含 S 点时才能进行循环计数,否则非计数指针变量 S 后移(加 1),并进行新的采样数据输入,再进行计数条件判断。

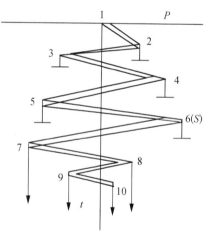

图 5.38   实时雨流计数法原理

实时雨流计数的计数原理为前点后移、幅值比较,见图 5.38。通过二次雨流计数对一次雨流计数后所剩余的发散收敛波形再次进行统计,主要操作过程为先对发散收敛波形进行封闭处理,再通过比较变载幅值获取有效循环,直到后移 S 点为止。

下面以某发动机高压转子转速 n_2 的时间历程为例,介绍实时雨流计数法的使用,如图 5.39 所示,其中 S_a 表示幅值、S_m 表示均值。

在计数前,设 S 为转速历程的起始点(图 5.39 中 $S = 0$),然后程序开始执行,先读取载荷数据,依次读取峰谷值点,组成临时循环 Y_1 和 Y_2($Y_1 = |S_{n-2} - S_{n-1}|$,$Y_2 = |S_n - S_{n-1}|$)。① 如果 $Y_2 < Y_1$,程序自动读取下一个峰谷值点,重新组成循

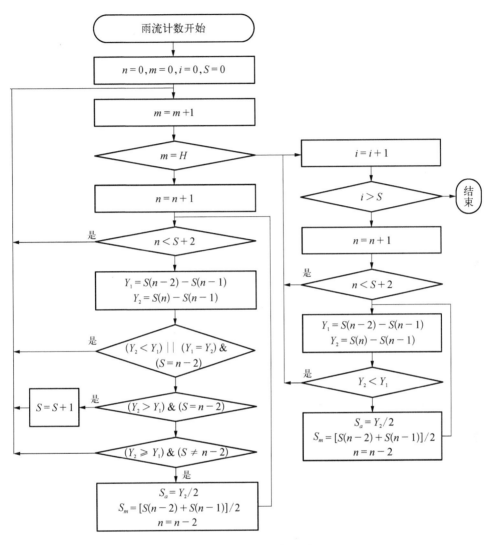

图 5.39　实时雨流计数法流程图

环 Y_2 和 Y_1;② 如果 $Y_1 \leq Y_2$,且不包含点 S,程序自动读取循环 Y_1,同时去掉构成 Y_1 的两个峰谷值点,并读取后面的峰谷值点,重新生成新的循环 Y_1 和 Y_2;③ 如果 $Y_1 < Y_2$,且包含有点 S,这时需要将起始读数点 S 移到下一点,重新组成循环 Y_1 和 Y_2;④ 如果 $Y_1 > Y_2$,不满足计数条件,继续读数,直至判读完毕(即 $m = K$),然后需要从起始点读起(雨流计数第二阶段),当起始点 S 被读出时,读取循环 Y_1,这时整个载荷历程全部计数完毕。

4) 蠕变寿命消耗计算

对于有长巡航飞行剖面的发动机,蠕变是比低循环疲劳更严格的寿命限制准则,下面介绍一般的蠕变寿命消耗计算步骤。

（1）在设计阶段,分析构件各状态下的应力、温度场,并开展试验确定危险部位。

（2）分析各相关因素,获得监视点处的温度、应力与实际飞行过程中可监测参数的函数关系。

（3）根据材料数据和构件试验数据,确定该构件材料的热强综合参数方程。

（4）基于相关数据,获取每个高温状态下的蠕变寿命。

（5）最后,将所有状态下的蠕变寿命的倒数乘以持续时间后相加,即可获得蠕变寿命消耗百分数。

5.6　控制系统健康管理算法

一般来说,发动机控制系统附件的使用寿命要求远高于发动机本身使用寿命,所以对于发动机控制系统健康管理,功能设计重点在于执行机构、传感器及元部件的故障诊断。当发动机控制系统发生故障时,系统的全部或部分测量参数将发生异常变化,故障诊断的任务就是挖掘这种差异性所包含的故障信息,提取故障特征并分析故障产生的原因、故障发生的部位和故障程度,并给出相应评估和决策方案。

控制系统故障诊断是一个综合评判的过程,可归纳为如图 5.40 所示的四个部分:其中,残差生成指通过比较系统的量测输出与系统期望模型生成残差信号;故障检测是通过比较残差评价函数和阈值函数,由此检测系统是否有故障发生;故障隔离是在检测出故障后,确定系统中哪个元部件发生了故障;故障估计是对故障进行特性估计,挖掘更多的故障信息,如故障的幅值大小、故障发展趋势、故障持续时间等。基于模型的解析冗余的故障诊断与隔离技术不需要增加额外的硬件设备,具有成本低、易于工程实现的优点,是故障诊断领域的主流。

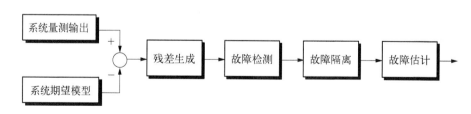

图 5.40　控制系统故障诊断的基本过程

5.6.1　基于模型的故障诊断关键问题

1. 基于模型故障诊断的基本原理

基于模型的故障诊断方法,是一种最早发展起来的诊断方法,同时也是一种研究、应用最广泛的诊断方法,它可以更加充分地利用系统内部的深层知识,更有利于系统的故障诊断,在故障诊断领域具有重要的地位,在今后的发展中依然会是故障诊断方法的主要研究方向。

对于一般的非线性系统:

$$\begin{cases} \dot{x} = g(x, u, t, d, f) \\ y = h(x, u, t, d, f) \end{cases} \tag{5.111}$$

式中,x、y、u、t 分别为系统的状态变量、输出变量、输入变量和时间;d 为系统的不确定量(如建模误差、外部干扰等);f 为故障。

对于上述系统,其故障诊断系统形式如下:

$$\begin{cases} \dot{z} = d(z, y, u, t) \\ r = e(z, y, u, t) \end{cases} \tag{5.112}$$

式中,z 是辅助状态变量(如观测器中的状态估计 $\hat{x}$ 和故障估计 $\hat{f}$);r 是测量值与期望值形成的残差(residual)信号,正常情况 $[f(t) = 0]$ 下,$r(t) = 0$,故障情况 $[f(t) \neq 0]$ 下,$r(t) \neq 0$。

得到残差序列后,通过残差估计策略将时间序列残差信号转化为布尔数学体系的决断函数表示。例如,利用残差 $r(s)$ 的评价函数 $J(r)$ 与选定的阈值函数 T_h 进行比较,来判断故障是否发生:

$$\begin{cases} J(r) \leqslant T_h: \text{无故障发生} \\ J(r) > T_h: \text{有故障发生} \end{cases} \tag{5.113}$$

在残差生成设计中,可以使其中每个残差对系统中某个位置发生的故障具备特殊的敏感性,即故障匹配。这样,在对每个残差进行分析时,一旦超出阈值,则可直接得到故障隔离。

基于模型的故障诊断可以定义如下:通过比较系统可获得的测量值与其相应的由系统数学模型所描述的先验信息,结合已有的经验规律进行检测处理,隔离与表征系统组件发生的故障。

2. 基于模型故障诊断的鲁棒性问题

实际系统中存在非线性、噪声、干扰和参数时变等不确定性,在基于模型的故障诊断方法中,绝大多数利用线性模型,相比实际系统来说,不可避免地存在模型误差,如何确保故障诊断系统在上述因素影响下的准确性,使故障诊断系统具有好的鲁棒性,是基于模型的故障诊断中的一个关键问题。线性不确定动态系统的鲁棒故障诊断是目前故障诊断领域中的一个研究热点,基本方法可归纳为以下两类:一类是鲁棒残差生成,即生成对各种不确定与干扰因素不敏感而对故障敏感的残差;另一类是鲁棒诊断决策,即通过决策规则来增强故障诊断的鲁棒性。

1）线性不确定系统的鲁棒残差生成方法

鲁棒残差生成方法：使残差对各种不确定因素不敏感，而对故障敏感。对于线性不确定系统，主要方法有基于未知输入观测器的方法、基于特征结构配置的方法、鲁棒等价（奇偶）空间的方法、基于鲁棒观测器/滤波器的方法和优化方法等。以上几种鲁棒残差生成方法都有各自相应的条件要求和应用范围，例如，未知输入观测器只有在独立的可测输出维数大于未知输入的维数时才存在，等价空间方法适用于拥有较多冗余测量信息的系统。在鲁棒故障诊断中，如何引入对残差协方差的约束来抑制随机噪声等不确定因素的影响，是一个值得关注的问题。此外，在如何具体确定反映对模型不确定性的鲁棒性和对故障灵敏度的优化指标，以及如何对优化问题进行有效求解等几个方面，也有待开展进一步的研究。

2）线性不确定系统的鲁棒诊断决策方法

诊断决策是基于模型的故障诊断中的另一个基本阶段，通过设置故障阈值等决策规则，对残差进行合适的评价，从而在不确定因素的影响下得到对故障发生与否及发生情况的准确判断。残差评价与阈值选择的方法主要有：基于统计的方法、基于知识的方法和基于模型的方法。以上几种鲁棒诊断决策方法中，基于统计的方法简单直接、易实现，但是需要有系统故障的先验知识和大量的残差数据，这样才能得到好的统计特性；基于知识的方法不需要系统的精确模型，但如何全面获取相关的知识，如何进行学习训练和推理等在实际应用中仍存在一定的困难；基于解析模型的方法利用了系统数学模型等信息，可以实现阈值的在线调节，但大都是基于模型偏差、未知干扰等的上界进行设计，尽管能够降低虚警率，但却带来了漏报的问题。如何优化选取阈值，使得故障诊断系统对故障的误报率和漏报率都达到最小或者同时满足给定的要求，还需开展进一步的研究。

5.6.2　航空发动机控制系统故障特性分析

航空发动机控制系统中，按照故障发生的部位，可将故障分为被控对象故障、传感器故障和执行机构故障三种。控制系统故障检测与诊断结构如图5.41所示。

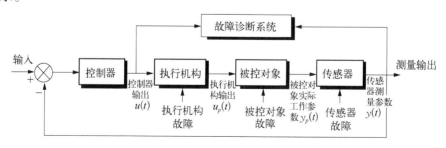

图 5.41　控制系统故障检测与诊断结构

　　另外,根据故障发生的特性,可将故障分为加性故障与乘性故障两种,而被控对象、传感器和执行机构的故障都可看作附加故障,即加性故障,故本节研究控制系统中传感器、执行机构的加性故障诊断。

　　考虑线性定常系统:

$$\begin{cases} \dot{x}(t) = Ax(t) + Bu(t) \\ y(t) = Cx(t) + Du(t) \end{cases} \tag{5.114}$$

式中, $x(t) \subset R^n$, 为状态向量; $u(t) \subset R^r$, 为输入向量; $y(t) \subset R^m$, 为输出向量; $A \in R^{n \times n}$, 为状态矩阵; $B \in R^{n \times r}$, 为输入矩阵; $C \in R^{m \times n}$, 为输出矩阵; $D \in R^{m \times r}$, 为前馈矩阵。

　　1. 典型传感器故障模型分析与故障因子描述

　　传感器故障指传感器输出出现卡死、恒增益变化、恒偏差或其他不正常情况,无法准确获取被测量信息。该类故障会改变传感器的输出量值,使反馈值存在较大误差,但对被控对象本身的特性不产生影响。

　　传感器发生故障时,则有

$$y(t) = y_{nor}(t) + f_s(t) \tag{5.115}$$

式中, $y(t)$ 为发生故障后实际状态下动态系统的输出; $y_{nor}(t)$ 为正常情况下系统的输出; $f_s(t)$ 为传感器故障输出。

　　当控制系统存在多传感器时,第 i 个传感器发生故障时,故障模式可表示如下。

　　传感器输出饱和时:

$$f_{is}(t) = C_{is} - y_{inor}(t), \quad y_i(t) = C_{is} \tag{5.116}$$

式中, C_{is} 为饱和常数,且 $i = 1, 2, 3, \cdots, m$, 其中 m 为控制系统中的传感器个数。

　　传感器恒增益变化时:

$$f_{is}(t) = (K_{is} - 1)y_{inor}(t), \quad y_i(t) = (K_{is} - 1)y_{inor}(t) \tag{5.117}$$

式中, K_{is} 为恒增益变化比例系数。

　　传感器恒偏差变化时:

$$f_{is}(t) = \Delta_{is}, \quad y_i(t) = \Delta_{is} + y_{inor}(t)$$
$$f_{ja}(t) = C_{ja} - u_{jnor}(t) \tag{5.118}$$

式中, Δ_{is} 为传感器恒偏差常数。

　　传感器发生故障后,可利用故障因子综合表示以上故障:

$$f_s(t) = [\delta_{1s}y_{nor1}(t), \delta_{2s}y_{nor2}(t), \cdots, \delta_{ms}y_{norm}(k)]^T \tag{5.119}$$

式中，$\delta_{is} \in [0, 1]$，为传感器的故障因子。

则传感器输出为

$$y(t) = (I_m - \delta_s) y_{\text{nor}}(t) \tag{5.120}$$

式中，$\delta_s = \text{diag}\{\delta_{1s}(t) \quad \cdots \quad \delta_{ms}(t)\}$，$\delta_{is} = 1$ 时无输出，表示第 i 个传感器处于完全失效故障状态，$0 < \delta_{is} < 1$ 时表示第 i 个传感器因故障损失的量测能力，$\delta_{is} = 0$ 时表示第 i 个传感器无故障；I_m 为 m 阶单位矩阵。

2. 典型执行机构故障模型分析与故障因子描述

执行机构故障：指执行机构出现卡死、恒增益变化、恒偏差或其他不正常情况，使其不能正确实现控制作用。该类故障使控制器的控制输出中断或发生改变，但不会对对象本身特性产生影响。

$$u(t) = u_{\text{nor}}(t) + f_a(t) \tag{5.121}$$

式中，$u(t)$ 为故障状态下动态系统的控制输入；$u_{\text{nor}}(t)$ 为正常情况下期望的控制输入。

第 j 个执行机构发生卡死故障时，故障模式可表示如下：

$$f_{ja}(t) = C_{ja} - u_{j\text{nor}}(t), \quad u_j(t) = C_{ja} \tag{5.122}$$

式中，C_{ja} 为常数，且 $j = 1, 2, 3, \cdots, r$，由于执行机构的活动范围有限制，$u_{\min}(t) \leqslant C_{ja} \leqslant u_{\max}(t)$，若超出此范围，则执行机构失效。

执行机构恒增益变化时：

$$f_{ja}(t) = (K_{ja} - 1) u_{j\text{nor}}(t) \tag{5.123}$$

式中，K_{ja} 为恒增益变化比例系数。

执行机构恒偏差变化时：

$$f_{ja}(t) = \Delta_{ja}, \quad u_j(t) = u_{j\text{nor}}(t) + \Delta_{ja} \tag{5.124}$$

式中，Δ_{ja} 为执行机构恒偏差常数。

执行机构发生故障后，可利用故障因子综合表示以上故障：

$$f_a(k) = [\delta_{1a} u_1(k), \delta_{2a} u_2(k), \cdots, \delta_{ra} u_r(k)]^{\text{T}} \tag{5.125}$$

式中，$\delta_{ja} \in [0, 1]$，为执行机构的故障因子，$\delta_{ja} = 1$ 时无控制量输入，表示第 j 个执行机构处于完全失效故障状态，$0 < \delta_{ja} < 1$ 时表示第 j 个执行机构因故障损失的驱动能力，$\delta_{ja} = 0$ 时表示第 j 个执行机构无故障。

则执行机构输出为

$$u(t) = (I_m - \delta_a) u_{\text{nor}}(t) \tag{5.126}$$

式中，$\delta_a = \mathrm{diag}\{\delta_{1a}(t) \quad \cdots \quad \delta_{ra}(t)\}$。

3. 模型不确定性对故障诊断的影响分析

模型不确定性的存在，对于残差生成和诊断决策都将产生影响。通过对其影响原因进行分析，可以得到抑制影响的措施，从而为进一步的故障检测与诊断系统的鲁棒性设计提供指导。

当以上传感器故障及执行机构故障发生在系统中时，将包含模型不确定性的线性时不变系统转化为如下未知输入模型，可表示为

$$\begin{cases} \dot{x}(t) = Ax(t) + Bu(t) + E_1 d(t) + R_1 f(t) \\ y(t) = Cx(t) + Du(t) + E_2 d(t) + R_2 f(t) \end{cases} \tag{5.127}$$

式中，$d(t)$ 为未知输入向量；$E_1(t)$、$E_2(t)$ 分别为适当维的常数矩阵；$f(t)$ 为故障向量，其每一个元素 $f_i(t)(i = 1, 2, \cdots, g)$ 都对应于某一具体的故障形式；$R_1(t)$ 和 $R_2(t)$ 是对应的故障分布矩阵，当产生传感器故障时，$R_1 = 0$，$R_2 = I_m$，当产生执行机构故障时，$R_1 = B$，$R_2 = D$。

式(5.128)以传递函数形式表示系统输出：

$$y(s) = G_u(s)u(s) + G_f(s)f(s) + G_d(s)d(s) \tag{5.128}$$

式中，

$$G_u(s) = C(sI - A)^{-1}B + D$$

$$G_f(s) = C(sI - A)^{-1}R_1 + R_2$$

$$G_d(s) = C(sI - A)^{-1}E_1 + E_2$$

生成残差：

$$r(s) = H_y(s)G_f(s)f(s) + H_y(s)G_d(s)d(s) \tag{5.129}$$

式中，$G_u(s)$、$G_f(s)$ 和 $G_d(s)$ 分别表示从控制输入向量 $u(s) \in R^r$、待检测故障向量 $f(s) \in R^q$ 和模型不确定性向量 $d(s)$ 到输出向量 $y(s) \in R^m$ 的传递函数矩阵；$H_y(s)$ 表示从传感器输出与标称模型输出误差向量到残差向量 $r(s) \in R^p$ 的传递函数矩阵。

可见，除了故障 $f(s)$ 在残差中有所反映外，模型不确定性 $d(s)$ 也会对残差产生影响。当基于所描述的决策规则进行诊断决策时，若阈值函数 $T(t)$ 固定，如果模型不确定性 $d(s)$ 使得残差评价函数值比不存在模型不确定性影响时大，就有可能产生虚警，反之，就有可能产生漏报。

由以上的分析，采用常规的残差生成算法与固定的阈值难以适应或处理模型不确定性，从而引起虚警或漏报，使得故障检测准确性降低。应设法改进残差生成

算法,使阈值函数具有一定的适应能力,以抑制模型不确定性对故障诊断的不利影响。从基于模型的故障诊断原理可知,具体抑制措施可从残差生成和阈值设计两方面入手。

5.6.3　基于故障匹配的卡尔曼滤波器故障诊断

1. 发动机离散模型的卡尔曼滤波器原理

由于航空发动机控制系统的动态特性复杂且存在噪声、干扰等作用,考虑白噪声作用下的一般离散线性随机系统:

$$\begin{cases} X_k = \phi_{k,\,k-1} X_{k-1} + B_{k-1} U_{k-1} + \Gamma_k W_k \\ Y_k = H_k X_k + D_k U_k + V_k \\ Z_k = H_k X_k + D_k U_k \end{cases} \quad (5.130)$$

式中,$U_k \in R^r$、$X_k \in R^n$、$Y_k \in R^m$ 和 $Z_k \in R^q$ 分别为系统输入、状态向量、传感器测量输出及系统标称输出;W_k 和 V_k 分别为系统噪声阵和测量噪声阵,其协方差分别是状态变量模型精度的度量及发动机传感器测量精度的度量,需要有足够的工程经验才能确定。

在此假设系统噪声和测量噪声均是零均值的白噪声信号,满足如下条件:

$$E[W_k] = E[V_k] = 0, \quad E[W_k, V_j^{\mathrm{T}}] = 0,$$
$$E[W_k, W_j^{\mathrm{T}}] = Q_k \delta_{kj}, \quad E[V_k, V_j^{\mathrm{T}}] = R_k \delta_{kj}$$

式中,$\delta_{kj} = \begin{cases} 1, & k = j \\ 0, & k \neq j \end{cases}$;$Q_k$ 为系统噪声的方差阵,非负定;R_k 为测量噪声方差阵,正定。

系统的卡尔曼滤波方程如下。

预测方程:

$$\hat{X}_{k,\,k-1} = \phi_{k,\,k-1}^* \hat{X}_{k-1} + B_{k-1} U_{k-1} + J_{k-1}(Y_{k-1} - D_{k-1} U_{k-1}) \quad (5.131)$$

滤波方程:

$$\hat{X}_k = \hat{X}_{k,\,k-1} + K_k [Y_k - (H_k \hat{X}_{k,\,k-1} + D_k U_k)] \quad (5.132)$$

增益方程:

$$K_k = P_{k,\,k-1} H_k^{\mathrm{T}} (H_k P_{k,\,k-1} H_k^{\mathrm{T}} + R_k)^{-1} \quad (5.133)$$

预测均方误差阵:

$$P_{k,\,k-1} = E[\overline{X}_{k,\,k-1} \cdot \overline{X}_{k,\,k-1}^{\mathrm{T}}] = \phi_{k,\,k-1}^* P_{k-1} \phi_{k,\,k-1}^{*\mathrm{T}} + \Gamma_{k-1} Q_{k-1} \Gamma_{k-1}^{\mathrm{T}} - J_{k-1} S_{k-1}^{\mathrm{T}} \Gamma_{k-1}^{\mathrm{T}}$$

$$(5.134)$$

式中，$J_{k-1} = \Gamma_{k-1} S_{k-1} R_{k-1}^{-1}$；$\phi_{k,k-1}^{*} = \phi_{k,k-1} - J_{k-1} H_{k-1}$。

误差均方误差阵：

$$P_k = E[\overline{X}_k \cdot \overline{X}_k] = (I - K_k H_k) P_{k,k-1}(I - K_k^{\mathrm{T}} H_k^{\mathrm{T}}) + K_k R_k K_k^{\mathrm{T}} \quad (5.135)$$

2. 基于故障匹配卡尔曼滤波器的故障诊断方法

为了准确进行故障定位与隔离，设计多重故障匹配卡尔曼滤波器，每一个滤波器都对应一个可能的故障源。设有 $(m + r)$ 个降阶卡尔曼滤波器，前 m 个滤波器是为某传感器故障设置的故障匹配卡尔曼滤波器，后 r 个滤波器为某执行机构故障设置的故障匹配卡尔曼滤波器，下面以执行机构故障为例说明诊断设计方法。

本节中，发动机模型输入量为供油量和喷口喉部面积 A_8，分别由燃油计量装置和喷口面积可调装置执行机构给定。当执行机构故障时，故障变化可通过系统输入向量 U_k 和输入矩阵 B_k 来描述：

$$
\begin{cases}
X_k = \phi_{k,k-1} X_{k-1} + \begin{bmatrix} B_{k-1}^{\mathrm{incl\_a}} & B_{k-1}^{\mathrm{excl\_a}} \end{bmatrix} \begin{bmatrix} U_{k-1}^{\mathrm{incl\_a}} \\ U_{k-1}^{\mathrm{excl\_a}} \end{bmatrix} + \Gamma W_{k-1} \\
\\
Y_k = H_k X_k + \begin{bmatrix} D_k^{\mathrm{incl\_a}} & D_k^{\mathrm{excl\_a}} \end{bmatrix} \begin{bmatrix} U_k^{\mathrm{incl\_a}} \\ U_k^{\mathrm{excl\_a}} \end{bmatrix} + V_k
\end{cases}
\quad (5.136)
$$

式中，$U_{k-1}^{\mathrm{excl\_a}}$ 为相应的输入，即输入 U_{k-1} 的第 j 行；$U_{k-1}^{\mathrm{incl\_a}}$ 为余下的各行；同理，$D_k^{\mathrm{incl\_a}}$、$D_k^{\mathrm{excl\_a}}$ 也有相应的定义。

定义每一个执行机构故障为一种故障模式，设计 r 个降阶卡尔曼滤波器，r 为执行机构数目。每一个卡尔曼滤波器都用来监测某个特定执行机构的故障模式，将除去被监测执行机构后的剩余执行机构的输入子集作为滤波器输入，即滤波器将 $U_{k-1}^{\mathrm{incl\_a}}$ 作为输入，$B_{k-1}^{\mathrm{incl\_a}}$ 和 $D_k^{\mathrm{incl\_a}}$ 为系数矩阵，其状态估计误差为

$$
\begin{aligned}
\overline{X}_k &= X_k - \hat{X}_k \\
&= (I - K_k H_k) \phi_{k,k-1}^{*} \overline{X}_{k-1} + (I - K_k H_k) B_{k-1}^{\mathrm{excl\_a}} U_{k-1}^{\mathrm{excl\_a}} + (I - K_k H_k) W_k^{*} - K_k V_k
\end{aligned}
\quad (5.137)
$$

式中，$W_k^{*} = \Gamma_k W_k - J_k V_k$。

故障诊断系统中，滤波器引入的传感器有足够的自由度提供信息，以抵消故障输入增益矩阵低压转子换算转速的影响。当第 j 个执行机构产生故障时，第 j 个卡尔曼滤波器只用到其余 $(r - 1)$ 个无故障执行机构的输入，所以滤波估计误差无影响，而其他卡尔曼滤波器均用到第 j 个故障执行机构的输入，滤波估计误差将产生变化并包含第 j 个执行机构故障信息。显然，在 $(m + r)$ 个卡尔曼滤波器中，不同

卡尔曼滤波器所包含的待优化的增益矩阵低压转子换算转速是不同的,且可以是时变的。对于$(m+r)$个被检测的部件(传感器、执行机构),应有$(m+r)$个卡尔曼滤波器,其故障检测、隔离逻辑系统结构图如图 5.42 所示,图中 WSSR 表示残差加权平方和。

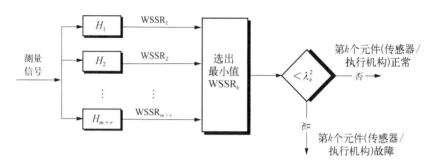

图 5.42　基于多重故障匹配卡尔曼滤波器的
故障检测、隔离逻辑系统结构图

3. 多重故障的诊断逻辑原理

当存在多个元件(传感器、执行机构)故障时,需扩展设计故障诊断系统,以双重传感器故障为例,其原理如图 5.43 所示。

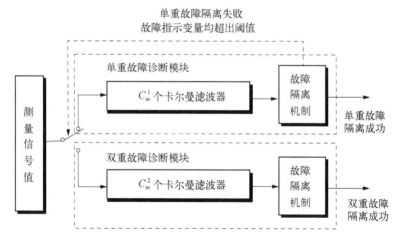

图 5.43　双重传感器故障诊断系统原理框图

当传感器或执行机构发生故障时,单重故障诊断模块中的所有卡尔曼滤波器都会接收故障输入,必然导致全部指示故障的系统残差信号超出阈值。此时系统发出故障隔离失败信号,切换到双重故障诊断模块。双重故障诊断模块采用组合方法,每个降阶卡尔曼滤波器排除两个控制输入信号后再进行滤波计算,故障诊断逻辑与单重故障诊断相似。具体实现时,在降阶卡尔曼滤波器计算模块中应注意软件设计的通用性,以减少滤波器数目和计算量。

4. 传感器与执行机构故障诊断仿真验证

选取某型航空发动机高空稳态点状态方程进行离散化,采样周期为 20 ms。$t =$ 10 s 时,模拟风扇转速传感器突变性"硬"故障,幅值为 0.3;随后 $t = 20$ s 时,模拟高压压气机出口温度传感器 0.5% 渐变性"软"故障,如图 5.44 所示。

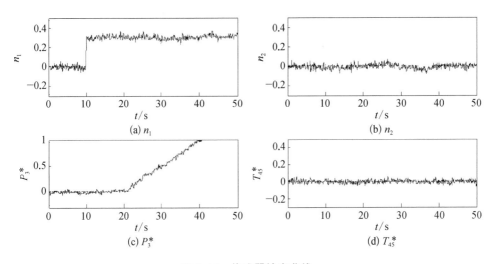

(a) n_1　(b) n_2　(c) P_3^*　(d) T_{45}^*

图 5.44　传感器输出曲线

如图 5.45 所示,在 $t = 10 \sim 20$ s,单重故障诊断模块的滤波残差中只有表示风扇转速 n_1 的 1 号传感器 $WSSR_1$ 基本稳定在零值附近,其他由于受到故障影响均发生突变并超过阈值,说明此时 1 号传感器发生故障。$t = 20$ s 时,表示

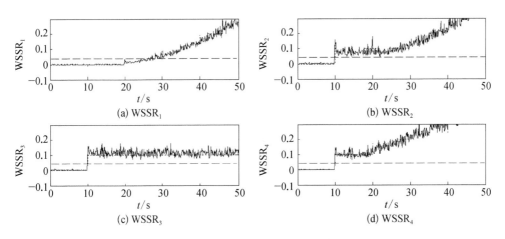

(a) $WSSR_1$　(b) $WSSR_2$　(c) $WSSR_3$　(d) $WSSR_4$

图 5.45　单重故障诊断模块残差曲线

高压压气机出口总压 P_3^* 的 3 号传感器也发生故障,所有单重故障诊断系统的滤波残差均变大,超过检测阈值,不能完成故障诊断,因此切换到双重故障诊断模块。

如图 5.46 所示,双重故障诊断模块的滤波残差中,只有分别表示风扇转速 n_1、高压压气机出口总压 P_3^* 的 1、3 号传感器 $WSSR_{13}$ 基本稳定在零值附近,其他由于受到故障影响而突变并超过阈值,说明表示风扇转速 n_1 的 1 号传感器和表示高压压气机出口总压 P_3^* 的 3 号传感器发生故障,因此可以准确快速地检测和隔离故障。

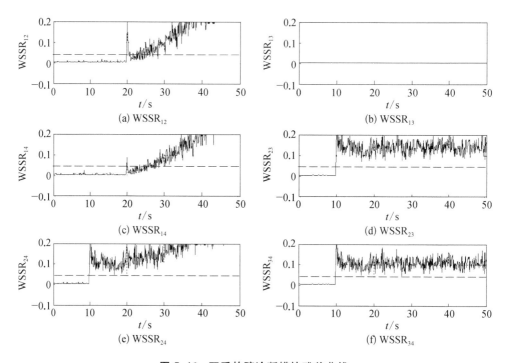

图 5.46　双重故障诊断模块残差曲线

如图 5.47 所示,在 $t = 10\text{ s}$ 时,模拟液压油泄漏导致喷口面积缩小的喷口作动筒发生突变性"硬"故障,幅值为 0.2。如图 5.48 所示,在 $t = 10\text{ s}$ 时,模拟受扰导致流通面积渐变性燃油计量活门"软"故障,斜率为 0.5%。

可以看出,当某一执行机构发生故障时,该执行机构对应的降阶卡尔曼滤波器输出 WSSR 基本稳定在零值附近,而其他执行机构对应的 WSSR 由于受输入故障影响而超过检测阈值,且残差对故障的反应较快,因此可以准确快速地检测和隔离故障。

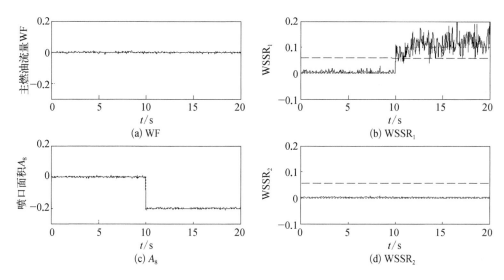

图 5.47　喷口作动筒单重执行机构"硬"故障残差曲线

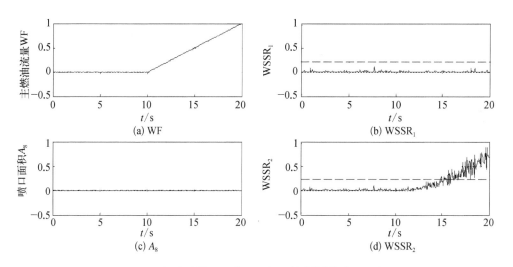

图 5.48　燃油计量活门单重执行机构"软"故障残差曲线

5.6.4　基于卡尔曼滤波器的机载自适应模型故障诊断

从对故障诊断的影响来说,发动机部件健康状态的退化使发动机输出偏离了额定值,根据退化后的传感器测量值进行故障诊断系统诊断很有可能产生误报。改进发动机故障诊断的线性状态空间模型,使之实时更新,反映实际发动机部件的性能退化,通过这一更新可以保证故障诊断算法的有效性,避免产生误报。因此,建立发动机故障诊断的机载自适应模型能够解决上述问题,保证故障诊断的有效性。

1. 基于机载自适应模型的故障诊断架构

发动机健康退化主要是通过风扇效率、高压压气机效率、高压涡轮效率、低压涡轮效率来反映的,这些能反映零部件性能的参数就称为健康参数,健康参数的退化量可表示为: $\Delta h = [\text{defan} \quad \text{dehpc} \quad \text{delpt} \quad \text{dehpt}]$,其中 defan 表示风扇效率退化量、dehpc 表示高压压气机效率退化量、delpt 表示低压涡轮效率退化量、dehpt 表示高压涡轮效率退化量,对于额定的发动机,$\Delta h = 0$。 在发动机的整个服役期内,性能退化是很缓慢的,它对发动机的性能影响表现为发动机稳态测量参数的变化,即 $\dot{\Delta h} = 0$。

随着使用次数、使用时间的增加,航空发动机各部件会有磨损,导致各部件性能退化,从而给故障诊断过程带来困扰。当性能退化到一定程度时,发动机输出偏离额定值,根据发生退化后的传感器测量值进行故障诊断时,很有可能产生误报。建立机载自适应模型,使得基于模型的故障诊断更贴近实际发动机工作状态,完成实时在线的故障诊断。基于卡尔曼滤波器的机载自适应模型主要由卡尔曼滤波器与分段线性化稳态基准模型组成,基本结构如图 5.49 所示。

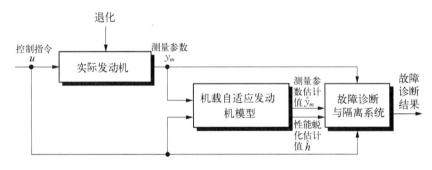

图 5.49 机载自适应在线故障诊断结构图

首先将退化因子增广到控制输入量,建立包含健康参数的稳态基准线性化模型。然后通过将性能退化因子增广到状态变量模型的状态向量中,由卡尔曼滤波器根据实际发动机的可测输出偏离量估计出最优状态量,从中选择合适的调度量,反馈给稳态基准模型,使得稳态基准模型的插值输出也得以修正并输入卡尔曼滤波器中,模型构成闭环。最终,卡尔曼滤波器可估计出退化因子的参数值,其输出与实际发动机的输出保持一致,可用于故障匹配卡尔曼滤波器的故障诊断,模型结构如图 5.50 所示。

基于卡尔曼滤波器原理可知,所估计的状态数量不大于传感器所测量的个数,因此为了估计退化量 Δh,发动机状态方程中各参数的选取如表 5.9 所示。

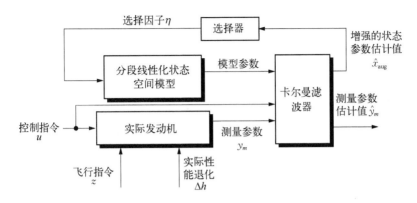

图 5.50 基于卡尔曼滤波器的机载自适应模型结构图

表 5.9 发动机状态方程参数选取

状态变量 x	健康参数 h	控制变量 u	可测量输出 y_m	不可测量参数 y_{um}
n_1	风扇效率	阻燃油流量	低压转子转速 n_1	推力
n_2	高压压气机效率	喷口面积	高压转子转速 n_2	风扇稳定裕度
	低压涡轮效率		压气机出口总压 P_3^*	压气机稳定裕度
	高压涡轮效率		高压涡轮出口总温 T_{45}^*	
			压气机进口总温 T_{25}^*	
			压气机进口总压 P_{25}^*	
			低压涡轮出口总温 T_5^*	
			低压涡轮出口总压 P_5^*	

2. 机载自适应模型故障诊断方法

考虑发动机性能退化因素的影响,则状态变量模型应表示为

$$\begin{cases} \Delta\dot{x} = A\Delta x + B\Delta u + L\Delta h + w \\ \Delta y_m = C_m\Delta x + D_m\Delta u + M_m\Delta h + v \\ \Delta y_u = C_u\Delta x + D_u\Delta u + M_u\Delta h \end{cases} \quad (5.138)$$

式中,A、B、C、D、M 分别为上述状态方程中对应的系数矩阵;$\Delta x = x - x_q$,下标 q 表示稳态值;$\Delta u = u - u_q$;$\Delta h = h - h_{ref}$;w 表示系统噪声矩阵;v 表示测量噪声矩阵;下

标 m 表示可测量值;下标 u 表示不可测量值。

N_1 为基准健康状况,通常选取出厂时的效率为基准健康状态,在建立状态变量模型时,将退化视为缓慢过程,从数学意义上来说将其作为控制输入,并将其作为状态量进行增广,从而得到如下增广状态变量模型:

$$\begin{cases} \Delta \dot{x}_{aug} = A_{aug} \Delta x_{aug} + B_{aug} \Delta u + w \\ \Delta y_m = C_{aug,\,m} \Delta x_{aug} + D_{aug,\,m} \Delta u + v \\ \Delta y_u = C_{aug,\,u} \Delta x_{aug} + D_{aug,\,u} \Delta u \end{cases} \tag{5.139}$$

式中,$\Delta x_{aug} = \begin{pmatrix} \Delta x \\ \Delta h \end{pmatrix}$; $A_{aug} = \begin{pmatrix} A & L \\ 0 & 0 \end{pmatrix}$; $B_{aug} = \begin{pmatrix} B \\ 0 \end{pmatrix}$; $C_{aug,\,m} = (C_m \quad M_m)$; $D_{aug,\,m} = D_m$; $C_{aug,\,u} = (C_u \quad M_u)$; $D_{aug,\,u} = D_u$。

经卡尔曼滤波器估计后可得

$$\begin{cases} \Delta \dot{\hat{x}}_{aug} = A_{aug} \Delta \hat{x}_{aug} + B_{aug} \Delta u + K(\Delta y_m - \Delta \hat{y}_m) \\ \Delta \hat{y}_m = C_{aug,\,m} \Delta \hat{x}_{aug} + D_{aug,\,m} \Delta u \\ \Delta \hat{y}_u = C_{aug,\,u} \Delta \hat{x}_{aug} + D_{aug,\,u} \Delta u \end{cases} \tag{5.140}$$

式中,K 为卡尔曼滤波器增益阵,计算 K 时,为了收敛,系统矩阵对 $(A_{aug},\,C_{aug,\,m})$ 应满足可观测性。

通过卡尔曼滤波器的估计值 $\hat{x}_{aug}$、$\hat{y}_{aug,\,m}$ 可以反映当前发动机的实际情况,从中选择合适的调度量反馈并修正发动机线性状态模型,得到新的稳态模型参数。将自适应模型用于基于模型的故障诊断方法中,不仅避免了发动机部件性能退化引起输出变化造成的传感器故障误诊,还能估计健康参数的退化值。

3. 传感器故障诊断仿真验证

在地面工况,选取某型航空发动机,在第 20 s 时,在高压涡轮出口温度传感器施加 0.5% 渐变性"软"故障,在高压涡轮效率降低 2% 的情况下进行故障诊断。

首先通过卡尔曼滤波器估计出高压涡轮效率的变化情况,如图 5.51 所示。将估计出的结果用于机载模型更新,使得高压涡轮效率降低 2%,不会对故障诊断输出残差产生影响,残差只对故障信号敏感,进而保证诊断系统的有效性。

如图 5.52 所示,$WSSR_1 \sim WSSR_8$ 依次为发动机可测量传感器对应的故障匹配滤波器输出的残差。由图可知,只有表示高压涡轮出口总温 T_{45}^* 的 4 号传感器 $WSSR_4$ 基本稳定在零值附近,其他由于受故障影响而变大,超过检测阈值,因此可以准确快速地检测和隔离 T_{45}^* 传感器故障。

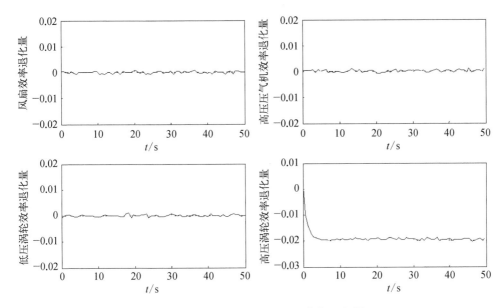

图 5.51 卡尔曼滤波器估计的健康参数退化量 Δh

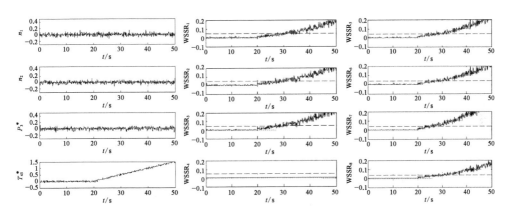

图 5.52 高压涡轮出口总温 T_{45}^* 传感器"软"故障仿真曲线

5.6.5 基于滑模观测器的故障检测与隔离

在一般的观测器基础上加入滑模变结构控制律函数,称为滑模观测器。与传统观测器相比,滑模观测器的优势体现在以下两方面:① 滑模观测器通过非线性切换项反馈输出估计误差,有效解决了未知干扰造成的传统观测器估计状态无法逼近系统状态的问题;② 在滑模运动过程中,等效输出误差注入项包含未知信号的信息,因此可用于故障的估计。由滑模观测器设计及特性可知,当系统在滑模面上发生滑动运动时,其等效输出误差注入项包含了未知信号的信息,无故障时,可实现对干扰的准确估计。当系统产生故障时,等效输出误差注入项包含故障信息。

正是因为这一特性,基于滑模观测器的故障估计方法一直是近些年重要的研究方向。

1. 执行机构故障数学描述

执行机构发生故障时,考虑系统存在的不确定因素和未知非线性,航空发动机控制系统数学模型可描述为

$$\begin{cases} \dot{x}(t) = Ax(t) + Bu(t) + g(x,t) + \xi(t) + Ef_a(t) \\ y(t) = Cx(t) \end{cases} \tag{5.141}$$

式中,状态变量 $x \in R^n$;输入 $u \in R^m$;输出变量 $y \in R^p$;$f_a \in R^h$,表示未知的执行机构故障;$\xi(t)$ 包含模型误差、参数变化、外界干扰等不确定因素;$g(x,t)$ 表示系统存在的非线性因素;矩阵 A、B、C、E 为适当维数矩阵,其中 E 和 C 均满秩,当 (A, C) 可观时,存在线性变换使得新坐标系下的矩阵 C 满足 $C = \begin{bmatrix} 0 & I_p \end{bmatrix}$,为此,不妨假定 $C = \begin{bmatrix} 0 & I_p \end{bmatrix}$。

假设(1):系统 (A, C) 可观。

假设(2):存在矩阵 $M \in R^{h \times p}$ 满足 $E^T P = MC$。

假设(3):故障 f_a 和不确定性 $\xi(t)$ 范数有界,即存在 $\beta_a > 0$ 和 $\beta_\xi > 0$,使得

$$\| f_a \| \leqslant \beta_a \text{且} \| \xi(t) \| \leqslant \beta_\xi \tag{5.142}$$

假设(4):非线性项 $g(x, t)$ 满足 Lipschitz 条件,即存在常数 $\gamma > 0$,使得

$$\| g(x, t) - g(\tilde{x}, t) \| \leqslant \gamma \| x - \tilde{x} \| \tag{5.143}$$

当系统满足上述假设(1)和(2)时,存在坐标变换 $q = Tx$,使得原系统经坐标变换后具有以下形式:

$$\begin{cases} \dot{q}_1 = A_1' q_1 + A_2' q_2 + B_1' u + T_1 g(T^{-1}q, t) + T_1 \xi \\ \dot{q}_2 = A_3' q_1 + A_4' q_2 + B_2' u + T_2 g(T^{-1}q, t) + T_2 \xi + E_2 f_a \\ y = q_2 \end{cases} \tag{5.144}$$

式中,$q_1 \in R^{n-p}$;$q_2 \in R^p$;$E_2 \in R^{p \times h}$;A_1' 为稳定矩阵;$T_1 = \begin{bmatrix} I_{n-p} & P_1^{-1}P_2 \end{bmatrix}$;$T_2 = \begin{bmatrix} 0 & I_p \end{bmatrix}$。

2. 滑模观测器设计

1) 滑模观测器设计

经坐标变换后,执行机构故障仅对第二维状态 q_2 产生影响,设计如下滑模观测器:

$$\begin{cases} \dot{\hat{q}}_1 = A_1' \hat{q}_1 + A_2' y + B_1' u + T_1 g(T^{-1}\hat{q}, t) \\ \dot{\hat{q}}_2 = A_3' \hat{q}_1 + A_4' \hat{q}_2 + B_2' u + T_2 g(T^{-1}\hat{q}, t) + L(y - \hat{y}) + v_1 \\ \hat{y} = \hat{q}_2 \end{cases} \tag{5.145}$$

式中，$\hat{q}_1$、$\hat{q}_2$ 分别为状态 q_1、q_2 的估计值；$\hat{y}$ 为输出 y 的估计值；L 是滑模观测器中线性修正项的增益矩阵，记 $A_4^s = A_4' - L$，其中 A_4' 为适当维数的状态误差系数矩阵；$\hat{q} = \mathrm{col}(\hat{q}_1, y)$；非线性切换项 v_1 为

$$v_1 = \begin{cases} \rho \dfrac{P_4(y - \hat{y})}{\parallel P_4(y - \hat{y}) \parallel}, & \text{if} \quad y - \hat{y} \neq 0 \\ 0, & \text{其他} \end{cases} \tag{5.146}$$

式中，$\rho = \parallel E_2 \parallel \beta_a + \eta_1$，其中 η_1 为正标量；P_4 为滑模观测器中待设计的参数矩阵。综上，滑模观测器中待设计的参数包括 L、P_4、ρ。

状态估计误差 $e_1 = q_1 - \hat{q}_1$，$e_2 = q_2 - \hat{q}_2$ 的动态方程分别如下：

$$\dot{e}_1 = A_1' e_1 + \Delta g_1 + T_1 \xi \tag{5.147}$$

$$\dot{e}_2 = A_3' e_1 + A_4^s e_2 + \Delta g_2 + E_2 f_a + T_2 \xi - v \tag{5.148}$$

式中，$\Delta g_1 = T_1 [g(T^{-1}q, t) - g(T^{-1}\hat{q}, t)]$；$\Delta g_2 = T_2 [g(T^{-1}q, t) - g(T^{-1}\hat{q}, t)]$。

由式（5.148）可知，不确定因素的存在将会影响观测器的状态估计误差。为此，可通过预先设计 H_∞ 抑制不确定因素对误差的影响：

$$\parallel H \parallel_\infty = \sup_{\parallel \xi \parallel_2 \neq 0} \frac{\parallel e \parallel_2}{\parallel \xi \parallel_2} \leqslant \sqrt{\mu} \tag{5.149}$$

式中，$\sup( )$ 表示上确界数字计算；$e = \mathrm{col}(e_1, e_2)$；$\mu > 0$；$\parallel \cdot \parallel_2$ 表示 2-范数，代表能量大小。

H_∞ 将不确定因素到状态估计误差之间的能量增益限制在 μ 以内，μ 越小，代表不确定因素对于系统状态估计误差的影响越小。因此，可通过减小 μ 值来增强系统的鲁棒性。

2）滑模面可达性分析

选取滑模面为

$$s = \{(e_1, e_2) \mid e_2 = 0\} \tag{5.150}$$

当非线性切换项 $\rho = \parallel E_2 \parallel \beta_a + \eta_1$ 中的 η_1 满足如下条件时：

$$\eta_1 = \parallel A_3 \parallel \varepsilon + \gamma \varepsilon + \xi + \eta_2 \tag{5.151}$$

那么，在非线性切换项的作用下，系统状态从任意初始点都能进入滑动模态并将其稳定可靠地保持在滑动模态上。式（5.151）中，ε 为 $\parallel e \parallel$ 的上界，η_2 为一个正常数，证明过程与滑模面可达性类似，此处不再赘述。

3. 执行机构故障特性估计方法

当系统到达滑模面时，$\dot{e}_2 = 0$，$e_2 = 0$，式（5.148）可改写为

$$0 = A_3' e_1 + \Delta g_2 + E_2 f_a + T_2 \xi - v_{eq} \tag{5.152}$$

式中，v_{eq} 为维持滑模运动所需的等效输出误差注入项。

为减小滑模运动过程中的抖振，非线性切换性通常采用伪滑动形式：

$$v_1 = \rho \frac{P_4(y - \hat{y})}{\| P_4(y - \hat{y}) \| + \delta} \tag{5.153}$$

式中，δ 为小的正标量。

根据等效输出误差注入的概念，执行机构的故障估计表示为

$$\hat{f}_a = E_2^+ v_{eq} \tag{5.154}$$

式中，E_2^+ 为 E_2 的左伪逆。

可得故障估计误差为

$$f_a - \hat{f}_a = - E_2^+ A_3' e_1 - E_2^+ \Delta g_2 - E_2^+ T_2 \xi \tag{5.155}$$

式(5.155)的 2-范数形式为

$$\begin{aligned}
\| f_a - \hat{f}_a \|_2 &= \| E_2^+ A_3' e_1 + E_2^+ \Delta g_2 + E_2^+ T_2 \xi \| \\
&\leqslant \sigma_{\max}(E_2^+ A_3) \| e_1 \|_2 + \gamma \sigma_{\max}(E_2^+) \| e_1 \|_2 + \sigma_{\max}(E_2^+) \| \xi \|_2 \\
&\leqslant \sigma_{\max}(E_2^+ A_3) \| e \|_2 + \gamma \sigma_{\max}(E_2^+) \| e \|_2 + \sigma_{\max}(E_2^+) \| \xi \|_2
\end{aligned} \tag{5.156}$$

根据 H_∞ 的设计目标，$\| e \|_2 \leqslant \sqrt{\mu} \| \xi \|_2$，故式(5.156)改写为

$$\| f_a - \hat{f}_a \|_2 \leqslant \left[\sqrt{\mu} \sigma_{\max}(E_2^+ A_3) + \sqrt{\mu} \gamma \sigma_{\max}(E_2^+) + \sigma_{\max}(E_2^+) \right] \| \xi \|_2 \tag{5.157}$$

由式(5.157)可知，故障估计的误差与系统不确定性因素相关。由于系统不确定性 ξ 的存在，无法实现精确的故障估计。但是，若所设计的 μ 足够小，所设计的滑模观测器仍可以有效地保留故障信息。

综上，在故障估计误差允许范围内时，执行机构故障估计可近似为

$$\hat{f}_a = \rho \frac{P_4 E_2^+ (y - \hat{y})}{\| P_4(y - \hat{y}) \| + \delta} \tag{5.158}$$

4. 执行机构故障诊断仿真验证

以某型涡扇发动机燃油计量装置故障为例，对基于滑模观测器的故障估计方法进行仿真验证。考虑以下几种故障情形：在 $t = 10\,\mathrm{s}$ 时，模拟燃油计量活门由于卡滞而发生恒偏差"硬"故障，幅值为 0.1，在 $t = 20\,\mathrm{s}$ 时，故障情形消失；在 $t = 10 \sim 20\,\mathrm{s}$ 时，模拟燃油计量活门渐变性"软"故障，斜率为 0.01/s；在 $t = 7\,\mathrm{s}$ 时，燃油计量活门

由于卡滞而发生幅值为 0.05 的恒偏差"硬"故障;在 $t=$ 15 s 时,斜率为 0.007 1/s。
故障估计仿真结果如图 5.53~图 5.55 所示。

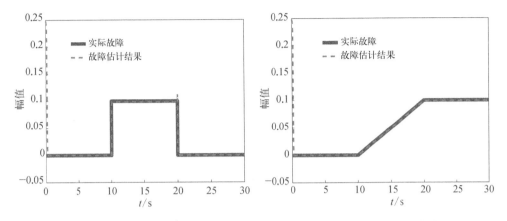

图 5.53　执行机构"硬"故障估计　　　　　图 5.54　执行机构"软"故障估计

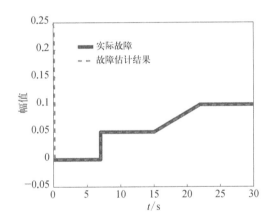

图 5.55　执行机构复杂故障估计

由以上仿真结果可知: 在 $t=0\sim1$ s 内,故障估计误差能迅速收敛到零值附
近; $t=1$ s 之后,执行机构故障估计结果能准确复现实际故障情形。因此,本章所
设计的故障估计方案能够对执行机构"硬"故障和"软"故障进行有效的估计,故障
估计时间短、准确性高。

第6章
发动机维修保障

航空发动机具有高温、高转速、高可靠性的特点,而且现代民航航空发动机还必须满足低污染、低噪声、低油耗、低成本和长寿命的要求。国外一些先进的理论与技术,如预测与健康管理(prognostics and health management,PHM)、基于状态的维修(condition based maintenance,CBM)、自主保障(autonomic logistics,AL)等在联合攻击机的 F135/F136 等新型发动机中得到应用,这也促使 PHM、人工智能等新概念和方法引入,并借鉴到新型军民用航空发动机设计、制造、运营、维修和保障等环节中,以满足高安全性和低全寿命周期运营成本等要求。CBM 也称为视情维修,是预测与健康管理中的核心理念,根据设备的日常点检记录、状态监测和诊断信息,运用数据分析方法,综合专家知识,分析设备的衰退或劣化程度、故障隐患的发展趋向,确定维修类别、部位及时间,在故障发生前有计划地进行适当的维修,其基本特征是先预知后决策。

航空发动机及航改燃机是飞机和舰船的心脏,其健康状态对保证航行安全具有重要意义。在我国航空领域飞行事故中,航空发动机故障是导致飞机机械和机务故障的主要原因之一。除安全性因素外,经济可承受性是不可避免的问题,发动机一次送修成本达数百万美元,发动机维修成本占总维修成本的 30%~40%,一台备用发动机的成本为上千万美元,购买费用及使用与保障费用都非常高,为了适应民航及军方用户对发动机安全性与经济性的要求,必须开展包括备用发动机在内的发动机机群视情维修新理论的研究。

6.1 发动机维修保障模式

6.1.1 健康管理系统与视情维护

当前,航空发动机及舰船燃气轮机的维修主要采用以可靠性为中心的维修方式。国际上,在航空维修领域普遍采用定时、事后和视情等多种维修方式相结合的维修制度。定时维修方式是基于零部件寿命统计(即可靠性规律)而采取的预防性策略,事后维修是预防性维修的补充。CBM 是指根据定期或连续的状态监测信息所实施的预防性维修策略。视情维修以系统的实际状态为基础,制定维修方案,可以准确地控制故障风险,充分利用剩余使用寿命,避免"过修"和"失修"问题,提高系统的利用率,从而合理地平衡使用维修中安全和经济的矛盾。

要实现有效的 CBM,其基础是状态监测技术和 PHM 方法。PHM 指预计诊断部件或系统完成其功能的状态,并根据预测和诊断信息预测发动机寿命。2002年,美国国防部提出了 CBM+,扩展了 CBM 的基本内涵,包括 CBM 的思想、流程和程序,同时采用以可靠为中心的维修(reliability centered maintenance, RCM)思想将定时维修和 CBM 统一起来,并通过联合全资产可视化(joint total asset visibility, JTAV)思想和自动保障系统形成一体化,以实现维修的低成本和高效率。CBM+的概念包括故障监测、诊断和预测、寿命预测、维修决策、交互式维修系统、交互式训练系统和维修资源自动保障等,是一个完全以状态和故障信息为"驱动"的主动式系统,称为自治维修系统。CBM+的基本思想是 RCM 和 JTAV,涉及预测、诊断、便携式维修辅助装置、交互式电子手册、交互式训练、数据分析、集成化信息系统和自动识别技术,但这些技术的发展状况与应用 CBM+尚有一段距离。2004 年起,美国国防部陆续在陆军的未来对抗系统(future combat system)项目、空军的联合攻击战斗机(joint strike fighter, JSF)项目中开始推行 CBM+计划,当前正处于关键技术的研制阶段,海军等部门也在进行相关的研究。

PHM 是一种新的状态管理思想,最早应用于火箭发射领域。20 世纪 80 ~ 90年代,为改善可重复使用的火箭发动机的安全性与两次飞行任务间的维修管理水平,NASA Lewis 研究中心开展了以油液光谱分析技术为核心的火箭推进器健康管理。在航空发动机领域,A - 7E 飞机的发动机监控系统是最早的 PHM系统。

从 20 世纪 90 年代以来,英国也开展了大量的工作,并开发了与之相似的直升机健康和使用管理系统(health and usage management system, HUMS)、集成状态评估系统(integrate condition assessment system, ICAS)等。波音公司和洛克西德·马丁公司在投标下一代 JSF 时都在设计中综合了 PHM 能力,并将 PHM 和 AL 作为两大关键技术。波音公司将 PHM 应用到民用航空领域,称为飞机状态管理系统,减少飞行延误、航班取消等事件,实现高效率运营的同时降低运行成本。将 PHM 应用到航空发动机上,可以实现故障预报、寿命预测等,辅助发动机的运营和 CBM 管理。有研究人员提出的基于 web 的平台 ICEMS 可以实现发动机的 PHM,应用智能传感器、诊断与监测技术、知识融合、数据与信息融合方法、数据挖掘、实时仿真等技术,纷纷开发了相关系统,将监控发展到管理的概念,用于改善任务安全性、可靠性、全寿命周期成本和周转时间等,并成功应用于结构、航电、发动机的健康状态管理。

国内学者在健康管理方面发展初期就给予了密切关注并开展了跟踪研究,开发了液体火箭发动机、武器装备、电子产品、飞机等方面的 PHM 系统,还提出了复杂系统综合健康管理(complex system integrated health management, CSIHM)的概念。同时,在航空飞行器及发动机先进传感器技术、健康管理方法及维修保障服务技术方面取得了一定进展和成绩。

综上所述,作为一个新兴的管理理念,健康管理从思想到技术都有了一定程度的发展,但大多数研究主要集中在监测与诊断技术,而健康管理的末端是预测故障或寿命,并安排后勤保障,作为 CBM+ 和 PHM 思想的重要部分,目前还处于框架规划阶段,如何将监测、诊断、寿命预测、后勤保障设计为一个有机的系统,无论在理论还是方法上都还有待深入研究。

6.1.2　航空发动机维修决策方法

1. 单部件与多部件维修决策

维修决策主要分为单部件维修决策研究和多部件维修决策研究,单部件维修决策模型的决策变量主要有部件的剩余使用寿命和检查间隔期两种。Barlow 等(1960)于 1960 年开创性地提出了预防性维修优化模型,之后的几十年里,大量单部件维修决策研究取得了较大进展。McCall(1965)、Pierskalla 等(1976)、Sherif 等(1981)、Valdez - Flores 等(1989)先后对维修优化模型进行了综述。McCall(1965)将随机失效设备的模型分为两类:预备维修模型和预防性维修模型,并根据设备故障分布是否已知介绍了最大最小策略和贝叶斯自适应法等。Pierskalla 等(1976)综合分析了 259 篇有关设备维修的文献,把维修模型分为非连续时间维修模型和连续时间维修模型;Sherif 等(1981)对 818 篇参考文献进行了综述;Valdez - Flores 等列举了自 1982 年以来的相关研究文献 120 篇。单部件维修理念将系统划分为若干个子系统,把每个子系统视作单部件,部件之间的物理结构、故障甚至维修费用等都是相互独立的,分别对其维修决策进行优化。但事实上,部件之间联系是必然存在的,因此,近十年来,大量的学者纷纷投身于多部件的维修优化模型研究。

2. 成组维修策略

发动机的部分零部件是高价格、高风险、定寿命的,必须对其进行跟踪管理,但这些零部件的寿命和使用的时间不同,导致拆换时刻不同,根据各维修优化模型确定整机的维修任务和间隔后,需要将这些维修任务有机组合在一起,形成系统维修方案,这种组合就是成组维修问题。对于民机,成组维修是降低维修费用的有效手段,成组维修策略又分为修复性成组维修策略、预防性成组维修策略两类。

1) 修复性成组维修策略

修复性成组维修策略是指当一个部件发生故障时,部件保持故障状态,直至和其他发生故障的部件一起维修,产生同时维修多个相同部件的规模效益,但因为保留了部件的故障而增加了一定的系统风险,修复性成组维修策略主要适用于具有冗余的系统。Assaf 等(1987)研究了部件是独立同指数分布的维修策略模型,Wilson 等(1990)对模型进行了推广,认为维修时间是个随机变量,并证明其费用函数具有最小值。Okumoto 等(1983)提出了一种 T 维修策略,假定维修是在瞬间完成的,损失成本和维修费用成本是线性函数,将部件从投入使用到所有故障部件一起更换的时间 T 作为唯一的优化变量,这种策略的缺点是在维修决策时没有考虑系统中部件的故障发生次数。Ritchken 等(1990)在原有的单部件维修策略的基础上提出了多部件的维修策略,是故障次数限制策略和定龄更换策略的结合,使得系统具有更好的可靠性和经济性。

2)预防性成组维修策略

预防性成组维修策略用来预防故障和减少运营成本,即预先制定好维修计划,通过同时执行维修任务来降低维修费用。预防性成组维修策略可以分为两类,一类是固定的成组维修策略,到了更换时间,不管部件的新旧程度如何,都将同时进行维修或更换,称为固定成组维修策略;另一类是将部件分为多个组,称为优化成组维修策略。Archibald 等(1996)对成批更换进行了改进,称为改进型成批更换。优化成组要求形成多个不同的组,因此需要考虑各个组的组合问题,所以比较困难,目前主要有两种解决方法,即直接成组和间接成组,前者就是将部件分在不同的固定成组中,部件通常就在这个组中进行维修,后者又分成两类,即标准间接成组和共同大修成组。标准间接成组设定一个最小的维修间隔,各部件的维修间隔是这个最小间隔的倍数,因此在整个时间轴上不是固定的。而共同大修成组是设定一个最大的维修间隔,到了这个间隔期,所有的部件一起进行维修,各部件还各自有一个小的维修间隔。van Dijkhuizen 等(1997)研究了直接成组维修策略,间接成组来源于库存(inventory)理论,后来 Goyal 等(1985)将其应用于维修领域。针对民航发动机时寿件,在两次或多次发动机整机拆换时刻已知的情况下,可以用直接成组维修策略优化拆换决策。

6.1.3　全机性能衰退及在翼寿命预测

寿命预测是维修决策优化的基础,主要来自传统的维修优化模型理论,涉及概率论、随机过程、运筹学等知识,发动机的寿命与安全性和经济性是密切相关的。Vittal 等(2004)提出了旋转类零件的寿命预测影响安全性,气路部分的寿命预测影响经济性,归纳了多种航空发动机常见的寿命预测方法。也有研究人员采用 3D 有限元和概率方法分析了旋转零件的裂纹增长,定量预测发动机涡轮旋转件的寿命,或者将与发动机性能数据相关的参数方程应用到部件的寿命跟踪里,这与传统的发动机寿命预测方法不同。还有一种重要的寿命预测方法来自可靠性工程,即用故障分布函数来预测零件的安全运行寿命,最常用的是 Weibull 分布,即比例故障模型(proportional hazards models),这种方法最初由 Cox 应用在生物领域,后来人们用它将 CBM 数据与零件寿命信息综合起来产生了新的发动机寿命预测方法。

有研究人员采用最优停止模型描述航空发动机的维修行为,用随机动态规划来决策发动机送修。也有研究人员将多部件联合更换的启发式方法应用到航空发动机上,或使用发动机的硬寿命和软寿命概念来优化维修成本。有文献建立了确定最优空中停车率的数学规划方法,运用统计粗集模型,通过发动机性能状态来预测各单元体的维修等级,辅助维修决策。

6.2 基于机群管理的维修保障

6.2.1 机群发动机性能基线挖掘

1. 性能衰退及剩余使用寿命计算思路

在发动机使用过程中,其性能会逐渐衰退,体现为性能参数逐渐向某一方向偏离,即逐渐出现衰退,衰退模式一般用衰退率来表示。工程上,衡量发动机性能衰退状况的参数主要是发动机排气温度裕度(exhaust gas temperature margin,EGTM)的衰退率(即一千次循环下的 EGTM 衰减量),其定义为

$$D = \frac{\Delta \text{EGTM}}{\text{CSI}/1\,000} \tag{6.1}$$

式中,D 为衰退率;ΔEGTM 为发动机排气温度裕度变化量;CSI 为装机循环次数。

衰退率计算示意图如图 6.1 所示,从式(6.1)及图 6.1 中可以看出,衰退率的计算实质是求解 EGTM 与装机循环次数的一次拟合直线的斜率,再将这个斜率值

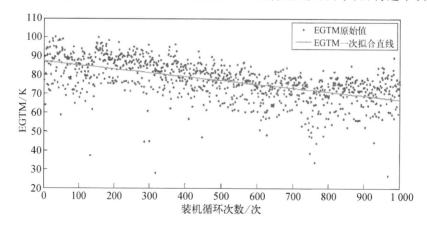

图 6.1 衰退率计算示意图

乘以 1 000 即为衰退率。依据如上分析,采用一元线性回归方法求解航空发动机的衰退率,采用此种方法主要有如下优点:① 能准确计算出一次拟合直线的斜率;② 能在给定置信度下求出衰退率的置信区间;③ 计算简单方便,易于编程实现。因此,本节采用一元线性回归方法对航空发动机衰退率进行计算。

1) 一元线性回归基本理论

假设对于 x(在某个区间内)的每一个值都有 $Y \sim N(a + bx, \sigma^2)$,其中 a、b 及 σ^2 都是不依赖于 x 的未知参数。记 $\varepsilon = Y - (a + bx)$,上述正态假设相当于

$$Y = a + bx + \varepsilon, \quad \varepsilon \sim N(0, \sigma^2) \tag{6.2}$$

式中,未知参数 a、b 及 σ^2 都不依赖于 x,该式称为一元线性回归模型,其中 b 称为回归系数。

式(6.2)表明,因变量 Y 由两部分组成,一部分是 x 的线性函数 $u(x) = a + bx$,另一部分 $\varepsilon \sim N(0, \sigma^2)$ 是随机误差,是不可控制的。用一元线性回归方法计算航空发动机的衰退率,需要求解回归系数 b 的估计值及其置信区间。采用一元线性回归方法求解航空发动机衰退率的具体步骤如下所示。

(1) 求取中间变量 l_{xx}、l_{yy}、l_{xy}:

$$
\begin{aligned}
l_{xx} &= \sum_{i=1}^{n} (x_i - \bar{x})^2 \\
l_{yy} &= \sum_{i=1}^{n} (y_i - \bar{y})^2 \\
l_{xy} &= \sum_{i=1}^{n} (x_i - \bar{x})(y_i - \bar{y})
\end{aligned}
\tag{6.3}
$$

(2) 求取回归系数估计值 $\hat{b}$ 与方差 $\hat{\sigma}^2$ 的估计值:

$$
\hat{b} = \frac{l_{xy}}{l_{xx}}
$$

$$
\hat{\sigma}^2 = \frac{1}{n-2}(l_{yy} - \hat{b} \times l_{xy})
\tag{6.4}
$$

(3) 线性假设显著性检验:

$$H_0: b = 0, \quad H_1: b \neq 0 \tag{6.5}$$

拒绝域为

$$t = \frac{|\hat{b}|}{\hat{\sigma}} \sqrt{\sum_{i=1}^{n} (x_i - \bar{x})^2} \geqslant t_{\alpha/2}(n-2) \tag{6.6}$$

式中，α 为显著性水平，当假设 H_0 被拒绝时，认为回归效果是显著的，反之不显著。

（4）回归效果显著时，系数 b（即航空发动机衰退率的千分之一）的置信水平为 $1-\alpha$ 的置信区间为

$$\left[\hat{b} \pm t_{\alpha/2}(n-2) \times \frac{\hat{\sigma}}{\sqrt{l_{xx}}} \right] \tag{6.7}$$

因此，最终求得航空发动机衰退率的置信区间为

$$\left[\hat{b} \pm t_{\alpha/2}(n-2) \times \frac{\hat{\sigma}}{\sqrt{l_{xx}}} \right] \times 1\,000 \tag{6.8}$$

2）发动机剩余使用寿命计算思路

利用衰退率，可从性能的角度预测发动机的剩余使用寿命：发动机的 EGTM 值随着时间的推移而逐渐减小，其值随时间变化近似呈线性下降趋势。当发动机的 EGTM 预测值到达下发裕值（由航空公司规定）时，便可以认为发动机寿命已使用完。在预测发动机剩余使用寿命时，需要用到的参数有发动机的下发裕值、发动机当前 EGTM 值及发动机的衰退率。求出最近一段时间内的几个 EGTM 参数的平均值作为当前 EGTM 值，公式如下：

$$P_0 = \frac{1}{n} \sum_{i=1}^{n} P_i \tag{6.9}$$

式中，P_i 为最近一段时间内的几个 EGTM 参数值；n 为所取的最近一段时间内的 EGTM 参数个数；P_0 为 EGTM 参数平均值。

确定 P_0 以后，假设发动机的下发裕值为 $P_{裕}$，则发动机剩余使用寿命计算公式为

$$c_{剩} = \frac{|P_0 - P_{裕}|}{\hat{k}} \tag{6.10}$$

式中，$P_{裕}$ 为发动机的下发裕值；$\hat{k}$ 为计算求得的发动机衰退率；$c_{剩}$ 为发动机的剩余使用寿命（单位为循环次数）。

3）实例分析

选取某航空公司某一型号的 3 台发动机的 EGTM 数据对算法进行测试，导入数据以后，设定发动机下发裕值为 30 K，最终计算结果如表 6.1 所示。

表 6.1　某型号发动机的衰退率及剩余使用寿命计算结果

发动机序号	衰退率/(K/千循环)	衰退率 95% 置信区间/(K/千循环)	剩余使用寿命/循环
1	−2.013 23	[−2.143 9, −1.882 55]	20 940
2	−3.367 79	[−3.451 84, −3.283 73]	6 364
3	−1.235 29	[−1.351 49, −1.119 08]	7 192

从表 6.1 中不难发现,3 台发动机的衰退率比较接近,但彼此间仍有一定差距。这是因为 3 台发动机型号相同,结构及相关参数基本一致,因而衰退率比较接近。衰退率存在差异是因为各发动机的使用环境与条件存在差异,且在翼时间各不相同。工程师根据实际运营经验认为衰退率计算结果较为合理,符合该型发动机通常的衰退情况。此外,工程师认为发动机 2 和 3 的剩余使用寿命都比较合理,唯独发动机 1 的剩余使用寿命偏大,分析原因是发动机 1 的在翼时间不长,性能衰退很小,计算误差导致剩余使用寿命的计算结果偏大。

4)性能衰退率计算及剩余使用寿命研究总结

本节首先列出了发动机性能衰退率的计算公式,然后分析了一元线性回归方法求解衰退率的三大优点并列出了一元线性回归方法求解发动机衰退率的具体计算步骤,接着给出了发动机剩余使用寿命的计算公式。最后选取某航空公司数台同类型发动机的 EGTM 数据对算法进行测试,对计算结果进行了分析比较并与工程师讨论,验证了算法的合理性。

2. 整机及部件性能衰退趋势分析

发动机参数预测主要指根据发动机历史测量参数及历史偏差值预测其未来的参数值及偏差值,为发动机故障诊断和性能趋势分析提供理论依据,预测发动机的衰退变化趋势,以判断发动机何时应该拆换或者下发。可以采用多种方法对发动机性能衰退趋势进行预测,其具体算法如下。

1)线性回归预测法

设参数随循环的变化关系为 $P = kc + b$,其中 c 为循环次数,参数 P 既可以是原始值(建议采用原始值),也可以是平滑值。k 与 b 的求解可以参考衰退率计算中的线性回归模型建立步骤,将求得的 k、b 的估计值代入 $P = kc + b$ 中便可以计算出预测值。从长期来看,航空发动机性能参数(如 EGTM 等)的衰退趋势一般都是呈近似线性变化的,因此该种方法能够较好地预测出性能参数的未来发展趋势。线性回归预测法的计算速度快而且稳定,故 GE 公司的发动机性能监控系统也采用了该种方法来预测发动机各参数的未来变化趋势。

选取某台发动机一年的 EGTM 数据进行测试,该段数据一共有 654 个数据点。

将前面的 634 个数据用于建立模型,后 20 个数据作为测试样本,用来分析评价算法的预测精度。选择 3 个性能指标:平均绝对误差(mean absolute error,MAE)、平均相对误差(mean relative error,MRE)及均方根误差(root mean square error,RMSE)来衡量预测精度的高低,采用线性回归预测法得到的结果如图 6.2 所示。

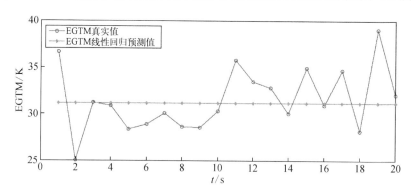

图 6.2　EGTM 线性回归预测值与真实值对比图

经过误差计算,线性回归预测的平均绝对误差为 2.646 9 K,平均相对误差为 8.302 0%,均方根误差为 3.347 6 K。

2) 二次指数平滑预测法

指数平滑预测法是一种特殊的加权平均法,加权的特点是对离预测值较近的历史数据给予较大的权重,对离预测期较远的历史数据给予较小的权重,权重由近到远按指数规律递减,因此这种预测方法称为指数平滑预测法,可分为一次指数平滑预测法、二次指数平滑预测法及更高次指数平滑预测法。

二次指数平滑预测法是指对一次指数平滑值再作一次指数平滑,它不能单独地进行预测,必须与一次指数平滑预测法配合,建立预测的数学模型,然后运用数学模型确定预测值。在大多数情况下,对于斜坡形历史数据,采用二次指数平滑预测法是很合适的。

二次指数平滑预测法实质上是将历史数据进行加权平均后作为未来时刻的预测结果,它具有计算简单、样本要求量较少、适应性较强、结果稳定等特点,其具体算法如下所示。

二次指数平滑预测法的计算公式为

$$S_t^{(2)} = \alpha S_t^{(1)} + (1 - \alpha)S_{t-1}^{(2)} \tag{6.11}$$

式中,$S_t^{(2)}$ 为 t 时刻的二次指数平滑值;$S_{t-1}^{(2)}$ 为 $t-1$ 时刻的二次指数平滑值;α 为平滑系数。

在 $S_t^{(1)}$ 和 $S_t^{(2)}$ 已知的条件下,二次指数平滑预测法的预测模型为

$$\begin{cases} \hat{Y}_{t+T} = a_t + b_t T \\ S_t^{(2)} = \alpha S_t^{(1)} + (1 - \alpha) S_{t-1}^{(2)} \end{cases} \tag{6.12}$$

式中, T 为预测超前期数。

$$\begin{cases} a_t = 2S_t^{(1)} - S_t^{(2)} \\ b_t = \dfrac{\alpha}{1 - \alpha} [S_t^{(1)} - S_t^{(2)}] \end{cases}$$

再次采用上述的发动机 EGTM 数据对二次指数平滑预测法进行测试。同样取前面的 634 个数据用于建立模型,后 20 个数据作为测试样本,分析评价预测性能,选取的 3 个性能指标也和前面的测试一样,采用二次指数平滑预测法得到的结果如图 6.3 所示。

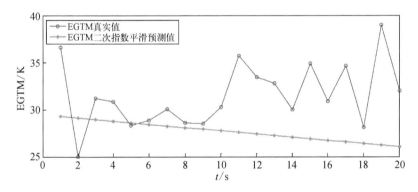

图 6.3　EGTM 二次指数平滑预测值与真实值对比图

经过误差计算,二次指数平滑预测的平均绝对误差为 4.259 1 K,平均相对误差为 12.772 4%,均方根误差为 5.383 9 K。

3) 三次指数平滑预测法

三次指数平滑预测法可以较好地进行时间序列的预测,时间序列数据一般有以下两种特点:趋势性和季节性,趋势性描述的是时间序列的整体走势,季节性描述的是数据的周期性波动,如以年或者月为周期。三次指数平滑预测法在二次指数平滑预测法的基础上保留了季节性的信息,因此可以预测带有季节性的时间序列。三次指数平滑预测法可以对同时含有趋势性和季节性的时间序列进行预测,该算法是基于一次指数平滑预测法和二次指数平滑预测法得到的。

三次指数平滑预测法比较适用于呈现非线性趋势的时间序列,可以消除时间序列的偶然性变动,提高近期数据的重要程度,是一种实用的中、短期预测方法。

设时间序列为 y_1，y_2，$\cdots$，y_t，指数平滑预测法的计算公式分别如下所示。

一次指数平滑预测法：

$$S_t^{(1)} = ay_t + (1-a)S_{t-1}^{(1)} \tag{6.13}$$

二次指数平滑预测法：

$$S_t^{(2)} = ay_t^{(1)} + (1-a)S_{t-1}^{(2)} \tag{6.14}$$

三次指数平滑预测法：

$$S_t^{(3)} = ay_t^{(2)} + (1-a)S_{t-1}^{(3)} \tag{6.15}$$

式中，a 为加权系数，且 $0 < a < 1$；$S_{t-1}^{(3)}$ 为 $t-1$ 时刻三次指数平滑预测值。

三次指数平滑预测法的预测模型为

$$\begin{cases} \hat{y}_{t+T} = a_t + b_t T + c_t T^2 \\ a_t = 3S_t^{(1)} - 3S_t^{(2)} + S_t^{(3)} \\ b_t = \alpha\left[(6-5a)S_t^{(1)} - 2(5-4\alpha)S_t^{(2)} + (4-3\alpha)S_t^{(3)} \right]/2(1-\alpha)^3 \\ c_t = \dfrac{\alpha^2}{2(1-\alpha)^2}\left[S_t^{(1)} - 2S_t^{(2)} + S_t^{(3)} \right] \end{cases} \tag{6.16}$$

式中，α 为平滑系数；$S_t^{(1)}$ 为 t 时刻一次指数平滑值；$S_t^{(2)}$ 为 t 时刻二次指数平滑值；$S_t^{(3)}$ 为 t 时刻三次指数平滑值。

再次采用上述发动机 EGTM 数据对三次指数平滑预测法进行测试，模型的建立及测试样本的选择同上，分析评价的性能指标也同上，结果如图 6.4 所示。

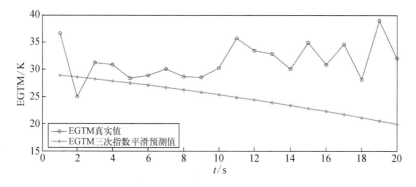

图 6.4　EGTM 三次指数平滑预测值与真实值对比图

经过误差计算，三次指数平滑预测的平均绝对误差为 7.002 1 K，平均相对误差为 21.291 3%，均方根误差为 8.339 3 K。

4）移动平均预测法

移动平均预测法是指根据时间序列逐项推移，依次计算包含一定项数的时序平均数，以此进行预测，包括一次移动平均法、加权移动平均法和二次移动平均法。

移动平均预测法适用于近期预测，当产品需求既不快速增长也不快速下降，且不存在季节性因素时，采用移动平均法能有效地消除预测中的随机波动。根据预测时使用的各元素的权重不同，可将移动平均法分为简单移动平均预测法和加权移动平均预测法。

简单移动平均预测法中，各元素的权重都相等，其计算公式如下：

$$F_t = (A_{t-1} + A_{t-2} + A_{t-3} + \cdots + A_{t-n})/n \tag{6.17}$$

式中，F_t 为下一时刻的预测值；n 为移动平均的时期数；A_{t-n} 为前 n 期的实际值。

加权移动平均预测法给固定跨越期限内的每个变量值赋予不相等的权重，其原理如下：历史数据信息对预测未来数据信息的作用是不一样的，除了以 n 为周期的周期性变化外，远离目标期的变量值的影响力相对较低，故应给予较低的权重。

加权移动平均预测法的计算公式如下：

$$\begin{cases} F_t = W_1 A_{t-1} + W_2 A_{t-2} + W_3 A_{t-3} + \cdots + W_n A_{t-n} \\ W_1 + W_2 + \cdots + W_n = 1 \end{cases} \tag{6.18}$$

式中，W_1 为第 $t-1$ 时刻元素的权重；W_2 为第 $t-2$ 时刻元素的权重；W_n 为第 $t-n$ 时刻元素的权重。

在运用加权平均预测法时，权重的选择是一个应该注意的问题，经验法和试算法是选择权重的简单方法。一般来说，最近的数据最能预示未来的情况，因而权重应大些。例如，根据前一个月的发动机性能参数能更好地估测下个月的发动机性能参数。但是，如果数据是季节性的，则权重也应是季节性的。

考虑到各个时期的权重难以确定，无论是经验法还是试算法都难以通过编程实现，故选择简单移动平均方法对数据进行预测，选取移动平均项数 $N=10$，采用上述发动机 EGTM 数据再次对移动平均预测法进行测试，模型的建立及测试样本的选择同上，分析评价的性能指标也同上。10 点简单移动平均预测法的结果如图 6.5 所示。经过误差计算，10 点简单移动平均预测法的平均绝对误差为2.735 6 K，平均相对误差为 8.318 0%，均方根误差为 3.632 3 K。

上述提出的四种方法的预测精度指标如表 6.2 所示。

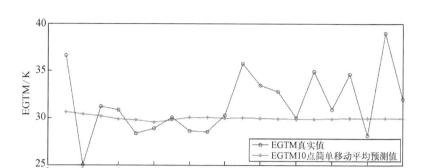

图 6.5　EGTM 10 点简单移动平均预测值与真实值对比图

表 6.2　各预测方法的预测精度比较

预 测 方 法	平均绝对误差/K	平均相对误差/%	均方根误差/K
线性回归预测法	2.646 9	8.302 0	3.347 6
二次指数平滑预测法	4.259 1	12.772 4	5.383 9
三次指数平滑预测法	7.002 1	21.291 3	8.339 3
10 点简单移动平均预测法	2.735 6	8.318 0	3.632 3

由表 6.2 不难发现,线性回归预测法与 10 点简单移动平均预测法的预测效果较好,平均相对误差约为 8.3%,二次指数平滑预测法的性能稍差,平均相对误差约为 13%。三次指数平滑预测法的效果最差,平均相对误差超过了 20%,这是因为 EGTM 一般都是随时间呈线性变化的,而三次指数平滑预测法比较适用于非线性趋势的时间序列。在本小节试验中,因为预测的时间较短,所以线性回归预测法与 10 点简单移动平均预测法的预测精度差不多。但随着时间的增加,EGTM 必然会逐步降低,线性回归预测法比较好地表现出了这个趋势,而 10 点简单移动平均法并不能总是很好地反映出时间序列的变化趋势。由于是平均值,预测值总是停留在过去的水平上而无法预计将来更高或更低的波动。综上,线性回归预测法的预测结果要优于 10 点简单移动平均预测法。

5) 性能衰退趋势预测方法总结

本节主要采用了线性回归预测法、二次指数平滑预测法、三次指数平滑预测法与 10 点简单移动平均预测法对发动机性能衰退趋势进行了预测。采用某台发动机一年的 EGTM 数据对算法进行测试,并采用了平均绝对误差、平均相对误差、均方根误差对各算法的预测效果进行了比较。结果表明,线性回归预测法的预测效果是最好的,因此一般情况下建议优先采用线性回归预测法对各参数进行预测。

6.2.2　机群资源计划与调度

由于航空备件分类复杂、数量庞大、价格高,其中备发占据整个备件的大部分成本,该部分的研究尤为重要。目前,飞机制造商主要采用高斯公式计算备发数量,发动机的备发和备件数量都是根据平均拆换率统计方法来确定的,但发动机单次在翼剩余使用寿命受环境温度、环境污染、航程等的影响很大,最长可达 50 000 飞行小时,最短只有 2 000 飞行小时。高温季节的拆换率为年平均值的 2 倍,此时各航空公司对发动机的需求量都比较高。低温季节,发动机库存又过高,容易造成资金积压。拆换率不均衡问题普遍存在于国内外所有航空公司的发动机管理中,大幅度变化的拆换率会带来以下问题:一是大大增加了库存成本,即使大部分运营者不会采用拆换峰值作为备发数量,也会被迫保持一部分额外备发,其中少数通过租赁手段来满足额外的备发需求;二是在拆换高峰季节很难找到租赁发动机,尤其在夏天更是困难,容易因缺发造成飞机停航待修,带来巨大经济损失;三是拆换率不均衡还会引起维修周转时间(turn around time,TAT)过长,发动机不能按时正常返回,同时维修厂负荷过重。

全美航空公司在 1990 年前后专门针对 CFM56 发动机成立了一个工作小组,专门研究发动机拆换率不均衡问题。波音 737－300/400 飞机机群有 350 台 CFM56－3B2 发动机,性能劣化主要表现在高 EGT 上,因此在夏天会容易出现下发高峰,主要原因是推力比较高,超过 50%的下发是高 EGT 引起的。1989 年,机群拆换,当时全美航空公司还没有研发出发动机性能评估标准和制定拆换计划的方法,从 1989 年的月平均拆换率可以看出,备用发动机不足以支撑 8 月和 9 月的运营。经过多年的数据和经验积累,全美航空公司采用排序方法,缓解了发动机从夏到冬的拆换率峰谷问题,从高峰期的 25 台备发量降到了 17 台,相当于节省库存成本 28.8 百万美元。

全美航空公司对该问题的解决思路是采用 ADEPT 软件分析发动机 EGTM,评估出性能最差的发动机,并在故障危险情况之前拆换,通过调整发动机拆换时间来平滑拆换率,同时配合合理的下发决策与调度计划,取得了较好的拆换率平滑效果,对其解决思路中隐含的技术总结如下:① 对发动机的监控数据进行分析;② 按照性能情况对发动机进行排队;③ 对性能差的发动机提前下发;④ 人工优化调度计划,以平滑拆换率。基于以上方法,1990 年和 1991 年的发动机历史拆换情况明显好于 1989 年的拆换情况。

6.3　健康管理系统费效分析

在维修决策研究中,大多以折扣费用或长期平均费用最低为优化目标。民机与发动机的经济性研究始于 20 世纪 40 年代,首先是美国航空运输协会(Air

Transport Association，ATA)提出的 ATA 方法，于 70 年代得到进一步发展，用 39 个参数首次将发动机维修成本的计算细化到了单元体级别，然后由欧洲航空公司协会(Association of European Airlines，AEA)根据欧洲的实际情况改进了 ATA 方法，提出 AEA 方法。发动机的维修成本约占飞机维修成本的三分之一，国外著名的发动机制造商非常关注发动机维修成本研究，GE 公司应用蒙特卡罗仿真模型预测新型发动机的维修成本；普惠公司建立了庞大的数据库，用来研究发动机的维修成本；罗·罗公司在 1969 年建立了以部件维修成本计算为基础的成本预测方法；法国里昂中心的研究人员建立了部件维修成本 COX 模型，认为部件维修成本应分为固有维修成本和使用维修成本两类，固有维修成本数值根据详细的可靠性分析得到，使用维修成本则以固有维修成本为基础，与年龄、运营环境和使用特点有关；美国兰德公司研究了从研制、采购到维修等航空发动机全寿命阶段的费用分析方法。

此外，涉及维修成本的还有可靠性、维修性设计优化及维修策略优化方面的一些研究成果。国内在飞机经济性分析方面研究较多，在民用发动机维修成本方面研究较少，主要在发动机送修成本评估和发动机维修成本影响因素分析方面取得了一些研究成果。

6.3.1　费效分析的技术内涵

无论发动机健康管理系统应用于传统平台还是应用于现代平台，都必须考虑与飞机系统和子系统相同的集成问题。进行费效分析的目的是揭示在发动机上引进和集成的健康管理系统的经济可行性，这将是许多集成问题的决定因素。为了进行准确的费效分析，需要揭示健康管理系统的预期用途，并确定对子系统的健康监测，确保为运营商带来经济和安全效益。因此，费效分析应考虑 SAE ARP 1587B—2007 中讨论的一般需求和益处，包括以下主要内容。

(1) 发动机中使用寿命有限的部件会对安全性和维护成本产生相反的影响，目前的做法是接受较高的维护成本，以最大限度地提高安全性。费效分析应考虑降低与使用寿命有限部件相关的维护成本的方法，同时使安全性保持与这些组件相当或更高的水平。

(2) 应适当考虑降低运营成本，以及降低维护和修理成本，采用空中停车、空气回转、出勤可靠度、门极控制通断时间、发动机提前拆卸率、资产可用性、由于及时拆卸发动机而减少的二次损伤等指标来量化所带来的益处。在日常检修和大修类别中，将考虑返修周转时间、库存水平、零件定位、维修工时、各种维修间隔(如平均拆卸间隔时间)、返修率和成本等。

(3) 通过加强工作范围规划来降低成本，有规划地进行发动机拆卸、模块匹配和库存管理等。

降低运营的寿命周期成本是健康管理系统的主要目的，在大多数情况下，健康管理系统供应商将为系统指定投资回报率,投资回报率分析必须与发动机制造商或设计机构合作开发,因为他们对发动机的运行、性能和故障模式有详细的了解。如果健康管理系统性能不可靠,将对投资回报率产生负面影响,并可能使健康管理系统成为成本负担。可集成到健康管理系统中的技术是投资回报率和可靠性的主要驱动因素,在风险和可靠性之间存在直接的权衡,任何尚未完全成熟的技术,如果不能执行,都可能给程序带来额外的成本和风险,这适用于与健康管理系统相关的所有项目,如数据传输、分析技术、传感器、硬件和软件。费效分析的利益是促使消费者使用健康管理系统的驱动力,以下提供了有益影响的示例,供参考:

(1) 对发动机的维护,应更多地从昂贵的计划外故障排除转移到计划内事件(如气路清洗、控制调节、风扇调整平衡、动力保证、基于状态的技术),以减少运营中断;

(2) 可以在维护成本和燃料消耗之间进行权衡;

(3) 可通过经批准的已用寿命跟踪系统来延长可用部件的寿命;

(4) 对退化部件进行深入了解,可以降低大修和维修成本。

6.3.2　费效分析考虑因素

典型的发动机健康管理费效分析过程如图 6.6 所示,费效分析主要比较飞机和发动机的全寿命周期费用,以及发动机健康管理系统全寿命周期费用和节省费用,即主要考虑因素为费用和成本。

1. 费用

发动机健康管理系统的寿命周期要素与其他飞机或发动机系统的寿命周期要素类似,包括:① 开发成本;② 生产成本;③ 运营和保障成本。其中,开发成本包括需求定义、设计、开发和鉴定;生产成本包括飞机及发动机健康管理系统硬件和健康管理系统地面数据处理设备;运营和保障成本包括维修的人力和装备、因发动机健康管理系统增加导致的燃油消耗和效益损失、传输处理和分析健康管理系统数据所用的人力及材料、因健康管理系统虚警导致的发动机维修成本、软件维护成本及使用培训成本等。

2. 效益

发动机健康管理系统的费效分析需要考虑系统效益,并量化这些效益,以估计和确定健康管理系统的费用节省。在进行效益分析时,应充分考虑维护成本节约、燃料成本节省、业务和收入效益,以及发动机和零件节省。

其中,维护成本节约主要包括:① 减少每飞行小时的维护工时;② 通过将故障隔离到指定故障所省的时间;③ 非预期机群降级的早期识别;④ 避免在非主维修基地更换发动机;⑤ 预测维修和计划维修。

燃料成本节省主要包括:① 减少地面试运行,以节省燃料;② 识别低效、退化的发动机,节省燃料;③ 识别故障部件,节省燃料。

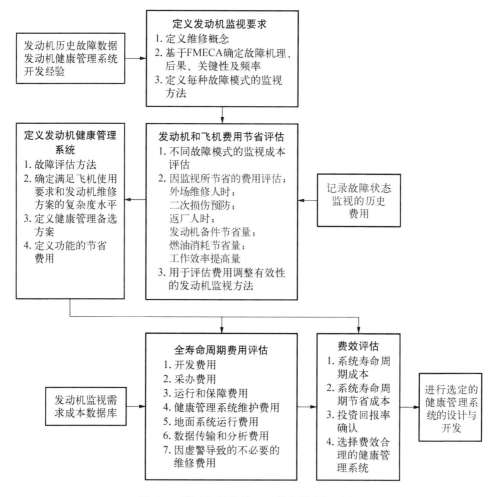

图 6.6　发动机健康管理系统费效分析过程

业务和收入效益主要包括：① 确认飞行员报告和维修操作节省时间；② 减少停机时间；③ 减少每飞行小时维修工时；④ 减少取消或延误航班。

发动机和零件节省主要包括：① 通过消除不必要的维修来减少所需的备件消耗；② 认证设计期间的飞行剖面假设，确定旋转件寿命；③ 减少不必要的发动机及部件更换；④ 通过提高发动机和部件的可用性来节省发动机硬件；⑤ 在发生故障前更换有缺陷的零件，减少发动机的二次损伤；⑥ 寿命关键件的寿命监视；⑦ 因运行周期的缩短导致的使用寿命降低；⑧ 降低涡轮高温工况对使用寿命的损伤。

6.3.3　费效分析主要评价指标及计算方法

费效分析评价指标主要包括费用和效率两个方面，其中费用方面主要包括研制成本、加装健康管理系统成本、运行维护成本及健康管理系统副作用成本等。效益部分主要包括监视和诊断效益评估、视情维修和预测效益评估、运维保障效益评估,以下将分别对其含义和计算方法进行介绍。

1. 费用评估主要指标及计算方式

1)研制成本

研制成本主要由技术开发和实现费用组成,需要基于健康管理系统的技术复杂度、难度、验证及认证方法等综合确定,难以利用公式进行量化表征。

2)加装健康管理系统成本

加装健康管理系统主要指需要根据发动机进行针对性改装,提供所需的传感器,确定存储和传输飞行数据的方法,并以技术报文的形式下发,一般可用以下公式表征加装健康管理系统成本:

$$C_{\text{acf}} = \sum_{i=1}^{n_{\text{Comp},1}} (\Delta C_{\text{sens}_i}) + C_{\text{store}} + C_{\text{tx}} + C_{\text{inst}} \tag{6.19}$$

式中, C_{acf} 为发动机总费用; $n_{\text{Comp},1}$ 为更改具备健康管理系统功能的备件数; ΔC_{sens_i} 为改装部件的采办成本; C_{store} 为机载系统的采办成本; C_{tx} 为健康管理系统中机载与地面的通信成本; C_{inst} 为技术通报成本。

3)运行维护成本

运行维护成本主要是指健康管理系统的运行和维护费用,一般可表征为

$$C_{\text{op}} = \sum_{i=1}^{n_{\text{Comp},1}} (\Delta C_{m_i}) + C_{\text{mf}} + C_{\text{tx}} + C_{\text{IT}} + \Delta C_{\text{fc}} + \Delta C_{\text{tr}} \tag{6.20}$$

式中, C_{op} 为发动机健康管理系统的运行和维护成本; $n_{\text{Comp},1}$ 为更改具备健康管理系统功能的备件数; ΔC_{m_i} 为加装传感器的额外维护成本; C_{mf} 为机载系统数据存储与传输的维护成本; C_{tx} 为健康管理系统中机载与地面的通信成本; C_{IT} 为综合信息系统管理成本; ΔC_{fc} 为因增加健康管理系统所带来的燃油消耗增加成本; ΔC_{tr} 为健康管理系统培训成本。

4)健康管理系统副作用成本

健康管理系统副作用成本是指应用健康管理系统所产生的相关副作用,例如,利用预测信息,在部件失效前拆除部件时,部件产生的使用寿命浪费就是副作用成本。

2. 监视和诊断效益评估的主要指标及计算方式

监视和诊断是健康管理系统的基本功能,监视和诊断所产生的效益一般用无故障发现(not fault found, NFF)率、计划内的维修任务成本、任务完成可靠度等指标进行评估,以下分别对其进行介绍。

1）无故障发现率

该指标用来评估可改进排故和故障隔离的能力，减少不必要的部件拆除，一般可表征为

$$B_{NFF} = \sum_{i=1}^{n_{Comp,2}} (\alpha_i \cdot NFF_i \cdot NFFC_i) \tag{6.21}$$

式中，B_{NFF} 为减少无故障发现率所产生的总效益；$n_{Comp,2}$ 为带有先进故障隔离能力的部件数；α_i 为部件 i 的无故障发现率减少因子；NFF_i 为一年中第 i 个 NFF 部件的拆除数；$NFFC_i$ 为每次拆除第 i 个 NFF 部件所需的费用。

2）计划内的维修任务成本

计划内的维修任务成本是指通过发动机状态变量监视功能代替常规的手工检查和功能检查，从而减少孔盖打开或关闭的操作，减少地面保障设备的使用，一般可表征为

$$B_{auto} = \sum_{i=1}^{n_{Tasks}} (C_{old_i} - C_{new_i}) \tag{6.22}$$

式中，B_{auto} 为年度总效益；n_{Tasks} 为实现自动处理的任务总数；C_{old_i} 为未采用自动处理前的原始任务年度费用；C_{new_i} 为采用自动处理后的任务年度费用。

3）任务完成可靠度

任务完成可靠度可以通过减少空中停车数和任务放弃数进行表征，一般可通过改进排故或故障隔离、飞行传输故障报告等方式实现：

$$B_{mission} = \sum_{i=1}^{n_{IFSR}} C_{IFSR_i} + \sum_{i=1}^{n_{MA}} C_{MA_i} \tag{6.23}$$

式中，$B_{mission}$ 为因健康管理系统产生的任务可靠度提升总效益；n_{IFSR} 为一年中因安装健康管理系统而避免空中停车的总次数；C_{IFSR_i} 为每次空中停车所造成的费用损失；n_{MA} 为一年中因安装健康管理系统而避免的发动机任务放弃数；C_{MA_i} 为每次任务放弃所造成的费用损失。

3. 视情维修和预测效益评估的主要指标及计算方式

视情维修和预测效益指通过评估发动机失效的健康状态来实现效益最大化，此类效益主要通过中断数、二次损伤、维修引起的失效等指标进行量化。

1）中断数

维修人员利用剩余使用寿命信息在部件失效前移除该部件，从而避免任务放弃或空中停车，所产生的效益用中断数来表征：

$$B_{prog} = \sum_{i=1}^{n_{Events}} (C_{Events_i} e_i) \tag{6.24}$$

式中，B_{prog} 为因预测功能所产生的总效益；n_{Events} 为年度因预测所避免的中断数；C_{Events_i} 为第 i 个事件的成本；e_i 为预测算法对第 i 个事件的有效性。

2）二次损伤

通过故障预测，可有效避免失效导致的二次损伤，由此产生的效益用二次损伤来表征，一般可表征为

$$B_{\text{sec}} = \sum_{i=1}^{n_{\text{Comp},3}} n_{\text{Events}_i} \sum_{j=1}^{n_{\text{Sec}_i}} p_{s_{ij}} C_{\text{fix}_j} \tag{6.25}$$

式中，B_{sec} 为因预测避免二次损伤所产生的总效益；$n_{\text{Comp},3}$ 为因失效所产生的二次损伤的部件总数；n_{Events_i} 为部件 i 的失效总数；n_{Sec_i} 为失效部件 i 的损伤总数；$p_{s_{ij},1}$ 为部件 i 造成部件 j 损伤的概率；C_{fix_j} 为修理部件 j 的费用。

3）维修引起的失效

该指标主要用于评估由于预测可以有效避免损伤部件从而产生的效益，表征如下：

$$B_{\text{ind}} = \sum_{i=1}^{n_{\text{Tasks}}} \sum_{j=1}^{n_{\text{Sec}_i}} \left[p_{s_{ij},2} \left(C_{\text{fix}_j} + p_{e_j} \overline{C}_{\text{event}_j} \right) \right] \tag{6.26}$$

式中，B_{ind} 为因预测避免维修失效所产生的总效益；n_{Tasks} 为避免的任务总量；n_{Sec_i} 为执行任务 i 过程中可能损伤的部件数；$p_{s_{ij},2}$ 为执行任务 i 过程中造成部件 j 损伤的概率；C_{fix_j} 为修理部件 j 的费用；p_{e_j} 为维修过程中部件 j 失效的概率；$\overline{C}_{\text{event}_j}$ 为由部件 j 导致中断的平均费用。

4. 运维保障效益评估的主要指标及计算方式

该指标主要用来评估由于管理者充分利用健康管理系统的部件剩余使用寿命信息，当部件接近失效时才进行订货，从而降低装备库存规模并维持在最有费效水平，减少供应链的保障费用，一般可表征为

$$B_{\text{log}} = \sum_{i=1}^{n_{\text{Comp},4}} \left(C_{\text{cur}_i} - C_{\text{opt}_i} \right) \tag{6.27}$$

式中，B_{log} 为因预测保障最佳库存量所产生的总效益；$n_{\text{Comp},4}$ 为与最有优库存水平相关的部件数；C_{cur_i} 为部件 i 维持当前库存水平的季度成本；C_{opt_i} 为部件 i 维持最优库存水平的季度成本。

第 7 章
系统验证与确认

为了保证航空装备的飞行安全,改善维修保障性能,提高全寿命周期的经济可承受性,各国军方在新一代航空装备的研制中,普遍提出研制并发展预测与健康管理系统。国外发动机健康管理技术已有成熟的工程应用,如 F35 战斗机的发动机健康管理系统,直升机的健康与使用监控系统等;国内科研院所与高校在故障诊断与寿命预测、测试性设计、结构损伤识别等发动机健康管理领域也开展了广泛的研究,并处于向工程转化的关键时期。航空发动机健康管理系统验证与确认技术已成为制约健康管理技术工程转化的难点。

根据发动机健康管理系统的期望使用需求,验证要求可简可繁。例如,仅通过发动机健康管理数据提供状态监测信息或趋势数据信息来增强传统维护方式,并通过传统维护来确保持续的适航性,对健康管理系统进行较低水平的测试和验证是可行的。但是,如果发动机健康管理系统用于在关键系统上提供维护决策,那么对于影响飞行机组人员操作和维护人员使用的发动机健康管理功能应进行更严格的测试和验证,以证明其符合航空管理局规定的适航性要求。更严格的系统验证与确认通常针对影响发动机的重要功能,需要较高的诊断率和置信度水平。

7.1 系统验证与确认方法

无论发动机健康管理系统是简单的还是复杂的,对发动机健康管理系统性能的验证都是一个持续进行的过程(包括交付用户后的使用过程),而不仅仅是发动机开发周期结束时的一个正式的试验程序。在整个发动机健康管理系统设计和开发过程中,必然需要在适当的水平上进行实际测试。在设计周期中,越早发现和解决问题,流程的成本效益就会越高,成功投产的可能性就越大。因此,应考虑通过仿真模拟试验、台架试验、铁鸟试验、发动机试验、飞行试验和环境验证试验,来进行策略的分层验证。

应根据具体功能在每个测试层进行发动机健康管理系统的正式验证。例如,根据发动机和控制系统传感器数据,采用发动机健康管理诊断算法,可以通过仿真模拟测试方法进行验证。发动机和控制系统建模是设计/开发过程的一个非常重要的工作,其精度直接影响到健康管理功能的实现、验证与确认。其他发动机健康管理功能,如滑油屑末检测,可以在台架测试阶段进行随机验证,在该阶段,系统在真实的工作环境条件下,对燃油流量、温度、空气杂质等进行较全面的验证。对趋势预测功能的验证需要系统投入使用一段时间,这段时间可能很长。系统验证应编制验证矩阵(系统验证和验证矩阵的部分示例见表 7.1),对于复杂的发动机健康管理系统,应采用分层的方法进行全面的验证。

发动机测试和飞行测试的主要价值是确保发动机健康管理系统作为一个整体在真实环境条件下正常工作,特别是在系统集成、数据传输、故障报告及数据利用等功能方面。该测试层的主要目标应该是验证发动机健康管理诊断和预测功能没有故障,理想情况下,这项工作包括发动机健康管理系统的地面部分。在许多情况下,如地面传输链路数据丢包这种小故障与健康管理系统数据处理规则设计错误对健康管理系统功能的影响可达到同等量级。

接下来以矩阵形式介绍发动机健康管理系统验证测试要求。在每层的验证过程中,应完全记录通过发动机健康管理数据分析后生成的所有真阳性、假阴性和假阳性。同样重要的是,需要监控和记录发动机健康管理子系统或流程故障,以及系统对故障的漏报率或虚警率。如果要使用发动机健康管理系统来支持适航决策,这一步骤尤为重要。这些日志将支持健康管理系统问题的分析和解决,保证其符合规范要求。

7.1.1　模拟测试

如果有强大的计算机,就可以对发动机健康管理算法进行更广泛、更充分的模拟测试,这些测试可以包括许多测试向量,以模拟在整个寿命周期中的变化情况。

发动机健康管理系统算法、逻辑和方法的验证中应考虑到下列因素:
(1) 发动机性能的个体差异;
(2) 发动机健康管理系统使用的传感器精度和偏差变化;
(3) 发动机衰退和翻新带来的影响;
(4) 飞行环境变化,如海拔高度和马赫数。

在发动机健康管理系统处于活动状态的发动机运行阶段,如发动机起动、功率变化、瞬态条件、飞行阶段、停车阶段等,还应考虑模拟试验验证。这些阶段都可以在某种程度上进行模拟,具体取决于建模的复杂程度。为了在模拟测试中尽可能贴近真实情况,还应获取以往发动机试验或有类似应用的实际发动机的飞行数据,

表 7.1 健康管理系统验证与确认矩阵的部分示例

验证项目	告警需求			部件环境	验证与确认要求																			
	测试计划	测试报告	分析报告		模拟	半物理试验	发动机或整机与试验									飞行试验							其他
							寿命消耗计算	振动跟踪	性能	互换性	发动机温度跟踪	振动台测试	发动机静载测试	低周疲劳测试	超转	飞机接口	动态地面响应	飞行测试	动态兼容性	发动机起动测试	发动机振动测试	推进系统温度	
滑油屑末监测	X	X	X	X					D							D							
油屑软件算法	X	X	X		T	T			D														
健康诊断算法	X	X	X		T	T	D	D	D					D	D		D			D	D	D	
寿命使用算法	X	X	X		T	T	D	D	D		D			D	D					D	D	D	
振动监控算法	X	X	X	X	T	T			D			D	D	D	D		D	D	D				
振动传感器	X	X	X	X		T			D	I／A	D	D	D	D	D	D	D	D	D		T		
显示告警	X	X	X	X		T			D	I／A		D	D	D	D	D	D	D	D				
排气温度监视	X	X	X	X		T			D	X／A	X		D	D	D	D						D	

注：X 表示需要；A 表示分析；S 表示类比；I 表示检验；T 表示测试；D 表示演示；空白表示不适用。

并与模拟结果进行比较。这些数据应包括在操作和飞行的各个阶段所经历的参数水平的典型变化。应该在设计阶段结束时开发并执行一组测试向量,正式记录发动机健康管理系统设计和固有软件状态。随着后续的设计改进和软件修改,模拟验证测试应根据需要进行更新并重新运行。

在典型环境中进行测试之前,应首先验证算法和地面系统软件要求。

7.1.2　系统测试

发动机控制系统功能检验也可以用于验证发动机健康管理系统性能,这种方法提供了一套灵活的测试环境,在此环境中可以运行实际的硬件和软件,并在发动机或飞行测试之前进行故障插入。根据台架设施的能力,以下大部分或全部发动机健康管理系统功能可以得到验证。

(1)系统传感器的准确性和动态响应,尤其是发动机健康管理系统专用传感器,如滑油屑末监测器、振动传感器等。发动机健康管理系统可以囊括用户通过机载或非机载接口输入的数据。

(2)通过结构化故障模拟测试来诊断性能,应该考虑两种诊断性能环境:第一种,利用发动机健康管理软件对受监控系统的健康状况进行诊断;第二种,发动机健康管理系统本身的故障诊断和处理能力。对于受监控的系统的模拟故障,可以将模拟信号(如振动)注入软件中以评估系统响应。对于插入发动机健康管理系统的硬件故障,可以采用物理方式进行模拟,如断开连接器、使引脚短路等。

(3)发动机健康管理系统内部及发动机健康管理系统、发动机/飞机部件和外部数据用户之间的数据流,无论是机载还是非机载的,都应验证发动机健康管理系统与用户之间的接口。

(4)正确存储发动机健康管理数据。应验证所需存储数据的属性,即数据记录、数据记录内容、参数的换算等。

7.1.3　静态飞机系统集成实验室测试

采用飞机铁鸟台设施能够验证发动机健康管理系统、飞机子系统和地面基础设施之间的接口,主要接口是飞机数字总线、机载到非机载系统的数据传输,以及任何连接多个地面站的数字总线。静态集成测试允许至少对两个功能进行验证:总线接口的电气特性及与发动机健康管理系统之间的总线数据交换,这个集成测试应该能够验证以下内容。

(1)发动机健康管理系统故障报告:系统集成实验室通常包括实际的机载计算机、航空电子设备等,它们与虚拟飞机/驾驶舱结构连接在一起。对于发动机健康管理系统测试,应包括地面基础设施。发动机健康管理系统检测到的故障通常采用模拟注入,并验证数据流和显示要求。

（2）机载设备和地面设备中存储的发动机健康管理数据：验证数据记录的正确数量、数据记录的内容、参数的换算等，还包括与飞机和地面站之间交换的发动机健康管理数据，这可以通过数字总线、无线接口、拆下固态存储器或与支持设备进行交互来实现。

（3）正确识别机载设备和地面设备的总线命令。

7.1.4　发动机整机测试

为了最大限度地发挥这一测试层的优势，重要的是在尽可能多的发动机上配置发动机健康管理系统硬件和软件功能。需要在多台发动机上尽量多地开展各种类型的测试（耐久性测试、系统测试、机械测试、性能测试、认证测试等）和验证，以便尽早将发动机健康管理系统暴露在实况的发动机工作条件下。同样重要的是确保系统在所有测试期间都处于运行状态，以最大限度地暴露系统问题。此外，该层测试允许使用规定的地面设备对发动机健康管理系统进行测试与验证。另外，应跟踪发动机健康管理系统的整体性能，绩效衡量指标包括如下几种：

（1）确认发动机健康管理软件生成的故障诊断结果的准确性；

（2）发动机健康管理系统识别的发动机故障信息记录；

（3）在发动全寿命周期内，发动机健康管理系统的发动机关键件寿命跟踪和消耗计算功能与发动机真实使用情况的相关性；

（4）发动机校准数据（如功率、推力与涡轮机气体温度）与发动机健康管理系统分析结果对比。

7.1.5　飞行测试

尽管在运行环境下可以在验证矩阵中飞行测试左侧的层级对发动机健康管理系统的某些功能进行验证，但大多数系统级验证将在飞行测试阶段通过系统测试进行，用于验证的系统集成和飞行测试要求包括以下几种：

（1）航空电子系统集成测试；

（2）发动机安装地面测试；

（3）软件有效性验证和更改；

（4）发动机维护和后勤计划集成；

（5）培训操作系统所需的技术人员；

（6）初步评估故障隔离手册和故障排除程序。

飞行测试层与发动机测试类似，要确保发动机健康管理系统在所有使用状态下都处于运行状态，尽可能地暴露系统存在的问题。在飞行试验期间，通常会暴露发动机健康管理系统与飞机集成相关的问题。例如，试飞验证可以验证发动机健康管理机载系统是否会受飞机上电源转换的影响（特别是在加电和断电，以及飞机机内测试和自动飞行控制功能检查期间）。当飞机/发动机往返于多个机场时,试飞验证还可以验证地面系统的功能、性能及集成情况。应重点关注发动机健康管理机载系统功能,尤其是与发动机性能相关的监视功能,这些功能易受到飞机的过载力、高度和迎角快速变化等机动因素的影响。从另一个意义上说,飞机的机动动作会对发动机地面系统功能和性能产生影响。

虽然试飞验证为发动机健康管理系统提供了非常宝贵的初步使用经验和验证结果,但仍存在局限性,通常只有少数飞行员和维护人员参与发动机健康管理系统的使用和操作,由于用户群体规模问题,不能使系统问题充分暴露。此外,试飞验证任务不可能覆盖发动机健康管理系统的全部功能和边界,因此试飞验证应确保发动机健康管理系统覆盖所有的发动机使用剖面。

如果现场服务评估（军事）或符合性测试（商业）提供了多架飞机、多名飞行员、多种任务类型等,就能代表发动机健康管理系统的长期使用情况。建议将此类测试系列作为验证要求,因为这样提供了在几个月内或特定飞行次数（可能是 200次或更多）中进行全面跟踪和验证系统功能性能的机会,而且还能获得真实的用户反馈。

7.1.6　系统运行测试和评估

一旦根据要求对发动机健康管理系统进行了验证,并认为发动机健康管理系统已经准备好,可用于现场,就应该以有限的容量引入发动机健康管理系统,以验证整个过程在运行环境中是否有效,这可能包括一个调和阶段或并行运行,并根据现有维护实践进行审核和比较。如果这种方法不可行,另一种方法是让发动机健康管理系统设计团队参与特定时期的运营决策。在最初的发动机健康管理系统运行测试和评估过程中,整个发动机健康管理系统应从头到尾地运行其功能,包括所有硬件和软件元素:① 机载和地面站硬件;② 地面站的数据传输设备;③ 数据传输程序;④ 机载和地面站软件;⑤ 提供错误或缺失数据的故障设备程序。

初始运行测试和评估最好在一个或多个选定地点进行有代表性的现场测试,测试地点的选择应考虑几个标准,重要的三个标准如下。

（1）联合运行:测试站点应该是可访问的,因此使用该软件的运营商将能够轻松地与该领域的其他人员交流经验,并确定问题是否会导致用户对发动机健康管理系统失去兴趣。

（2）站点的适用性:在过度或不合格的站点进行测试并不会产生期望的结果。站点应该具有高性能的装置,软件至少由软件终端用户的一个代表进行测试。

（3）技术能力:虽然测试场地应该反映目标用户,但是还应该有足够的技术能力来观察和关联遇到的所有问题,这应该考虑足够的细节,来进行必要的修正。

应注意,在商业应用中,飞行器制造商对初始运行测试负主要责任,而发动机健康管理系统设计人员可能只有较低权限。分析、检查、测试和演示是验证整个发动机健康管理系统维修性和可靠性的基本要求。如果没有在上面讨论的分层验证测试中使用正确的度量标准，可能无法证明维修性和可靠性要求，特别是那些发动机健康管理系统和发动机健康管理系统正在监控的组件持续适航需求。测量发动机健康管理系统维修性和可靠性验证要求将在下面进行介绍。

7.1.7　维修性验证与确认

对于所有级别的维护，应完成发动机健康管理系统的维修性验证与确认，以下提供了与典型维修性特征和要求相关的验证与确认方法。

（1）分析（如测试性、人为因素、失效模式影响）：分析通常用于以较低的成本验证规范中要求的发动机健康管理系统的功能可维修性特征，某些形式的分析（如建模和模拟）有助于减少验证所需的实际测试量。

（2）检查（如尺寸、重量和表面处理）：对于物理特性，应采用检查作为验证的一种形式。

（3）测试：建议对规范验证进行基准测试，发现意外问题，并促进发动机健康管理系统的分析和完善。

（4）演示（如正确识别维护操作）：应该使用系统级演示来验证运行环境中的发动机健康管理系统维修性特征，方法是成功地将发动机健康管理信息从源头传输到最终目的地，并确保信息给出适当的操作提示。

为验证机载和非机载发动机健康管理系统组件的维修性要求而采用的推荐指标通常应包括如下几种：① 修复发动机健康管理系统组件的平均时间和最长时间；② 发动机健康管理系统组件维修级别；③ 发动机健康管理系统组件备件的级别；④ 维护发动机健康管理系统组件所需的支持设备；⑤ 误报警率、故障检测方法和 BIT 的有效性；⑥ 计划和非计划发动机健康管理系统维护之间的平均时间；⑦ 发动机健康管理系统停机时间与每单位日历时间的发动机或维护运行时间的比值；⑧ 发动机健康管理系统维护所用的工时（每个飞行小时）。

对于新采用发动机健康管理系统的传统发动机，还应在发动机健康管理系统合并之前和之后进行传统发动机维修性指标对比，通过发动机健康管理系统监控来验证发动机部件维修性的保持或整体改进。对于从一开始就实施了发动机健康管理系统的新发动机，发动机和发动机健康管理系统的维修性验证与确认的工作都要完成，以确保发动机和发动机健康管理系统组件符合规范水平。

7.1.8　可靠性验证与确认

发动机健康管理系统可靠性验证与确认应在系统功能级别进行评估。发动机健康管理系统的可靠性是由其最不可靠的硬件或软件决定的，系统中的故障多发零部件通常采用多余度设计,可靠性原则也是如此。

发动机健康管理系统事件可靠性是假警报(假阳性)和漏检(假阴性)的函数。假警报会浪费时间和金钱,虽然具体的功能和要求取决于系统和运营商,但是期望的目标发动机健康管理系统假警报率应尽可能小于10%。如果依赖特定的发动机健康管理系统元素进行关键运营决策,则该特定监控能力的检测率应与无损检测要求的检测率和置信水平相似。在部署和优化发动机健康管理系统之前,应考虑对投资回报率的影响,以验证发动机健康管理系统的可靠性。

发动机健康管理系统的漏检非常重要,会导致严重损伤或灾难性的发动机故障,从而降低安全性。与严重或灾难性故障相关的故障模式通常只占发动机故障的一小部分。通常,在发动机健康管理系统设计、验证步骤中,应该仔细检查用于检测这些故障模式的软件算法,以避免漏检。由于故障模式的关键性,这些故障模式的发动机健康管理功能常作为机组人员报警系统的一个关键部分。

建议对发动机健康管理软件计算的发动机性能信息可靠性验证要求也应进行验证,这些过程由软件部分认证计划确定。此外,在北约研究和技术组织文件中详细讨论了建议的验证发动机健康管理软件可靠性的要求指南,以提供准确的发动机部件剩余使用寿命计算。

7.1.9　典型健康管理系统的验证流程

健康管理系统是面向对象建立的,不同的应用需求与对象类型、复杂程度往往导致健康管理系统设计与开发存在差异性,选择合适的验证方法是健康管理系统验证与确认过程中比较重要的环节。健康管理验证方法主要有检查与分析评估、半实物仿真验证、试验验证。依据航空装备的系统组成与健康管理技术实现途径,可将健康管理系统分为三类:航电系统健康管理、机电或动力系统健康管理、机体结构健康管理,典型健康管理系统的验证方法有:航电系统的测试性验证、机电或动力系统的试验或半实物验证、结构健康管理验证方法。

1. 航电系统的测试性验证

航电系统健康管理是从机内测试技术发展起来的,以航电系统测试性设计为主要的故障检测/隔离手段,在成员产品中设计机内测试设备,直接向机载计算机上报故障信息,并在区域级推理机上完成综合诊断,随着技术发展,增加了对关键电子产品剩余使用寿命的预测能力。航电系统健康管理的诊断能力主要通过测试性试验验证,它是为确定产品是否达到规定的测试性要求而进行的试验与评价工作,结合测试性建模分析,完成对机载产品从设计到定型等不同阶段的诊断能力评估。测试性试验常采用短路或断路、掉电、插拔等方式进行故障模拟,国内已有成熟的测试性验证试验环境与评价工具对部件、组件的测试性水平进行评估,后续需解决的是系统级测试性验证难题,主要是系统级的评价方法与试验支撑环境的搭建。电子产品的寿命预测能力验证则参考电子可靠性试验方法来进行试验验证,评估预测功能的实现程度及性能指标。

2. 机电和动力系统的试验或半实物验证

无论是机电系统中的液压系统、燃油系统,还是动力系统中的发动机、辅助动力单元,国内外目前采用较多的健康管理实现方式为基于数据驱动或基于模型的诊断预测建模,通过对传感器监测数据进行分析、处理,获得故障特征或产品的性能退化特征,借助智能算法和模型进行健康状态评估与剩余使用寿命预测,常用的算法和模型有支持向量机、神经网络、灰色理论、隐马尔可夫模型等,对算法的优劣与性能评估均需要验证数据的支撑。从国外验证方法也能看出,最普遍的方法是利用半实物仿真、实物试验平台获取验证数据。机电与动力系统的健康管理算法和模型的验证可以分为四个阶段,如图 7.1 所示。

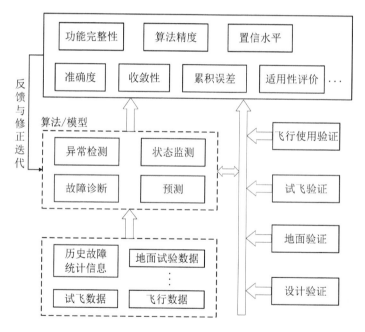

图 7.1　机电与动力系统的健康管理算法和模型验证

首先是设计验证阶段,主要对各种算法与模型进行比较与筛选,确定最佳方案,可用仿真数据与历史数据进行算法的对比分析,因健康管理技术成熟度低,所以采用离线验证的方式。第二阶段为地面验证阶段,实质是实验室环境下的技术评估,多在系统级或整机级的地面模拟试验台上进行在线实时验证,评估故障诊断能力水平,并可通过性能退化数据仿真生成手段来进行预测能力的摸底。该阶段还需利用试飞数据和真实的飞行数据完成健康管理模型参数的修正与调整,使其完全符合机载工况,为上机奠定基础。后两个阶段是试飞验证阶段与飞行使用验证阶段,这是促进健康管理技术成果工程化的必经之路。通过将健康管理模型和软硬件模块随机试飞,检查其适应恶劣工作环境、复杂多变的飞行剖面的能力,重点对健康管理的告警、决策支持信息进行评价,提高决策可信度与准确率。最终在飞行使用验证阶段进行数据资源的收集与积累,完成知识库、案例库的更新完善,一方面,可逐步扩展健康管理功能的覆盖面,提高故障诊断覆盖率与准确率;另一方面,在寿命预测功能上,将更多的组件和部件纳入监测范围。

3. 结构健康管理验证方法

在结构的损伤监测与识别方面,健康管理验证需解决的问题分为三个层次:在传感器层,针对不同的损伤监测需求,评估传感器自身工作的可靠性,验证特定载荷条件下的寿命指标是否满足使用监测需求;其次是对传感器的安装与布局进行评价,包括机身热点部位与传感器的精确化安装位置、损伤区域监测范围、测点数量与布局方式,以及在全机结构监测会使飞机重量、资源消耗显著增加的情况下,如何同时满足轻量化、大尺度的结构健康监测需求;第三层是对监测传感器相对应的损伤识别算法进行验证,当结构损伤发生时,能否及时地进行识别,识别出来的损伤形式是否准确,能否对损伤的程度进行评估并对损伤的发展趋势进行预测。

图 7.2 是国内某研究所健康管理实验室搭建的结构裂纹监测传感器的验证环境,借助多种无损检测手段对试验件内部的裂纹损伤形式与大小进行检测,与裂纹监测传感器的监测结果进行对比,验证其最小裂纹检测长度、裂纹萌生速率预测水平等。

图 7.2　结构裂纹监测传感器的验证环境

7.2　健康管理系统验证与确认流程

验证是指通过客观证据对规定要求已得到满足的认定,确认是指通过客观证据对特定的预期用途或应用要求得到满足的认定。验证与确认是健康管理系统设计过程中一个非常重要的阶段,通过全新途径开发相应的验证与确认方法将提高健康管理系统认证的可信度,有效减少人力需求、拓展系统功能、提升技术水平,其具体实现过程如图 7.3 所示。由图可以看出,验证与确认贯穿于整个健康管理系统的研发过程:在健康管理系统设计之初,首先要针对特定系统进行可行性研究,其次根据应用对系统进行操作定义,明确系统需求。最后进行高层设计和详细设计,完成软硬件开发和实地安装。在设计阶段主要进行系统建模和测试,不断促进验证与确认工作的完成,对验证与确认方案进行修正,完成对系统的集成和重构,并选用优化的方法进行测试和分析。在实际操作和维护过程中,不断对其可行性和定义研究进行反馈修正,从而完善验证与确认过程。

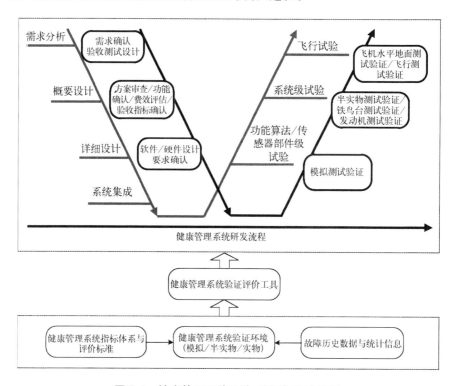

图 7.3   健康管理系统设计、验证与确认流程

验证与确认贯穿于健康管理系统的整个研发过程,测试对象不仅仅是程序,对健康管理系统的需求、功能和设计也同样要进行验证,与整个开发同步进行,有利于尽早地发现问题。

在健康管理系统需求分析阶段,设计人员对健康管理系统用户的应用要求及指标开展识别和分析,并且进行健康管理系统需求确认,确保需求定义准确、完整,真正理解客户的需求,正确开发面向用户需求的健康管理系统。同时,要进行验收测试设计,制定飞行试验内容,策划飞机水平地面测试验证/飞行测试验证要求。

在健康管理系统概要设计阶段,依据需求分析结果完成健康管理系统总体方案设计。需对健康管理系统总体方案进行审查,包括各种技术设计文档、测试计划与测试用例,确定系统结构的完整性、一致性与规范化,对预期形成的健康管理能力进行确认,同时进行费效评估与验收指标及考核方式的确认。相应地,制定系统级试验内容,策划半实物测试验证/铁鸟台测试验证/发动机测试验证要求。

健康管理系统详细设计阶段,主要进行系统功能算法模块、传感器、数据采集与通信等各单元技术方案设计,进行算法程序编码,以及实现状态监测、诊断、预测、决策等各功能模块,最终进行传感器、功能算法及软硬件模块等系统组成单元的集成,此过程需确认各单元技术方案满足总体方案中对于健康管理系统的整体技术要求。相应地,需进行单元测试与功能模拟测试验证,验证功能算法、传感器等模块的一致性、正确性与适用性。

健康管理系统集成阶段,通过数字仿真或实物模拟环境对健康管理算法、传感器等部件进行功能和性能模拟测试。采用半实物测试验证/铁鸟台测试验证/发动机测试验证,以及飞机水平地面测试验证/飞行测试验证,确认健康管理系统能否正常、有效地运行,其性能、可靠性、安全性与兼容性等是否满足上机要求,并完成验收测试,向用户表明系统能够按照预定要求工作,可以正式发布或向用户提供服务。

在验证与确认实施过程中,需要以健康管理指标体系与评价标准为依托。健康管理指标体系主要包括诊断性能指标,如故障检测率、故障隔离率、虚警率、平均故障间隔时间等定量指标;预测性能指标有算法的稳定性、灵敏度、预测精度、平均偏差、平均故障预测时间、收敛性、置信水平等;费效性能指标包括寿命周期费用、投资回报率、技术价值、总体价值等;评价标准主要规定验证的方法与验证操作规范、流程,保证标尺的统一性、客观性与科学性。

验证过程的实施还需在对故障历史数据的统计分析基础上,搭建健康管理系统半实物或实物验证环境,从而在健康管理系统设计开发环境上进行能力扩充,通过提高故障模拟与寿命试验条件的真实性,支撑验证工作的开展,其最显著的区别是在设计开发环境可以借助各种手段、软件工具进行模型算法的开发,而验证环境必须有统一的健康管理系统验证评价与管理工具,符合健康管理系统验证标准与规范的要求,并以相同的衡量标准管理整个健康管理系统的验证与确认活动。

7.3　健康管理系统验证与确认的关键支撑技术

近年来,随着健康管理技术的快速发展,验证与确认方法的研究也逐渐引起了国内外学者的关注。在国外,特别是在美国国防部高级研究计划局的资助下,以NASA 为代表的一些科研院所纷纷致力于该项研究,已经取得一些研究成果。在国内,由于健康管理系统尚处于发展的原型阶段,有关验证与确认方面的研究在已有公开文献中并不多见。通过查阅现有文献资料,健康管理系统验证与确认方法的研究主要包含以下三种关键支撑技术:健康管理系统验证方法和性能评估、健康管理原型验证系统、健康管理不确定性管理,本节着重从上述三方面对健康管理系统验证与确认方法进行综述。

7.3.1 健康管理系统验证方法和性能评估

当故障预测算法逐步运用到飞机结构状态监控、电子系统、作动器、供电系统、推进系统等领域以后,如何选择合理的验证方法和性能评估指标就成为各国学者争相研究的对象。采用预测验证方法带来了以下挑战: ① 需开展实际工作来理解故障机理;② 从大量实例中建立故障数据库,查找对应关系;③ 在目标系统建立预测分析,主要从传感器、算法和趋势方面进行分析。预测验证方法分为开放型演示、分析、建模和仿真、加速试验,上述方法可以归结为一个循环:概念—评估—演示—制造—服务—提议。在确定相应的验证方法以后,就必须选择一组指标对故障预测算法性能进行评价。

健康管理是故障诊断的最高阶段,一些传统的故障诊断性能指标并不能很好地体现健康管理的优点和特点,因此需要建立新的性能评估指标。在选择指标时需要关注以下两点:一是预测时间范围在不同故障预测算法的不同应用中都有所不同,因此选择指标时必须认识到预测范围的重要性;二是当一个故障能够带来破坏性影响时,其预测时间应该提前,目的在于根据需求选择指标集,并对不同的故障预测算法进行评价,从而选择最适合的算法。性能指标不仅是一种用来衡量算法好坏的工具,还有如下优点:一是根据现有监测参数和状态反映系统内在和外在的性能表现;二是创造出一种标准化语言,供技术开发人员和用户相互交流并对结果进行比较,有助于加快系统的研发过程;三是作为一种闭环的反馈研究开发工具,能够使客观功能最大化或最小化。

在国外,相关研究院所和研究人员展开了积极研究。Line 等(2006)通过信任等级和故障周期来判断,在多大的精度范围内成功预测,成为评估算法的性能指标,主要包含两个因素:一是通知时间,即故障发生前的最小估计时间;二是最小表现,即可以提高现有预测算法的工作间隔。Leao 等(2008)从性能指标与健康管理系统需求、设计和效费比之间的关系入手,在完善 Line 研究成果的基础上,提出了以下三种指标:一是精确度,即剩余使用寿命落在哪个置信区间;二是准确度,即估计故障时间与实际故障时间的差值;三是预测估计,即用置信度来估计部件或系统的剩余使用寿命,并结合实例进行了仿真验证。Saxena 等(2010)根据不同的应用场景,将故障预测的性能评估指标分为科学类、管理类和经济类三类,并指出指标在离线和在线状态下的不同表现及象征意义,在分析传统性能指标的基础上给出了四种新指标,并利用指标对电源故障预测算法进行验证和评估。

在国内,也有学者开展了相关内容的研究,比较有代表性的有:北京航空航天大学围绕健康管理系统故障检测、故障隔离、故障预测和剩余使用寿命预测提出了相应的验证方法步骤和性能指标评估,并构建了验证评估体系,包含健康管理需求量化、健康管理能力评估等。中国航空综合技术研究所针对机载系统的相关标准、系统功能和工作流图进行了详尽分析,根据机载系统结构特点和不同阶段系统的设计需求,先后提出了 BITE 传感器、区域管理和全局管理的性能指标需求,建立了性能指标体系,并推导了一套层次验证、总体评估的验证方法。但是上述研究都停留在理论研究层面,没有在具体的故障预测算法和健康管理系统设计中得到验证。

7.3.2　健康管理原型验证系统

在故障预测算法设计完成后,如何对算法进行评估验证一直是困扰众多研究人员的问题。由于健康管理系统受环境因素的影响较大,现有的故障预测算法仅仅针对故障数据进行曲线拟合,而不考虑算法实际的运行条件,很难通过计算机仿真的形式来对算法进行客观评价。正是基于上述原因,国内外的研究人员开始致力于健康管理原型验证系统的设计与实现,运用故障模拟技术或加速试验技术为故障算法提供可靠的验证和性能评估平台。

目前,按照作用对象,健康管理原型验证系统大体可以分为两类:一类是健康管理硬件验证系统,另一类是健康管理软件验证系统。而在实际研发过程中,这两种类型相互联系,共同完成对故障预测算法的验证和性能评估。

航天和防御系统复杂性不断提高,英国拉夫堡大学针对此问题建立了一个先进的诊断测试平台和相应的故障诊断工具,借助于原型系统,可以完成对不同故障诊断和隔离算法的验证和评估,减少了维修费用并提高了系统可靠性。美国国际汽车零部件(International Automotive Components, IAC)集团联合美国空军和陆军针对发动机健康监测开发了一套用来演示数据采集和数据融合技术的测试平台。该分布式健康管理系统采用信号融合和信息处理的组合算法来完成对发动机和飞机的故障诊断和预测,并支持采用实际数据开发新的故障诊断和预测算法。作为美国陆军振动管理加强项目(vibration management enhancement program, VMEP)的一部分,IAC 集团又开发了一套数据采集测试平台,主要运用直升机振动和发动机性能数据来开发验证故障诊断和预测技术。以佐治亚理工学院和范德比特大学为代表的多所大学和美国 NASA 艾姆斯(Ames)研究中心共同设计开发的原型验证平台采用电源系统为研究对象,进行故障诊断、容错、应急保护,以及故障预测算法的开发与验证工作。

在软件验证系统方面,Roemer 等(2006)设计了一个基于 Web 的软件来验证健康管理系统,在系统设计中就能将健康管理不同层面的不确定性量化融合,对健康管理系统进行评估,建立估计信息的不确定性。该验证平台可提供不同故障预测算法的性能信息,在信息源选取过程中对故障预测算法进行性能评估和有效性比较,为健康管理系统设计者提供了一种标准的评估方法来不断完善现有设计。

国内,孙博等(2007)研究设计了一套健康管理系统硬件验证平台,该平台能与现有的机载系统实现便捷的融合,通过基于失效物理的数据处理和故障诊断单元实时地分析健康管理系统对采集到的异常信号进行的初步故障诊断。作者所在课题组也设计开发了一种面向健康管理的无线传感器网络原型验证系统,利用无线传感器网络在数据采集、传输和处理方面的优势,很好地解决了现有系统中存在的故障数据不易获取、传输困难和后期处理受限等问题。

7.3.3　健康管理不确定性管理

按研究对象,故障预测算法主要可以分为三种:一种是基于模型的方法,一种是基于数据的方法,还有一种是基于融合的方法。无论采用哪种方法,健康管理系统在模型建立、数据采集、传输和处理等过程中都存在不确定性问题,由于故障机理是一个随机过程,预测过程本身也会产生误差,这就增加了系统不确定性因素,主要包括:系统建模和故障预测模型的不确定性;由传感噪声、不同模式下的传感探测和去模糊化及数据处理、估计和简化带来的信息缺失导致的测量不确定性;运行环境不确定性、未来负载不确定性(根据使用历史数据的多样性,无法预见未来的状态)、输入数据不确定性。这些不确定性问题给故障预测算法的设计实现,以及验证和性能评估带来了很大的困难,必须对其可能存在和出现的各种不确定性进行管理,以降低负面效应。

一个理想的不确定性管理方法包括:开发基于物理的故障模型、不确定性量化和产生、不确定性升级、验证与确认。其中,开发基于物理的故障模型的主要优点如下:提高预测的准确性;减少模型标定需求和不确定性;在未知负载的情况下增强预测性能;获取故障机理知识来减少模型不确定性。而验证与确认提供了一种用来精确评估模型性能和不确定性管理的方法,从而对健康管理系统进行有效设计并实现其功能。

在国外,健康管理不确定性管理研究与故障预测算法的研究是同步进行的,通过提出一种不确定性管理的框架,重点研究不确定性的量化和产生算法,主要运用D-S证据理论、概率论、神经网络和粒子滤波等方法来进一步增强系统的可靠性。在国内,有关健康管理不确定性管理方面的研究比较少,大都是针对其来源和分类的研究,并未提出相应的解决方案。

7.4　健康管理系统验证与确认的实现途径

健康管理作为一项新兴的交叉边缘学科,在验证与确认环节还存在一些关键问题有待解决,也给研究人员带来了很大的挑战,其实现途径主要体现在以下几个方面。

1. 验证方法的选择和评估标准体系的建立

健康管理技术已经在广泛的工业领域中得到了一定程度的应用,由于健康管理系统是面向对象建立的,针对不同的应用需求通常需要不同的健康管理系统,其验证方法也有所不同。如何针对应用需求选择合适的验证方法,已经成为健康管理验证与确认过程中比较重要的环节。仿真验证的代价较小,但不能很好地体现环境因素对系统的影响;实物验证虽然能够真实反映系统运行的实际状态,但是开销大、耗时长,又不适合一般的验证与确认工作。从国内外公开资料看,半实物仿真验证方法是解决无实际设备支持下开展验证方法研究的最佳途径,它能够综合仿真和实物验证的优点,进一步完成验证工作。在半实物仿真试验中,其数学模型仅描述某些不宜用实际部件接入的部分,由数字仿真计算机实现,而其他系统部分采用实物,构成闭环控制实时仿真环境,这样降低了仿真建模的难度,避免了因某些元器件建模不准确而造成的仿真误差,提高了全系统的仿真置信度。特别是在面向机载系统设计时,半实物仿真验证就显得十分重要。

随着各国研究人员对健康管理技术的深入研究,已经提出了许多针对不同领域的故障预测算法,如何对其性能进行比较评估,从而根据实际应用选取最优算法,逐渐成为困扰研究人员的主要问题。缺乏统一的评估标准体系将有碍于故障预测算法的进一步深入研究,但指标也是一把双刃剑,在大多数情况下,都是根据实际可测量来设置性能指标,这样反而限制了对故障预测算法的评估。

2. 健康管理原型系统的功能有待提升和完善

健康管理原型系统作为一种用来验证和评估故障诊断和预测算法的核心技术,能够通过故障模拟技术进行算法的加速试验,从而在理论研究和工程应用之间搭建桥梁。而现有的原型系统多数只具备数据采集和处理功能,不能很好地实现故障预测算法的验证和评估。

大多数现有健康管理原型系统内部的交联关系复杂,功能简单且尚未考虑模拟实际系统运行下的环境因素,给原型系统的验证带来了一定的不确定性。软件验证平台和硬件验证平台之间没有得到很好的融合,对健康管理算法的性能评估方法较为单一,也给健康管理原型系统的发展带来了一定的影响。如何采用有效的故障模拟技术、开发对应的分析方法、设计硬件平台对应的软件架构、完成对原型系统功能的进一步扩展,是当前有待解决的问题。

3. 不确定性管理框架的建立

在健康管理系统验证与确认过程中,往往会存在多种不确定性因素,通过对各种不确定性因素进行分类管理,可确定其相互关系及优先度,设计有效的不确定性量化和产生算法。根据验证与确认方法,在原型系统的检验下进一步完成对不确定性管理框架的评估和算法对比,有助于较好地解决系统噪声问题。

第8章
健康管理典型应用

8.1　民用发动机健康管理典型应用

　　民用航空公司更加关注运营、维护保障成本,自早期基于人工的发动机参数指印图、趋势图分析到近十几年投入使用的远程监控平台,健康管理应用案例越来越多。本节通过搜集国内外民用航空公司发动机监控的故障案例,熟悉民用航空发动机故障发生的规律、故障排除的流程,总结发动机性能监控经验和教训,为保障发动机运行的安全性和经济性奠定基础。本节选取的案例来自主流民用航空发动机,包括 GE 公司的 CFM56 系列,P&W 公司的 PW4000 和 V2500 系列发动机,这些案例与我国研制的民航发动机在结构和控制系统方面类似,具有重要的工程参考意义。

　　发动机故障可分为突发性故障和渐变性性能衰退,突发性故障难以通过趋势监控预防,性能衰退可能是短期(几天或几周)或长期(几个月)的,由于报告的周期一般不超过一个月,发动机健康管理系统的长期趋势检测通常比较困难。为了检测长期趋势,可以使用压缩历史报告,追踪每个参数的月平均值。需要注意的是,同一故障表象可能是不同原因导致的,需要结合运营经验和工程实践才能正确快速确定故障源,主要原因有: 不同类型发动机的故障发生规律不同;传感器/仪器指示故障;随机误差。

8.1.1　民航发动机健康管理要求与流程

　　民用航空公司运营经验表明,发动机在翼趋势参数监测对发动机部件故障和系统故障的发现和识别有很大的贡献。发动机状态监控软件将获取的信息处理后便可以用来对发动机性能和状态进行分析。例如,对于起飞 EGT 裕度,主要用来判断发动机整体性能和指导发动机换发计划。而对于巡航趋势监控,主要是根据趋势图中参数的变化来分析故障。需要指出的是,同一类型的故障并不总是表现出相同的参数趋势,也不总是在趋势方向和参数大小上符合特定性能影响系数(P&W 公司将其称为指印图),这通常为多种气路性能故障的非线性影响导致的结果,使趋势分析更加困难。民航发动机巡航监控过程中,引起参数趋势发生变化的故障原因很多,主要故障包括:发动机传感器或指示系统故障、发动机相关系统故障、发动机单元体故障等。

1. 健康监视参数

以某型民航机为例,目前有 8 个参数用于监测发动机的内部状况,包括:排气温度 EGT、主燃油流量 WF/FF、低压转速 n_1、高压转速 n_2、机载振动监测 AVM、滑油压力、滑油温度、油门杆位置。其中,EGT、WF/FF、n_1 和 n_2 反映气动/热力学性质,也是本节主要叙述内容;AVM、油压、油温反映发动机的机械状态。

排气温度 EGT:EGT 是发动机中最重要、最关键的参数,反映涡轮前总温 T_3^* 的高低。EGT 高,则 T_3^* 高;EGT 超限,则 T_3^* 超限。同时,EGT 的变化也可反映发动机性能的变化;例如,在同样的工作状态下,发动机 EGT 升高,则表明发动机的性能可能下降。而且 EGT 的变化同样反映发动机故障,例如,压气机叶片产生污垢会使 EGT 升高。又如,按正常的发动机压比(engine pressure ratio, EPR)起飞时,若发现 EGT 高,则最可能的故障是放气活门漏气。

主燃油流量 WF/FF:WF 或 FF 的响应类似于 EGT,在 EPR 恒定时,当部件流通能力、运行效率下降时,这两个参数的趋势通常都会呈正相关增加。

低压转子转速 n_1:n_1 可作为推力参数,与空气流量相关,由于低压转子较重,转动惯量大,通常是一个变化较小的参数。

高压转子转速 n_2:虽然 n_2 不像 EGT 那样对流量损失、运行效率下降那么敏感,但利用该参数可更加容易地进行故障定位分析。EPR 恒定时,不同的故障类型会使得 n_2 升高或降低。因此该参数有助于确定故障源。

机载振动监测 AVM:AVM 提供了一种监测旋转部件平衡变化的方法。运行数据表明,发动机故障可能表现为振动响应逐渐或突然产生向上的变化趋势,AVM 数值下降也可反映一些问题。因此,AVM 数值无论是呈增大还是减小趋势,都是一种可疑现象。

滑油压力:对于滑油系统,滑油压力是主要监控参数,低于警戒值会告警,甚至空停。滑油压力变化的原因一般为滑油过滤器堵塞、油箱中有异物、仪表故障和油泵故障,否则滑油消耗不会产生显著的趋势变化。

滑油温度:如果油温过高,可能是因为仪表故障、油量低、热交换器受到污染或旁通活门异常打开等。

滑油量和滑油消耗率:滑油量也是滑油监控的主要指标,低于报警值时,系统会报警,严重时会自动停车保护。滑油消耗率反映发动机运行中滑油的消耗情况,滑油消耗率异常通常由泄漏、蒸发和轴承故障引起。

除了对发动机参数进行飞行过程中的监视外,还可以使用其他手段来确定发动机的工作状态,包括如下项目:油滤检查、滑油品质分析、滑油光谱、铁谱、孔探、目视检查,上述检查一般采用离线手段进行。

2. 监视数据的获取

飞行状态记录要求:至少需要在飞机稳定巡航状态下飞行 3 min,推力杆应在固定位置(自动油门可能切断),监视数据点才开始采集。空气总温(total air temperature, TAT)、马赫数 Ma 和飞行高度应稳定(平均 TAT 变化不应超过±1℃,平均马赫数变化不应超过±0.005,大多数航线的飞行高度应该在 6 096 m 以上,涡轮冷却机匣活门处于开位),且不能在不稳定的飞行状态下采集数据。

记录程序要求:一般采用自动记录,如果由人工记录,应通知其他飞行机组成员,数据正在采集;在需要废弃某个采集点的情况下,应将该数据点记录在单独的纸张上,同时记录飞机的 TAT 和 Ma 数据;如果情况保持稳定,将发动机和飞行数据记录在监视日志上,同时记录引气系统的工作状态(打开/关闭,空调组件数量)。

获取质量不高的性能数据后果:只有将合格有效的数据输入程序中时,发动机状态监视程序才能进行有效的诊断。当输入参数的质量不高时,数据离散度增大,难以反映检测参数趋势。对于飞行参数(飞行高度、Ma、TAT),性能监视程序根据已建立的采集标准判断采集数据的质量。如果计算值和记录值之间的差值超出了规定门限值,则趋势报告上的数据点的日期旁会显示"Q"。

为了准确地将发动机参数修正为海平面标准条件,必须记录飞行高度、Ma 和 TAT。如果这些参数没有记录,那么需要对其进行计算,同时在趋势报告的日期旁边会出现一个"D"。如果不能由计算得出,则会出现一个"M"。如果没有记录 EPR,在日期旁边出现"E",处理方案也和上述情况相同。如果给定点显示"E""M""D"或"Q",则应提醒用户需要改进数据准确度。

在记录飞机驾驶舱读数时也必须注意,用户应尽可能准确地记录数据,最好使用机载数据系统对飞行数据进行自动采集。

3. 健康监视的一般原则

民用航空发动机排故维修实践过程中,趋势图和指印图分析是应用较广泛的诊断方法,其基本思想是利用测量气路主要截面的压力、温度、转子转速、主燃油流量和可调几何位置等参数变化,来分析、判断与发动机气路相关的单元体和子系统的状态。根据发生故障时各个性能参数的变化情况,普惠公司总结出了故障分析的一般原则。

(1)仅仅一个参数发生偏移:90%情况下是指示系统发生故障。例如,若一台发动机仅主燃油流量 FF 发生变化,而排气温度 EGT、低压转速 n_1、高压转速 n_2 未发生偏移,而且如果同一架飞机上的其他发动机没有发生类似的变化,则认为该发动机主燃油流量指示系统发生故障。

(2)两个参数发生偏移:指示系统故障和发动机故障发生的概率相同,可以通过指印图辅助诊断,指印图定义了发动机关键测量参数偏移量与典型故障类型的对应关系,通过实际测量参数与指印图特征参数进行对比,可用来识别故障。如果排气温度偏移量 ΔEGT 和主燃油流量偏移量 ΔFF 变化趋势相反,则可能是测量参数的指示系统产生故障;如果 ΔEGT 和 ΔFF 同时增大,则很可能是发动机性能衰退导致的。

（3）三个参数发生偏移:90%情况下是发动机系统或本体出现故障,可以结合指印图分析。若排气温度偏移量 ΔEGT 和主燃油流量偏移量 ΔFF 增大,同时高压转速偏移量 Δn_2 也增大,则表示引气量过大,这常是可调引气活门(variable bleed valve, VBV)不正常打开或引气管漏气造成的。若 ΔEGT 和 ΔFF 变化不大,而 Δn_2 有明显变化,则表明发动机的转差发生了变化,应检查可调静子叶片(variable stator vane, VSV)的位置是否正确;若 ΔEGT 和 ΔFF 同时增大,同时伴随 Δn_2 下降,则通常表明发动机高压涡轮性能衰退。

（4）四个参数同时增大或减小:很可能是因为 TAT 或者 EPR 传感器出现故障。若安装在同一架飞机上的其他发动机也有相同的变化趋势,则为 TAT 传感器故障,否则很可能是 EPR 传感器故障。

（5）不可解释的参数变化:可能是信息遗漏所致,如发动机出现换发,或做了维修工作,也可能是指示系统故障,通常通过核对维修记录来进行故障排除。

4. 健康监视分析流程

为了方便用户监控发动机性能,发动机代工厂厂家开发出了相应的性能监控软件,如 GE 公司的 SAGE 和 RD,普惠公司的 EHM 和 ADEM 等。发动机用户可利用性能监控软件得到的趋势图和性能报告,并结合发动机运行经验,对发动机气路故障进行工程诊断。本节归纳总结了发动机故障分析的基本流程,如图 8.1 所示。

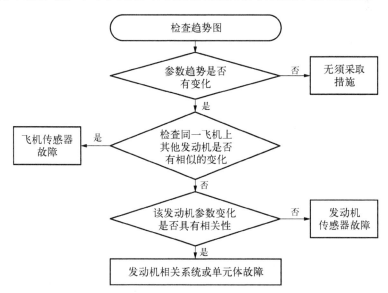

图 8.1　发动机故障分析基本流程

8.1.2 民航发动机健康管理典型分析案例

本节主要介绍制造商或航空公司的发动机性能工程师通过性能监视程序发现并诊断故障的案例,这些案例将帮助制造商或发动机用户在早期阶段识别和分析故障。

1. 发动机相关系统故障分析案例

发动机中对发动机气路参数影响较大的相关系统包括:引气系统、放气系统、防冰系统、涡轮间隙控制系统和可调静子叶片系统等。当这些相关系统发生故障时,通常会引起整个气路参数发生变化,但各参数之间具有一定的相关性。

1) 涡轮间隙控制系统故障

故障现象:2002 年 5 月 14~16 日,EGT 和 FF 明显增大,n_2 明显减小,n_1 基本不变,EGTM 为 10 K 左右;2002 年 5 月 17 日~19 日,EGT 和 FF 明显减小,n_2 明显增大,n_1 基本不变,EGTM 为 10 K 左右;2002 年 5 月 19 日以后,各项参数保持稳定。

故障分析:2002 年 5 月 16 日以前是典型的发动机热端故障趋势,很有可能是高压涡轮性能衰退或涡轮间隙控制(turbine clearance control, TCC)系统故障造成的,无论是哪种原因,都会导致涡轮功和 EPR 降低。TCC 系统作用为冷却涡轮机匣,使涡轮叶片与机匣间的间隙减小,从而提高涡轮效率。

普惠公司的 PW4077 型发动机以 EPR 作为调节规律,因此要保证在巡航状态下的 EPR 恒定,就需要增大 FF,进而提高 EGT,以产生更高的做功能力,但仍然无法弥补高压涡轮性能衰退的影响,使 n_2 下降。

同时还可以观察到,在短期趋势的记录时段,发动机起飞 EGTM 基本维持在 10 K 左右,没有太大变化,因为 TCC 系统在发动机起飞阶段是不工作的,但发动机性能正常;而在巡航阶段,TCC 系统的工作性能不正常,故可以判断为 TCC 系统故障,高压涡轮故障可以基本排除。

根据上述判断,应先检查 TCC 系统,再检查控制,最后对高压涡轮进行孔探。2002 年 5 月 16 日,该发动机的 TCC 系统实施了更换,因此故障得以排除,性能得到恢复。

2) 引气系统故障

(1) 普惠公司发动机 3.5 级引气活门故障。

故障现象:从 2002 年 2 月 20 日开始,EGT、FF 和 n_2 参数产生突变。根据发动机状态监测的分析原则,出现与发动机有关问题(不是仪表问题)的概率是 90%。参考发动机指印图,这些突变的方向表明可能存在引气系统故障。

故障分析:发动机引气类故障在参数趋势中一般是 EGT、FF 和 n_2 增大,故障原因包括发动机外部的引气管路失效、释压阀失效、扩压器壳体故障等,导致泄漏的高压空气直接排放到发动机机舱外或风扇机匣中,而发动机参数变化的大小取决于泄漏的位置和大小。

高压空气从压气机泄漏,将导致增压比下降,从而导致 EPR 下降。为维持给定的 EPR 目标值,主燃油流量需增加,从而使 EGT 和 n_2 增大。相比于高压部分引气,低压压气机的压力损失较小,故对参数 n_1 的影响较小。

检查发现,3.5 级引气活门卡在开位。解决这个问题之后,EGT、FF 和 n_2 回归到初始合理水平。

（2）GE 发动机 VBV 故障。

故障现象:从 2002 年 11 月 17 日开始,EGT、FF 和 n_2 三个参数产生较大偏移。其中,EGT 增大 30 K,FF 增大 3%,n_2 增大 1.4%。

故障分析:该故障产生原因可能是气路漏气,由于 2.5 站位 VBV 气路漏气,高压压气机流量下降,涡轮的燃气流量也下降,这时低压涡轮(low-pressure turbine,LPT)流量比低压压气机小,LPT 功率不够,导致 n_1 下降。而该型发动机的推力是由 n_1 表征的,为了产生不变的推力,燃油系统会增加燃油供应,以增加 HPT 的输出功。n_1 稳定后,由于高压涡轮(high-pressure turbine,HPT)前温度升高,HPT 功率增加,使 n_2 增加,趋势变化的结果就是 EGT、FF 和 n_2 均变大。

根据趋势变化,在停场检查时发现 VBV 作动器卡在开位,导致巡航工作时,2.5 站位漏气。

3）压气机静子叶片故障

故障现象:n_2 降低 1%,而其余参数变化不大,怀疑可能是高压压气机静子叶片角度出现误差,而可调静子叶片角度是由导向叶片作动器控制的,后续的调查显示,VSV 系统反馈机构的曲柄连杆下部的钟形曲柄连接处缺失开口销和螺母,使紧固螺栓发生移动,从而阻止了 VSV 的完全关闭,如果该螺栓脱落,发动机还可能会在爬升或下降时停车。

故障分析:根据该型发动机控制规律:当 VSV 出现故障时,n_2 参数变化较大,其他参数值基本不变。VSV 系统影响高低压转子转速的匹配,对 n_2 的影响较大,而对 EGT、FF 和 n_2 的影响较小,因此可调静子叶片操纵系统失效会引起 n_2 的变化,n_2 的增大和减小取决于 VSV 开度的大小,若开度比计划偏大,高压压气机负荷偏大,使 n_2 减小,反之 n_2 增大。

4）滑油系统故障

与气路热力学监控不同,滑油系统一般采用离线监测方式,经常是通过手工记录测量飞机飞行前后的滑油消耗量,可以得出滑油消耗速率,可得知滑油是否泄漏及是否出现燃油污染(燃油/滑油散热器损坏)。

在航线工作中,磁性堵塞是最早应用于航空发动机滑油系统检测的方法,其基本原理如下:将磁性堵塞安装在滑油系统的管路中,以收集悬浮在滑油中的铁磁性屑末(数量与其在滑油中的质量分数成正比),用肉眼、低倍放大镜或显微镜直接观察残渣的大小、数量和形状等特征,从而判断摩擦零件的磨损状态。下面将通过实例来说明该发动机利用磁性屑末进行滑油系统监控的方法。

该发动机上的磁性屑末检测器能吸住直径为 0.13~1.3 mm 的铁磁性颗粒;当滑油流速为 4.57~5.18 m/s 时,可吸住 20% 的颗粒;当滑油流速为 7.92 m/s 时,可吸住 10% 的颗粒。

(1) 发动机工作 247.55 h,恒速传动装置轴承产生故障。

某发动机恒速传动装置磁性屑末检测器的碎屑量及磨损速度见表 8.1 和图 8.2。发动机使用初期,大约每隔 50 h 取样一次,磨损速度和碎屑增长量低且恒定。在 197~239 h 时间间隔内,量值剧增,因此将下一次取样的时间间隔减小为 10 h,磨损速度增长明显,因为磁性棒上积存了大量碎屑,根据经验分析,认为是发生了轴承故障。

表 8.1 某发动机恒速传动装置磁性屑末检测器的碎屑量及磨损速度数据统计

发动机使用时间和取样时间/h	磨损速度/ppm*	碎屑量/ppm
0	0	10
50	0.15	15
90	0.06	18
135	0.06	20
185	0.06	20
235	0.92	60
245	1.72	78

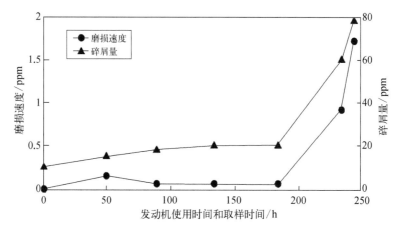

图 8.2 某发动机恒速传动装置磁性屑末检测器的碎屑量及磨损速度(工作 247.55 h)

* 1 ppm = 10^{-6}。

拆卸恒速传动装置检查,证实是轴承发生损坏。通过分析系统的工作原理,当恒速传动装置中的轴承发生故障时,从磁性屑末检测器的碎屑聚集量不断增加,显示出这一轴承失效的初始迹象,到轴承完全破坏,这个时间可能很短。因此,及时分解恒速传动装置,可以避免因恒速传动装置中的轴承损坏而引发更严重的故障。

(2) 发动机工作 432 h,因恒速传动装置中的轴承破坏而中断工作。

某发动机恒速传动装置磁性屑末检测器的磁性屑末分析记录表见表 8.2,碎屑量及磨损速度见图 8.3。

表 8.2　某发动机恒速传动装置磁性屑末检测器的磁性屑末分析记录表

检查间隔/(分:秒)	累计时间/(分:秒)	碎屑量/ppm	累积碎屑量/ppm	磨损速度/ppm
—	—	0.2	0.2	—
45:40	45:40	6.5	6.7	0.14
46:55	92:35	2.9	9.6	0.06
46:45	139:20	0.4	10.0	0.02
12:00	151:20	0.2	10.2	0.01
44:15	195:35	5.4	15.6	0.12
44:45	240:20	0.1	15.7	0.002
52:00	292:20	0.9	16.6	0.02
48:20	340:40	0.8	17.4	0.02
91:15	431:15	13.2	30.6	0.14

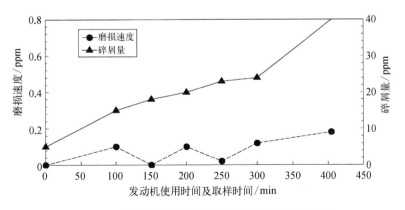

图 8.3　某发动机恒速传动装置磁性屑末检测器的
碎屑量及磨损速度(工作 432 h)

这是发动机恒速传动装置在工作中发生故障的情况,在监控过程中,发现碎屑量有了明显的变化,并在 432 h 发生故障。经确认,其原因是轴承损坏,部件卡住导致局部过热,在故障发生前还进行了最后一次取样。从表 8.2 中可见,最后取样的时间间隔太长,中间漏取一次,时间间隔几乎是正常取样间隔的 2 倍,未能及时发现故障信息。

最后一次取样间隔缩短为正常间隔,且在发现碎屑量增长、磨损速度增大时,将检查时间间隔适当减小(如 10 h),部件就可能在故障发生前停止工作,采取措施避免故障发生。由此可见,及时准确地分析碎屑并作出正确判断可有效预防故障发生。

5) 发动机喘振故障

故障现象:该航班机组感觉到 1 号发动机有轻微喘振现象,但是在后续飞行后没有出现任何问题,飞行继续,顺利到达目的地。当时记录飞行期间的健康管理数据为 EGT:$+12\,\mathrm{K}$;主燃油流量变化率:$+2.4\%$;n_2 变化率:$+1.8\%$。

故障分析:根据经验,性能参数变化与发动机指印图中不完全匹配,最接近高压压气机的单元体效率下降恶化。随后对 1 号发动机进行了内窥镜检查,发现高压压气机的 8 个叶片有严重损伤,随后该发动机下发。

高压压气机的叶片破损,必然会导致高压压气机的性能和效率下降,从而也会使发动机整体的性能和效率下降,随后发动机的推力性能便会受到影响而下降。在发动机的自身控制系统推力不足的情况下,会使主燃油流量增大,以保证发动机产生足够的推力。

在主燃油流量增加的情况下,n_2 和 EGT 上升。本案例中,高压压气机动叶叶片的破损会使高压转子的平衡遭到破坏,所以高压转子的振动会增加。

2. 发动机本体故障分析案例

发动机本体包括风扇、低压压气机、高压压气机、HPT 等。当发动机本体发生故障时,通常会影响到整个气路,发动机各监控参数发生变化并具有一定的相关性。

1) 高压涡轮叶片故障分析

故障现象:12 月 27 日后,EGT 和 FF 均增大,而 n_2 降低,n_1 几乎不变,初步断定为高压涡轮故障。建议对 HPT 进行全面的孔探,应特别关注边缘气流的密封和叶片尖端的清洁度。

故障分析:本案例属于经典的 HPT 故障,当 HPT 性能衰退时,Δn_2 为负偏差,$\Delta\mathrm{EGT}$、$\Delta\mathrm{FF}$、Δn_1 为正偏差。

HPT 发生性能衰退,涡轮做功能力减退,导致 n_2 下降,高压压气机增压比下降,为了维持给定的 EPR 目标值,FF 增大,EGT 增大。

由 HPT 故障引起的性能变化取决于故障程度、LPT 的二次损坏程度、压气机和燃油控制系统的设计特性等,由于 LPT 在较低的压力和较低的温度环境下运行,

LPT 的响应性比 HPT 低。FF 和 EGT 的增加是 LPT 效率损失的最大特征。LPT 损坏通常是由上游部件故障造成的,根据损害的严重程度,n_1 会适度下降,而 n_2 基本保持不变或略有增加,如果 HPT 也受到损坏,那么油门角度和 n_2 的变化可能被相反的趋势所掩盖。

在起飞和巡航阶段,发动机性能均下降,因此排除了 TCC 问题。经孔探检查后,发现 HPT 的 T_2 叶片有 3 处磨损。

2)高压压气机叶片故障分析

故障现象:该发动机的 EGT 和 FF 值在 7 月份的第二周开始突然增加,n_1 略微增加,n_2 基本不变。孔探显示,第 8 级高压压气机叶片磨损严重,随后发动机被拆除,进行压气机叶片翻新。

故障分析:当高压压气机性能衰退时,ΔFF 和 ΔEGT 为正偏差。原因分析:高压压气机性能衰退,增压比降低,导致 EPR 偏低,为维持给定的 EPR 目标值,保证原有的增压比,FF 会增加,同时引起 EGT 增大,故 ΔFF 和 ΔEGT 为正偏差,而 n_1 增加是 LPT 功率增大导致的。

3)风扇叶片振动故障分析

故障现象:该发动机起飞时,风扇机匣振动指示偏大,振幅超过 6.4 m,而其他性能参数几乎不发生变化。

故障分析:由于气路性能参数未发生明显变化,怀疑是风扇不平衡导致的故障。在 9 月 1 日停场,9 月 2 日对风扇进行润滑,如果振动没有改善就进行风扇动平衡。风扇润滑后,低压转子振动开始变小,起飞前,机匣振动降为 4.8 m。因此,可得出叶根卡涩导致叶片重心产生微小偏心,风扇由于不平衡而产生振动。从故障趋势图可以看出,通过叶片润滑后,振动趋势逐步回归正常。

4)发动机性能衰退分析

故障检测:在 7 月 12 日前,EGT 为 +40 K,于 9 月 16 日变化为 +50 K,因此 ΔEGT 为 +10 K。同理可知,FF 变化率为 +0.6%,n_1 变化率为 0,n_2 变化率为 -0.4%。参数的变化说明发动机存在故障,同时也得到了此台发动机的参数偏差组合。

故障隔离:根据参数偏差组合的分析查找发动机指印图对应的故障,由于性能参数 EGT、FF 和 n_1 均增大,而 n_2 减小,指印图中符合此正负关系的有:HPT 性能衰退和 HPT 可调间隙控制活门关闭。为了方便比较,将两者的 EGT 均换算成 +10 K,其他参数按照同比例换算。

HPT 性能衰退参数偏差组合为 ΔEGT 为 +10 K、FF 变化率为 +1.2%、n_1 变化率为 0、n_2 变化率为 -0.4%,HPT 可调间隙控制活门关闭参数偏差组合为 ΔEGT 为 +10 K、FF 变化率为 +1.4%、n_1 变化率为 +0.04%、n_2 变化率为 -0.4%。对比分析可知,HPT 性能衰退参数组合更接近趋势图,因此该故障诊断为 HPT 性能衰退。

故障辨识：指印图中，HPT 性能衰退参数 $\Delta EGT = + 18$ K，而趋势图中的 $\Delta EGT = 10$ K，经过比较可知，HPT 发生性能衰退，但不是很严重。

在工程实际中，各参数的组合并不一定很好地符合指印图变化，至少指印图是理想的"案例"。实际工作中，需要结合运行时间和循环次数，通过孔探检查才能确定故障。

8.2　军用发动机健康管理典型应用

国外先进军用航空发动机，如普惠公司的 F119 和 F135、罗·罗公司的 T800 等具有高保障性要求，普遍配装了各类健康管理系统。本节介绍国外先进军用发动机健康管理典型应用案例，分析机载系统与地面站系统的典型功能设置，并对国外军用发动机健康管理系统特点进行总结。

8.2.1　军用发动机健康管理系统特点

从 F119、F135、T800 发动机健康管理系统架构和功能可以看出，国外先进军用航空发动机健康管理系统具有如下显著特点。

1. 健康管理系统伴随发动机主机同步设计

对于发动机健康管理技术的开发，应当从发动机的论证阶段就同步结合发动机总体要求，开展安全性、可用率、维修性等关键指标的需求分析，确定健康管理系统应具备的功能和达到的技术要求。在发动机设计阶段，需要同步开展健康管理系统的设计，明确健康管理系统的功能组成和架构方案。发动机设计定型后，健康管理系统要同步完成设计和初始功能定型。发动机批量生产过程中，健康管理系统应随机安装，并全程参与发动机各种质量考核测试。设计、生产阶段形成的发动机健康管理数据库将成为发动机使用过程中随机交付的重要技术档案。此外，对于发动机使用、大修过程中暴露出来的新故障，健康管理系统应对其进行技术分析，及时反馈设计单位，并更新健康管理系统。健康管理系统应当记录发动机全寿命周期内的健康参数信息，实现与后勤管理的对接。

2. 专门的监视功能和诊断预测功能

早期的发动机状态监控主要是发动机工作参数超限告警、控制系统本身的机内测试和故障隔离，由电子控制器完成。健康管理技术发展至今，可以采用各种先进的诊断传感器来全面准确地诊断和预测发动机健康状况，对发动机本体及部件健康状态进行评估。对于部分先进的军用发动机，多数故障状态甚至需要隔离到外场可更换单元水平，数据及信息的运算和处理要求显著提高，需要采用独立的处理单元。

3. 专用发动机事件记录存储功能

为提升发动机维修性，先进的军用发动机中均充分利用机载发动机健康管理单元进行故障事件的记录和存储。不同于飞行参数记录器,发动机诊断维修专用的记录存储装置一般都在机载系统检测到异常事件之后触发机载监视系统,详细记录事件前后的发动机飞行参数和特征参数,并在飞行后进行详细的故障诊断、隔离。所有的发动机异常事件数据都可以通过专用接口下载到地面处理系统进行详细的故障诊断或预测,并向后勤系统发送信息,规划维修保障活动。

4. 机载和地面支持保障系统同步设计

机载系统和地面支持保障系统互为补充、同步设计是先进军用发动机健康管理系统的特色。机载系统实时性好,可利用信息源多、数量大,但是受到重量和处理器能力的限制,机载功能不宜过于复杂。当前,军机机载系统的功能一般相对简单,以检测和存储记录事件数据、计算关键件寿命消耗为主,地面支持保障系统以趋势分析、故障诊断隔离与机群分析为主。

8.2.2　军用发动机健康管理典型分析案例

1. 普惠公司 F119 发动机健康管理系统案例

普惠公司 F119 发动机采用 FADEC 系统和 CEDU 的机上健康管理架构,并配合地面支持系统进行趋势分析和失效设置。

1) 机载典型功能

F119 发动机机载健康管理功能由 FADEC 系统和 CEDU 共同完成,其中 FADEC 系统提供双通道备份控制系统架构,内置发动机自调整模型具有控制系统故障诊断与容错能力,实现了机内测试及故障检测、隔离适应等功能。CEDU 提供发动机故障诊断、预警功能,从 FADEC 系统采集和存储发动机运行数据和专用传感器测量数据,整定和处理振动、滑油碎屑、滑油水平、转子转速传感器相位等信号数据,存储机内测试及维修所需数据,主要功能如下所述。

(1) 气路状态监视与故障诊断。

FADEC 系统内嵌发动机机载自调整实时模型,在起飞和巡航等典型稳定工作状态下,机载模型通过监测发动机气动热力参数,实现控制用气路参数传感器的在线诊断和隔离,考虑发动机在实际使用过程中会发生性能衰退,自调整模型参数会在固定的飞行架次后定期进行离线更新。

(2) 振动路状态监视与故障诊断。

发动机前中介机匣、后支撑环及附件机匣均安装有振动加速度传感器,CEDU 内嵌专门的高性能处理模块,利用离散傅里叶变换分析技术对振动测量信号进行实时振动频谱分析,实现振动异常监视与典型故障类型判断。

(3) 关键件寿命管理。

由 CEDU 实现关键件使用寿命消耗情况的在线快速计算,利用发动机热力循环参数,以及起动次数、加力点火次数、发动机工作时间、飞行时间、总累计循环次数等,统计热端部件的蠕变寿命和Ⅰ类、Ⅱ类、Ⅳ类低周疲劳循环次数,进而估计发动机关键件的剩余使用寿命。

（4）数据存储记录和传输。

机载 CEDU 在发动机运行过程中存储四种数据类型,包括失效报告编码、暂态/快照诊断数据、寿命和健康数据及配置数据。数据传输方式主要包括：通过数据通信终端控制器将飞行数据和 CEDU 存储记录的数据下载到飞机综合维修信息系统;或者,在飞机系统不供电的情况下,直接利用便携式维修辅助设备维修助手将 CEDU 存储记录的数据通过数据接口下载到地面飞机综合维修信息系统。

2）地面支持保障系统功能

地面支持保障系统的主要功能是将机上记录和存储的数据下载到飞机综合维修信息系统,进行更详细的分析,包括关键参数的长/短时趋势分析、关键件的寿命消耗累计、失效处置、故障隔离及维修任务的优化。系统构成包括中队级加固便携式地面站和基地级主工作站,两者之间通过加密网络通信,基地级主服务器为各用户提供应用程序。

2. 普惠公司 F135 发动机健康管理系统案例

F35 战斗机是美军五代战斗机重点发展的主力机型,其配装的健康管理系统代表了当今健康管理技术的最高发展水平。战斗机整机采用的健康管理架构如图 8.4 所示,通过先进传感器和智能模型、算法来预测、监控和管理飞机各系统的健康状况,完成故障检测、故障隔离、故障预测、剩余使用寿命估算、部件寿命跟踪、辅助决策和资源管理等功能。F135 发动机健康管理系统是飞机健康管理系统的子系统。

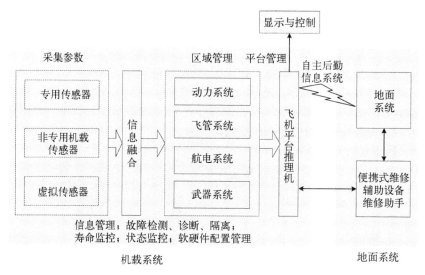

图 8.4　基于区域管理器的 F135 健康管理系统结构

如图 8.4 所示,F135 健康管理系统是一种基于区域管理器的体系结构,共分为三层:第一层是传感器层,该层包括非专用机载传感器和尽量少的专用传感器,以及高级算法组成的虚拟传感器,用于完成原始数据的收集;第二层由多个系统级区域管理器构成,负责处理传感器层的数据,利用模糊逻辑、数据融合、机理分析等推理技术,完成多源信息的融合;最高层是飞机平台推理机,用于综合飞机各个子系统信息,得到飞机的整体健康评估信息。F135 发动机健康管理系统结构延续了 F119 发动机双 FADEC 系统和独立机载监视系统的模式,突出了诊断及预测技术特征,采用更先进的分层区域管理和信息融合推理技术,以及先进的传感器集成、先进算法和智能模型来实时监视、诊断、预测和管理发动机的健康状态,具有更强大的机载诊断隔离能力。此外,发动机健康管理系统与飞机健康管理系统直接交联,通过数据链进行空地通信,可以获得地面系统的实时支持。下面对发动机健康管理系统典型功能进行详细介绍。

1) 机载健康管理典型功能

(1) 性能状态监视与故障诊断。

据公开文献报道,F135 发动机仍沿用了机载自调整实时模型系统,在起飞和巡航等典型稳定工作状态下,机载模型通过监测发动机气动热力参数,实现控制用气路参数传感器的在线诊断和隔离,并且在固定的飞行架次后定期对自调整模型参数进行离线更新。此外,自调整实时模型功能增强,考虑气路部件健康参数对模型观测器状态变量进行增广,可具备气路部件在线诊断和隔离能力。

(2) 振动状态监视与故障诊断。

前中介机匣、后支撑环、附件及附件机匣均安装有振动加速度传感器,除了采用离散傅里叶变换分析技术进行时频谱处理外,F135 发动机还针对主轴承麻点、表面掉块等轻微故障的监视,开展了冲击能量、应力波分析等窄带超高频振动分析技术,实现了故障的早期检测,并对故障传播发展程度进行量化。另外,针对风扇叶片开发了电涡流在线监测技术,用于直接监视叶片的叶尖间隙和位置,进而对叶片健康状态实施评估。

(3) 滑油状态监视与故障诊断。

除采用机载感应式滑油碎屑在线监视和滑油液位监测外,F135 发动机可能增加了滑油品质监视技术和基于静电的滑油碎屑监视技术,可实现对滑油油液理化性能指标和非铁磁颗粒的在线监视,基于多源信息综合评估滑油系统的健康状态。

(4) 关键件寿命管理。

F135 发动机健康管理系统通过统计和计算热端部件的蠕变寿命和 I 类、II 类、IV 类低周疲劳循环次数,以及起动次数、加力点火次数、发动机工作时间、飞行时间、总累计循环次数等寿命使用参数,在线计算和跟踪关键件的使用寿命消耗情况,并能根据任务剖面实时计算关键系统和关键件的剩余使用寿命,实时评估发动机执行预定任务的能力并向指挥员提供决策支持依据。

（5）数据存储记录和传输。

F135 发动机区域管理系统负责与子系统、飞机健康管理的协调,提供发动机健康管理专用传感器的数据处理、存储。在飞行中,带有时间标记的参数特征、寿命使用统计和故障事件等相关的健康管理数据通过数据链下载到自主后勤信息系统。此外,子系统状态和其他相关的健康管理信息也在着陆信号发出后传输到自主后勤信息系统。自主后勤信息系统负责更新飞机系统状态并在离线状态下进行健康管理处理,通过健康管理离线分析将多数发动机故障状态隔离到外场可更换单元水平,进而向用户推送必要的维护保障措施。

2）地面支持保障系统功能

F135 发动机地面支持保障系统的主要功能是对自主后勤信息系统接收的健康管理数据进行详细的部件级故障诊断、测量参数长/短时趋势分析,以及对增强的健康参数、部件剩余使用寿命进行跟踪和预测,地面支持保障系统借助智能算法支持环境提供增强的数据挖掘和健康管理技术。智能诊断和预测算法、子系统诊断模型利用解析手段支持系统重构,同时为了优化故障隔离与排故,自主后勤信息系统还带有智能导向型辅助决策工具。

3. 罗·罗公司 T800 发动机健康管理系统案例

罗·罗公司 T800 发动机是一款先进的轻型涡轴发动机,广泛应用于军用和民用直升机,典型装备直升机型号有"山猫"、"黑豹"、RAH-66"科曼奇"等,该系列发动机具有先进的健康管理系统,在维修性、可靠性和保障性方面具有优良的表现。T800 发动机健康管理系统具有先进的部件损伤分析软件,能够精确地计算和记录关键零部件的使用寿命消耗情况,其健康管理系统总体架构分为机载系统和地面系统两部分,如图 8.5 所示,其中机载系统主要完成发动机状态监控和数据采集功能,由发动机控制单元(engine control unit, ECU)和机载发动机监测系统两部

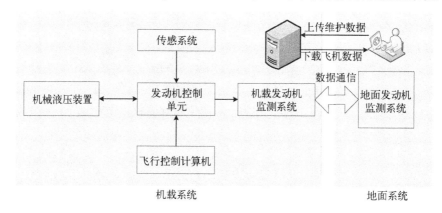

图 8.5　T800 发动机健康管理系统总体架构

分共同实现。地面发动机监测系统(ground engine monitoring system, GEMS)主要实现发动机状态参数数据管理和故障诊断维护,提交诊断报告和维护决策。发动机健康管理系统典型功能包括以下几个方面。

1) 机载发动机监测系统功能

T800 机载发动机监测系统将采集软件的编码部分内置于机载任务计算机组的硬件模块中,对发动机状态参数进行实时采集监控,采用分布式设计,利用参数超限规则来监控发动机健康状态。当发动机及其部件工作参数超限时进行告警,并存储该超限事件前后的过程数据。软件功能主要包括:数据流实时监控、发动机故障告警、发动机功率监测、部件损伤告警、发动机日常文件使用、数据存储及扭矩传感器参数校正等。

2) 地面发动机监测系统功能

地面发动机监测系统主要用于实现发动机故障诊断隔离、维护决策和寿命预测功能。T800 发动机机载系统采集存储数据,通过标准接口总线通信传输给地面系统。地面发动机监测系统除了向机载发动机监测系统提供维护决策外,还输出发动机序号、机龄和部件寿命历程等信息。如果发动机更换或改变了外场可更换单元,地面发动机监测系统将对零部件改变信息进行跟踪,并将其所有相关信息传输给机载发动机监测系统。

第9章
健康管理技术发展趋势

9.1 健康管理技术挑战

国外的研制经验表明,实现发动机健康管理技术不是一蹴而就的事,必须要制定循序渐进的技术开发计划,从基础的失效物理和零部件的基础研究,到子系统级的检测、诊断、预测及失效缓解技术研究,再到推进系统的健康管理设计,应针对不同关注领域,在各个层次开展关键技术攻关。我国工业部门在航空发动机及航改燃机健康管理技术应用研究方面起步较晚,先期虽然取得一些成绩,但无论从研究系统性、成熟度等角度审视,还是结合未来发展趋势考量,都存在一定问题,有待于在实践中摸索解决,从而夯实正向研发设计基础。由于发动机自身具有复杂的非线性特征,全寿命周期的各个阶段都存在不确定性,发动机运行涉及气动热力循环、机械动力学、结构力学等过程,难以构建精准的解析模型,而且测量信息种类复杂多样,相关的分析方法也多种多样,这些特征都为解决健康管理研究领域现存问题增加了技术挑战性。

9.1.1 先进测量技术与传感器网络布局

发动机测量信号感知与采集是健康管理功能实现的基础要素,测量信息的类型与品质将直接影响健康管理分析结果。测量信息感知与采集如何满足发动机状态监测、故障诊断、趋势分析及寿命管理的需求,是开展发动机健康管理系统设计的首要考虑问题。总体上看,未来发动机仍将以现有传感器类型为主,但是发动机工作参数范围及工作环境严酷性提高,会牵引现有传感器量程、带宽等技术指标要求大幅提升;未来发动机健康管理中,机载监测能力需求提高,会牵引叶尖间隙、气路流量、燃气成分等新型传感器的应用需求。例如,气路参数测量系统一般由温度、压力、转子转速传感器构成,气路参数测量的精度、一致性和可靠性的提高会直接提升性能诊断和模型诊断的品质。在发动机高温端,对于某些气路部件截面,目前尚没有直接测量手段,若传感器耐温性及量程等指标得到提升,直接在涡轮前、高低压涡轮间等截面加装传感器,气路故障的隔离能力将得到进一步提升。安装风扇涵道和尾喷管流量传感器及高精度主燃油流量传感器,有助于实现发动机损伤条件下的推力损失估计。

基于数字信号处理技术的高频振动传感器有助于通过在线的包络解调分析实现振动故障诊断的早期化和精确化。尾喷管排放碎屑监视传感器可以监测排放燃气中包含的碎屑成分,这些碎屑可以反映出气路流道部件/零组件的一些早期结构损伤征兆。传感技术的不断提升为健康管理系统正向设计提出了挑战,设计者必须综合分析考虑健康管理顶层功能、性能需求和费效比,在健康管理系统方案设计阶段必须提出准确、合理、高效的传感器网络布局要求。

首先,传感器布局位置的选择需要考虑测量参数与故障的相关性,根据健康管理功能需求选择相应的飞行数据和发动机数据作为测量采集信息。实际的设计过程中,一方面,面临着传感器布局受限的难题,发动机工作参数测量位置、测点数量、测试能力等受到机载重量、技术条件等的制约,现有传感器布局方案普遍存在不能完全满足故障部件隔离的技术要求。

其次,信号采集精度、灵敏度、稳定性、滤波降噪等指标会影响信号分析品质,进而会对故障的监测能力产生影响。以振动信号采集为例,主轴承表面起始剥落失效过程在高频段(大于 20 kHz)、中频段(1~20 kHz)、低频段(小于 1 kHz)都会产生反应,高频段在失效早期反应灵敏,低频段在失效严重阶段反应灵敏,但是早期故障振动信号特征较微弱,容易被背景噪声掩盖,针对主轴承故障早期高频窄带振动特征,美国 GEAE、SWAN、IMPACT 等公司开发了冲击能量、应力波分析等超高频振动分析技术,并且该项技术已经在 F135 发动机中开展了应用和验证。而国内在役和在研发动机振动信号的采样频率普遍偏低,无法满足振动故障早期精准监测的需求。

最后,新型传感测量技术能够为健康管理提供额外的专用测量信息,但大部分技术有待于进一步向工程应用转化,同时采用新型传感器需结合需求进行费效分析。一般使用的先进测试传感器有光纤传感器、无线传感器、虚拟传感器、智能传感器、压电传感器等,这些传感器具有比传统传感器更强的性能,更容易实现故障检测,从而提高检测技术的敏感性。例如,采用 SiC、SiCN 材料能够显著提升传感器的耐高温性能,有利于高温端部件信息的测量;基于电涡流监测技术可直接监视风扇叶片间隙和位置,实现气路部件零组件健康状态监视;基于静电的滑油碎屑在线监视技术,可使响应速度大幅提高;伴随着新型微机电系统技术的发展,小型化、高可靠、经济的智能传感器也是未来技术发展方向。采用这些新型的传感测量技术,需要综合考虑发动机需求、技术本身成熟度及费效比。

9.1.2 高效、经济、安全的数据传输网络构建

随着航空发动机与航改燃机健康管理运算实时化、功能综合化、业务网络化需

求的不断提升,建立高效、经济的数据传输网络成为发动机健康管理系统设计的重要问题。结合飞机、舰船等武器的装备健康管理系统的使用特点,数据传输的需求主要包含机载/舰载与地面系统之间的空-地传输、动力子系统与飞机/舰船系统之间的数据传输、健康管理系统与地面维护保障人员之间的数据传输等,常规的数据传输手段包括无线电通信、卫星传输、总线传输、磁介质传输等。面向武器装备外场和基地维护保障的需求,应针对武器装备系统构建多层次的数据传输网络,并针对不同层次的数据传输链路设计适当的数据传输手段。

无线数据通信在航空航天、航海领域已应用四十余年,在远程数据实时传送方面发挥着重要的作用。尽管目前无线通信数据带宽能力相当有限,但是随着无线通信技术的不断发展、成本不断降低,以及健康管理系统功能在空间时间域的不断拓展,无线通信对于健康管理的重要性将与日俱增。无线通信具有综合成本低、性能更加稳定、组网灵活、可扩展性强、维护费用低廉等优点,符合武器装备对于健康管理系统重量减轻、成本降低、可维护性和可扩展性提升的技术需求。结合目前的前沿技术发展趋势,无线通信技术可以在未来健康管理系统设计诸多方面得到应用。

例如,采用无线通信传感器测量部分参数,可以有效减少机载设备电缆的使用;根据战斗机、舰艇等武器的装备维护保障体系需求,建立武器装备与地面保障设备或地面接入点之间的无线通信网络,可在飞机或舰艇着陆或靠岸过程中就与地面系统建立起通信,连接地面站开始下载数据,基于微型装置技术,还可以满足武器装备对于无线网络即插即用的需求;而基于无线通信的移动设备可以作为地面排故与维护设备终端,供地面维修保障人员快速便捷地采集装备运行数据。无线数据传输系统具有诸多优点,可以提升发动机健康管理系统,甚至维护保障体系数据的传输效率,但是无线高频微波信息在开放空间下的传输抗干扰能力、保密性也是亟待突破的技术难题。

9.1.3 准确的发动机故障特征提取

发动机健康管理系统主要通过各种类型的传感器采集信息,由传感器获取的历史数据包含发动机正常状态信息和故障信息,但是其本质特征隐含在数据信息之内,需要进行提炼才能用于故障诊断。因此,在进行故障诊断之前,需要通过一定的方法对数据进行分析、变换和处理,从不同角度获取最敏感、最相关的测量参数变化作为故障特征信息。故障特征是故障判定和定位的依据,在发动机实时故障诊断中,进行故障特征提取是实时诊断的必要条件,否则进行大量的数据特征信息在线提取,将严重影响故障诊断算法的性能和效率,阻碍实时诊断的实现。开展故障特征提取时,面临的主要问题就是缺乏故障数据样本,同一种故障模式下的样本数据数量有限,难以构建适应复杂工况的统计学特征;同时,由于发动机气路、振动、滑油等多物理场工作参数一定程度上存在耦合关系,为了保证故障特征的完整性,需要考虑多源信息特征层融合;为了避免故障特征的过拟合,需要识别主要特征元素。

发动机健康管理贯穿发动机全寿命周期,构建全寿命周期故障数据库十分有利于健康管理能效的发挥。发动机全寿命周期数据涵盖设计研发、制造装配、使用服役、维修保障等不同阶段,典型的结构化数据包括设计-制造-装配数据、发动机试验测试、飞参记录等时序连续型数据,以及喘振压差信号器、涡轮冷却接通等离散性开关数据;典型的非结构化数据包括各种叶片孔探照片、发动机设计图纸、文本、轴承检查音频等。发动机全寿命周期数据具有规模大、空间与时间关联复杂的特点,但如果将其中蕴含的丰富知识提取出来,将对健康管理功能的设计和实现起到重要作用。

首先,全寿命周期数据在设计、制造、使用到维修保障等一系列单位或部门均有分布,数据之间蕴含了各个部门发动机业务之间的技术关联,构建全寿命周期数据库的本质是建立数据之间的业务关系模型。例如,某型发动机在服役阶段发生的故障与设计阶段部件/零组件采取的设计方案、材料具有因果关系,发动机故障采取的维修保障措施又与不同批次发动机装配制造的技术状态具有关联性。其次,针对全寿命周期数据的故障信息提取具有完整性和层次性。由于发动机全寿命周期各个阶段的技术活动存在关联,对于发动机故障,各阶段数据都包含与故障关联的关键属性,并体现不同寿命阶段的不同层次的表征状态。例如,对于涡轮叶片断裂故障,服役阶段需要关注的属性就是发动机工作参数偏移,工作参数偏移状态反映了故障特征;设计阶段需要关注的属性是叶片结构参数、材料参数,分析设计参数能够反映故障机理;而在维护保障阶段,采用地面无损检测,如孔探图像能够进一步反映故障发生后零组件损伤的详细信息。

实现发动机全寿命周期数据挖掘的故障知识获取,进而建立故障数据库,在技术和管理层面都存在巨大挑战。其一,全寿命周期数据具有多源异构特点,需要针对性地采取合适的特征信息提取方法,保障特征信息的准确性、完整性;其二,需要面向全寿命周期多源异构数据,构建满足数据采集、存储、调用、运算、传输、显示等功能需求的数据平台;其三,打通发动机全寿命周期数据链路,需要集业界之力,从管理层面对不同单位、部门之间的数据规格、接口标准进行规范性定义。

9.1.4　考虑不确定性的健康管理算法工程应用转化

健康管理算法主要包括气路、振动、滑油诊断预测算法及寿命管理算法,总体而言,可采取基于机理模型和基于数据驱动的方式实现健康管理算法。最近十几年,针对健康管理算法开展了较为广泛的理论研究,先期虽取得了一定的基础理论研究成果,但普遍存在理论研究与工程应用脱节、缺乏工程数据支持和试验验证等缺陷,导致先期的理论算法研究中对于发动机对象特征的考虑不够充分,发动机设计、制造装配、服役过程中的不确定性因素和复杂工况影响未得到充分考虑,研究成果在算法功能、技术指标方面无法适应工程应用要求。在健康管理算法应用研究阶段,需要系统地进行需求分析,构建算法功能框架及原理方案,并且结合大量工程数据对算法进行反复的迭代修正和测试,充分考虑发动机设计与使用过程中的不确定性因素,提升气路、振动、滑油分析方法及剩余使用寿命预测模型的工程适用性。

气路、振动、滑油分析是发动机专用的诊断技术,利用发动机测量参数变化可推断发动机整机乃至部件的失效状态或性能降级,并进行故障的诊断、隔离及性能衰退趋势分析。在发动机运行使用过程中,存在发动机个体差异、测量误差、复杂工况及载荷变化、外界噪声干扰等诸多不确定性因素,这些因素会对确定性的分析方法产生严重的影响,将理论设计成果与工程应用场景相结合时,会产生过高的虚警率、误警率。

一般来说,发动机气路、振动、滑油分析通过基于测量参数特征的方法或基于机理模型的方法实现,早期的诊断方法中分别采用确定性的参数特征门限值匹配及滤波器模型进行故障分析,由于测量误差、建模误差、机动载荷等因素的影响,诊断预测指标难以满足全飞行包线内的技术指标要求。国外参考资料公开的一些解决办法是将传统的特征参数及自适应模型方法与神经网络等人工智能方法相结合,将一些主要的不确定因素作为修正因子引入分析模型中,为分析方法提供适应性的修正。而不确定因素的识别及影响分析、人工智能模型的构建对于设计者来说是技术难点,能否消除不确定因素对于气路、振动、滑油分析精度的影响将直接关乎工程适用性是否能够得到提升。

发动机剩余使用寿命预测是指结合物理失效模型和材料特性来预估部件的剩余使用寿命,从而实现部件或系统的失效时刻预报,而不是单纯的事后诊断和衰退趋势分析。将寿命管理信息与维修保障、后勤规划密切联系在一起的关键是剩余使用寿命预测,基于物理失效的剩余使用寿命预测模型具有多学科综合特点。寿命预测模型以诊断结果、发动机状态与工作参数、飞行载荷剖面等作为输入参数,通过温度谱、应力谱计算,同时考虑不确定因素,最终求解部件剩余使用寿命的分布函数,模型可输出基于概率的失效时间预报值。基于物理失效的剩余使用寿命预测是最理想、最复杂的军用航空发动机及航改燃机关键件(主轴承、主轴、转子轮盘、主减速齿轮等)综合预测技术,基于物理失效的寿命预测模型建模需要考虑多学科交叉特征。发动机剩余使用寿命预测研究的主要技术挑战:建立关键件的多学科物理失效模型及模型的简化较为困难;发动机的不确定性如何在模型中进行表征;如何制定合理的预测指标,以及指标如何验证。

9.1.5 基于模型的健康管理系统顶层方案设计

基于模型的健康管理系统顶层方案设计的主要任务是完成健康管理系统功能

架构设计和技术指标分解。当前,健康管理系统设计主要依靠工程师经验,根据装备用户和发动机主机要求确定系统功能架构,功能模块的技术指标也无法实现自上而下的分解。由于缺乏一种整体的系统工程设计方法,国内健康管理系统设计方案呈现出"百花齐放"但"各自为战"的局面,导致重复设计、资源浪费较多,系统设计缺乏统一的标准和规范,不同型号产品的设计架构迥异且互操作性存在问题。

发动机健康管理系统顶层方案正向设计难题之一就是指标体系的建立、指标确定和指标分解。具体而言,在健康管理指标体系的建立中,首先要捕获用户对健康管理系统的需求,由于使用要求和环境等不同,其需求也各不相同,甚至是相互冲突和矛盾的;另外,缺乏航空发动机健康管理正向设计的经验,用户对健康管理系统的需求也难以转化为对应的健康管理故障诊断指标和故障预测指标。其次,在健康管理系统指标确定中,需研究发动机健康管理系统指标制定流程和方法,不仅需要考虑用户的定性定量需求,还要结合发动机本身的设计特点和相关约束,以及借鉴类似发动机的相关使用经验。最后,在健康管理系统指标分解中,要采用基于模型的指标优化验证方法,通过此模型建立部件与部件测试和 FMECA 系统的关联性,从而将指标分解到健康管理分系统设计中。

9.1.6 故障样本缺失条件下的验证与确认方法

发动机健康管理系统验证的目的是检验各项功能是否满足系统设计所分解的技术指标要求,确认的目的是检验系统设计是否满足装备用户的顶层需求。开展健康管理系统的验证与确认,需要结合大量发动机运行和使用维护数据,对故障检测率、准确率等系统性能指标进行评价,并且结合发动机长期的使用维护进行风险-收益分析。首先,对于航空发动机及航改燃机,在设计试验阶段和服役阶段发生故障后,通常会采取停止试车甚至全线停飞等措施,同时对发动机进行故障分析和改进,确保故障归零。因此,就造成了故障模式样本数据及试验验证与确认环境不充足的问题。其次,对于发动机健康管理算法、软件及系统的多层级验证与确认,当前缺乏相关的试验标准或指南,不同单位、不同设计者所采取的验证与确认手段、试验科目的差异性很大,验证与确认结果的置信度较低。最后,如何在考虑诸多不确定性因素的前提下,结合统计学方法针对系统试验测试结果获得更加客观准确的评价,同样是有待深入研究的问题。

由于航空发动机及航改燃机故障模式样本及试验验证与确认环境不充足,利用机理模型和历史数据进行故障仿真,进而开展故障模拟试验验证,成为健康管理系统验证与确认的解决方案之一。基于模型仿真的健康管理系统验证与确认技术的第一个挑战在于故障模型的建立与仿真,发动机故障类型包括气路性能故障、机械结构故障、传动润滑系统故障等,表现形式涉及气路、振动、滑油等多物理场参数,故障产生、传播、影响机理复杂,存在多故障模式耦合发生的情况,可通过基于气动热力学模型对气路部件效率及流量拉偏的方式来进行故障建模与仿真；难以构建准确可靠的机械振动故障和滑油故障解析模型，需要利用历史故障数据构建数据模型。因此，构建发动机故障模型需要采用原理与数据驱动相结合的方式。第二个挑战：由于健康管理用户要求与技术指标包络范围较广，涵盖武器装备安全性、出勤率、经济性等多个方面，涉及诊断预测、使用维护、后勤保障等多个领域，建立基于模型的验证与确认流程、方法、工具也具有相当大的技术难度。

9.2   发动机健康管理技术发展趋势

21世纪以来，武器装备的结构复杂性和先进的物理特性大大促进了装备维护保障概念的变革，"实时、动态、快速、精确"是当今装备保障的新主题。尽管在研制阶段就已经进行了充分的可靠性设计和测试验证，但复杂多变的服役环境和极端工况仍然会导致关键件的工程出现缺陷、损伤和操作失误，进而引发事故。基于诊断、预测的健康管理是保证武器装备服役可靠性和安全性的重要手段，制定预测性维护策略、保障系统安全、进行战备完好性评估和故障安全调控是健康管理维护装备完好性的基本要求和目标。在过去的十几年里，飞机及舰船系统的复杂性和综合化水平日益提高，健康管理技术在系统研制、使用和保障中发挥了越来越重要的作用。为了减少维修人力、增加出勤率、实现基于状态段的维修和自主保障，先进航空发动机及航改燃机已由过去的"状态监测"逐步向"状态预测"和"健康管理"发展，技术发展趋势主要呈现为运算实时化、推理智能化、功能综合化、业务网络化及架构开放性等特点。

9.2.1   运算实时化

航空发动机及航改燃机的安全性要求极高，工作状态也是瞬息万变，其诊断预测技术要求逐渐由离线检测向实时运算发展。早期的发动机诊断预测功能比较简单，由彼此独立的模拟系统构成，其故障诊断主要依靠人工在地面利用专用或通用测试设备来检测和隔离发动机问题，维护测试人员的经验和技术水平起着重要的作用。随后，为满足发动机重要件关键故障的实时告警需求，产生了嵌入式的机内测试。最初，机内测试只检测几个关键参数，由人工判断是否有故障，故障隔离则是通过外部测试设备来完成。之后，部件的小型化，尤其是计算机技术的广泛应用为机内测试的发展提供了有利条件，机内测试能力有了显著提高，出现了可以自动检测和隔离故障的机内测试设备。诊断预测的实时化不是刻板地要求进行在线实时诊断，而是要提高诊断反应速度，尽量实现实时诊断，从而提高诊断效率，同时为制定维修策略争取时间。

美国F35联合攻击机的自主式保障系统采用的健康管理系统代表了美军目前

视情维修技术所能达到的最高水平,其动力系统采用机载和地面健康管理单元架构,机载系统与飞机健康管理系统直接交联,通过数据链进行空地通信,获得地面系统的实时支持,具有强大的机载诊断隔离能力。据国外公开资料显示,F135发动机的多数故障状态要求诊断隔离到外场可更换单元水平,机载健康管理单元采用eSTORM实现气路部件在线故障诊断和隔离,基于超高频(20 kHz以上)振动信号特征分析实现主轴承早期故障在线诊断,基于静电感应实现滑油碎屑在线监视,并且机载可实时计算关键系统和部件的剩余使用寿命,精准的实时化诊断信息有利于对异常及故障的早期判断,提升预测性维护保障能力。

9.2.2　推理智能化

发动机诊断预测是健康管理系统的核心部分,在某种意义上它们都是一种推理过程,构建健康管理系统时,根据系统的实际情况,往往要采用一种或多种技术和方法。发动机智能诊断预测的基本要求是发动机具备自诊断、自预测、自优化及任务适应能力,也就是说,即使在缺乏领域专家的情况下,也仍能够准确、迅速、自主地完成诊断预测任务;更高的层次要求是诊断预测系统可以在运行过程中,半自主甚至是全自主地学习和吸收新的领域专家知识来完善自身。

诊断预测的过程是根据从状态监测得到的信息,结合设备的结构特性、运行信息及历次的维修记录,诊断、分析和预测设备已经发生或者可能发生的故障,以确定故障的类别、位置、程度和原因,制定出维修对策,最终使设备恢复到正常的状态。先进的状态监测和故障诊断技术的应用,不仅有利于检测早期的故障,避免恶性事故的发生,还可以从根本上解决设备定期维修中的维修不足和过度维修问题。诊断预测的实现方法不仅包括简单的阈值判断方法,还包括基于规则和模型等的故障诊断推理算法、基于特征进化统计趋势的预测算法、基于人工智能的健康状态预测及基于物理模型的诊断预测算法等。此外,还能够在故障诊断和健康状态预测的基础上,结合专家系统、机器学习、多智能体(Agent)等人工智能技术,进行维修决策的自主生成、维修资源的统一整合调配及各相关单位的协同保障等,显著提高发动机视情维修保障效率和精确度。

9.2.3　功能综合化

综合化是近年来发动机最明显的发展趋势,最近几年,人们越来越重视飞机的经济可承受性和安全性,同时现代信息技术取得了巨大进步,为了实现减轻重量、增加控制、减少成本、提高飞行安全的目标,正在朝发动机控制与飞行控制的综合化、发动机控制与发动机诊断预测和健康管理的一体化、发动机健康管理与飞机健康管理的综合化,乃至发动机健康管理、维修与后勤保障、保障工程的一体化方向发展,部分先进的发动机监测系统是基于FADEC系统建立的,采用发动机监测系统与 FADEC 系统结构进行综合化设计,以便最大限度地利用 FADEC 系统资源,减少监控系统的研制与使用成本。

F35 战斗机综合健康管理系统用来预测、监控和管理飞机各系统的健康状况,发动机健康管理系统是整个飞机健康管理系统的一个子系统。F35 战斗机的综合健康管理系统是一种基于区域管理器的体系结构,其结构示意图如图 9.1 所示,共分为三层。第一层是传感器层,用于收集原始数据。第二层由多个系统级区域管理器构成,负责处理来自传感器层的数据,获取包括飞机各子系统的健康管理信息。区域管理器使用模糊逻辑、数据融合、神经网络、基于模型或案例的推理技术,由软件推理机或功能软件模块构成,完成多信源的数据融合。最高层是飞机平台推理机,用于综合飞机各子系统的信息,来获得飞机整体状态的健康评估信息。这样,不仅可以进行机上故障诊断与测试,还可以预测故障、评估故障的后果与影响,制定维修计划,实现自主式保障,在飞机返回基地之前,系统便可通过数据链将需要进行的维修工作传达给地面的维修机构。

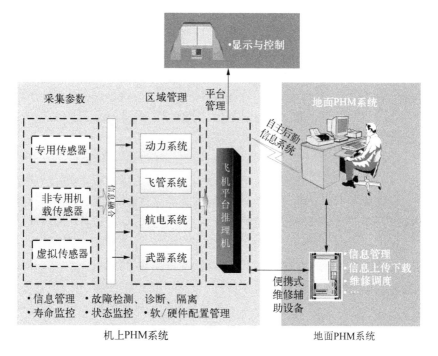

图 9.1　F35 战斗机综合健康管理系统结构

据统计,F35 战斗机采用了基于健康管理的自主式保障系统,可使飞机故障的不可复现率减少 82%,使维修人力减少 20%~40%,后勤保障设备减少 50%,出动架次率提高 25%,飞机的使用与保障费用比以前的机种减少了 50% 以上且飞机的使用寿命达 8 000 h。

9.2.4　业务网络化

网络化是发动机健康管理系统的重要发展方向,由于发动机是非常复杂的机械设备,故障的成因和征兆非常复杂,在故障后的维护保障活动中涉及多部门、多个用户的协同配合。首先,为提高疑难故障的诊断预测速度和准确性,最大限度地利用资源,降低监测和诊断成本,有必要发展并应用基于互联网的多智能体(Agent)远程联合诊断技术,将航空发动机的监控、诊断和维护技术整合融入网络环境中,可以极大地提高发动机疑难故障诊断的准确率和及时性,提高故障诊断网络化和信息化水平。

同时,网络化的状态监测和故障诊断技术与先进的后勤保障技术和维修管理技术相结合,是降低发动机的运行成本、提高经济性的有效手段。典型发动机网络化健康管理系统案例包括罗·罗公司的 Trent 1000 EHM 智能化远程监控和诊断系统,以及美国通用电气公司的远程诊断系统 SAGE 等。其中,Trent 1000 EHM 通过机载采集数据输入分析系统,检测出超限、警告问题,给出咨询意见,通过网络数据链将这些信息传送给罗·罗工作室和航空公司,罗·罗工作室的工程师完成进一步的分析和故障诊断,并将诊断结果通知航空公司,如图 9.2 所示。

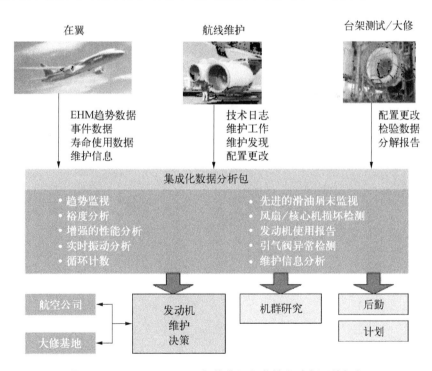

图 9.2　Trent 1000 EHM 智能化远程监控和诊断系统框架

9.2.5　架构开放性

发动机健康管理技术缺乏统一的规范和标准,造成了重复研究与资源浪费,阻碍了技术转化,产生了互操作性等问题,开放性将成为发动机健康管理系统体系结构的基本要求。开放系统体系结构要求采用模块化设计和公认的接口标准,这样便于在技术进步的同时能不断引进新技术,防止过时淘汰,同时提高发动机健康管理系统的通用性和重用性,缩短研制周期,降低寿命周期成本。国外的实践经验已经证明,若想发动机健康管理技术的发展呈现出生命力,就必须采用开放系统体系结构。

根据我国现有的发动机维修管理体系和需求特点,发动机健康管理系统功能可以划分为:状态监测、故障诊断、趋势分析与寿命管理,以及使用维修决策,借鉴 OSA - CBM,采用将健康管理功能与该体系结构相融合的方式,构建开放式的健康管理功能标准架构,如图 9.3 所示。以此为基础,可进一步建立健康管理系统开放

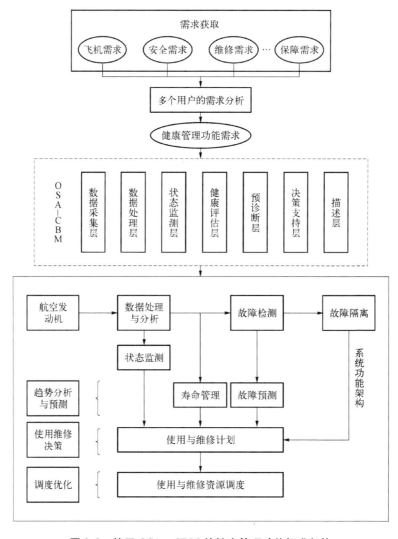

图 9.3 基于 OSA - CBM 的健康管理功能标准架构

式软硬件的布局,建立从系统附件到子系统、系统,再到发动机甚至飞机的层次关系,确定各具体组成模块的定义及相互之间的逻辑和输入输出关系。

9.3　行业发展思考

随着航空发动机及航改燃机技术要求的不断提升,健康管理技术已成为提升发动机安全性、可靠性、可维护性的重要手段。我国大约在 20 世纪 90 年代末开始进行发动机健康管理理论方法研究,取得了大量的理论研究成果。对发动机健康管理技术在发展过程中的几方面思考进行总结归纳,如下所述。

(1) 发动机失效预测技术难度高、技术成熟度普遍较低,但对于很多应用场景,在原理上是可行的。预测并非对所有情况都是可行的,那么就需要鉴别出明显不可能预测的情况并考虑用其他方法来解决,恰当的做法是将有限的资源集中在可预测且具有很高价值的系统、子系统或部件上。

(2) 准确及时的故障诊断是实现健康预测的重要前提,在具备预测能力之前,必须具有精准的诊断能力。如果在进行功能故障诊断之前就能够发现问题的话,就可具备更全面和更充分的预测能力。一旦开发了全面有效的诊断能力,就能为开发预测能力提供良好的基础。

(3) 获得发动机或部件剩余使用寿命的准确预测能力,需要跨学科,结合多种类型的模型建立寿命分析算法,这些模型包括:传感器校准或相关性模型、累积使用直至裂纹萌生模型、初始故障或裂纹扩展模型、基于统计或概率的模型。开发这些模型都是为了准确有效地集成到特定部件和系统的综合预测模型当中。

(4) 发动机健康管理是一个多学科的工程问题,需要各类专业人员参与研发。与其他工程化系统一样,健康管理系统的关键是多个学科工程知识的应用。综合预测模型和准确的剩余使用寿命预测模型的成功开发需要不同学科知识,这样的开发团队应包括材料学专家、状态感知传感器专家、部件设计专家、数学建模和数据融合专家、统计和概率建模专家及传统诊断专家等。

(5) 完善发动机健康管理设计需要在全寿命周期内反复迭代,需要时间和实施经验。准确预报和预测剩余使用寿命能力的开发需要大量的数据、经验和成熟时间,这特别适用于某些失效物理模型难以理解或因随机因素导致失效的特殊部件。要获得复杂的预测能力,需要大量的研制数据和足够的成熟时间,这是毋庸置疑的,因此确保规划项目中包含了充足的成熟时间,这一点很重要。

(6) 性能退化征兆的捕捉和趋势跟踪对于发动机主要子系统和部件来说是可以实现的。通常来说,不需要准确预测剩余使用寿命,那么直接跟踪子系统或部件的性能退化趋势就变成了非常有用的预测形式,这些最简单的预测能力对于发动机使用维护却是非常有用的,综合使用预测趋势跟踪与基于案例的推理是很好的选择。

（7）翔实准确的失效模式和影响分析是预测所必需的出发点。通过进行全面及时的 FMECA，找出故障模式和相关征兆，同时将最频繁发生的故障模式和引发致命故障的部件进行排序，有助于确定需要预测的高价值部件，并且有利于揭示部件中相关零组件之间的相互关系。

（8）发动机子系统或部件的故障模拟试验，对于健康管理系统设计和验证是极其必要的。通常，故障模拟试验费用较为昂贵，根据不同的健康管理设计或验证需求制定合理的故障模拟试验策略，以便尽可能在附带发生的环境下，最大限度地捕捉到性能退化的征兆和潜在故障失效的数据，这需要在各种可能的系统、子系统及部件的研制试验、鉴定试验、环境试验和最终验收试验等过程中，对获取到的宝贵数据进行详细规划。

（9）历史维修数据对于健康管理费效分析非常有价值，但费时、费力。维修数据库依据物料清单将发动机定义为零组件的集合，提供了大量失效和维修费用信息，为得到有意义的平均值，至少应该审查三年的数据，对这些数据进行研究和组织需要消耗大量人力。即便在这项工作完成之后，仍没有足够的维护详细信息来支持开展对提高维修过程效率影响的全面分析。为弥补这种不足，应组织对外场维修保障示例的研究，以采集有用的外场数据。

通过吸收和借鉴国内外健康管理技术发展趋势，为进一步夯实航空发动机和航改燃机健康管理技术基础，促进装备维修保障体系的建立和完善，建议持续加强如下几方面的技术攻关研究。

（1）开发先进的传感器技术与新型的信号处理技术。传感器的开发应该朝高精度、高可靠性、低能耗、低成本、集成化、小型化、对严酷环境适应性好等方面发展。结合传感器技术的发展，开发新的信号处理技术，不断探索高信噪比的健康监控方法，提高故障预测和探测能力及性能评估能力，降低虚警率。

（2）结合发动机全寿命周期数据，开展从部件到系统的失效机理分析研究，更准确地掌握故障产生、传播机理，描述故障在多物理场范畴体现出的征兆特征，以及故障随时间、空间发展的趋势，根据环境条件和系统运行状况等构建准确的预测模型。

（3）基于全寿命周期数据对于故障机理和征兆特征的分析结果，系统地建立健康管理故障库和模型库，打破发动机全寿命周期内各阶段之间的数据壁垒，构建从诊断预测、故障分析到使用维护的数据流链路，促使数据在流转中转化成知识，从而创造价值。

（4）研究混合及智能数据融合与推理技术、方法，以准确分析发动机工作参数的变化情况，加强经验数据与故障模拟数据的积累，在航空发动机及航改燃气轮机存在诸多不确定性的前提下，提高诊断与预测的置信度。

（5）紧密结合工程设计,逐步建立并完善健康管理标准体系。针对健康管理系统架构、信号测量与采集、算法设计等技术提炼相关标准、规范;研究健康管理系统性能验证方法及评价标准,开发健康管理基础验证与确认工具;针对健康管理系统诊断预测功能及武器装备服役收益两个方面,进行技术指标验证及费用-收益分析。

（6）研究发动机健康管理系统通用化架构的开发设计、分析和优化方法,面向发动机用户典型健康管理功能需求,形成一种标准化、开放式、可裁剪的健康管理功能框架,构建自上而下的健康管理技术指标分解模型,支持健康管理系统正向设计。

参考文献

敖良忠,2006. CFM56-5B 发动机性能衰退评估[J]. 中国民航飞行学院学报(2):
　　30-32.

蔡光耀,高晶,苗学问,2016. 航空发动机健康管理系统发展现状及其指标体系研
　　究[J]. 测控技术,35(4):1-5.

陈果. 用结构自适应神经网络预测航空发动机性能趋势[J]. 航空学报,28(3):
　　535-539.

陈静杰,车洁,2017. 基于标准欧氏距离的燃油流量缺失数据填补算法[J]. 计算机
　　科学(z1):119-121,135.

陈永刚,倪世宏,黄志宇,2002. 基于飞行数据的航空发动机寿命监视系统设计
　　[J]. 航空发动机(4):12-15.

陈志雄,2012. 航空发动机滑油系统全流量在线静电监测技术研究[D]. 南京:南
　　京航空航天大学.

邓明,金业壮,2012. 航空发动机故障诊断[M]. 北京:北京航空航天大学出版社.

范作民,孙春林,1993. 发动机故障诊断的主因子模型[J]. 航空学报,14(12):
　　588-595.

方前,2005. 航空发动机系统建模与故障诊断研究[D]. 西安:西北工业大学.

付旭云,2011. 机队航空发动机维修规划及其关键技术[D]. 哈尔滨:哈尔滨工业
　　大学.

高洪波,李允公,刘杰,2014. 基于动态侧隙的齿轮系统齿面磨损故障动力学分析
　　[J]. 振动与冲击,33(18):221-226.

缑林峰,2000. 航空发动机控制系统传感器与执行机构故障检测[D]. 西安:西北
　　工业大学.

郭江维,缑林峰,2014. 航空发动机控制系统鲁棒故障诊断及容错控制[D]. 西安:
　　西北工业大学.

海航空测控技术研究所,2013. 航空故障诊断与健康管理技术[M]. 北京:航空工
　　业出版社.

韩建军,张华,张瑞,等,2013. 航空发动机健康管理系统技术与标准发展综述[J].

航空标准化与质量(3)：5-9.

郝英,孙健国,杨国庆,等,2005. 基于支持向量机的民航发动机故障检测研究[J].
航空学报,26(4)：434-438.

何皑,覃道亮,孔祥兴,等,2012. 基于 UIO 的航空发动机执行机构故障诊断[J].
推进技术,33(1)：98-104.

何敏,张志利,刘辉,等,2006. 故障诊断技术方法综述[J]. 国外电子测量技术,25
(5)：4-6.

胡昌华,许华龙,2000. 控制系统故障诊断与容错控制的分析和设计[M]. 北京：
国防工业出版社.

胡昊磊,左洪福,任淑红,2009. 基于随机过程的航空发动机性能可靠性预测[J].
科技信息(29)：17-18.

黄波,周建波,刘铁更,2011. 现代航空发动机健康管理技术与应用[J]. 机械研究
与应用,5(3)：168-170.

黄寒砚,段晓军,王正明,2008. 考虑先验信息可信度的后验加权 Bayes 估计[J].
航空学报,29(5)：1245-1251.

黄伟斌,黄金泉,2008. 航空发动机故障诊断的机载自适应模型[J]. 航空动力学
报,23(3)：580-584.

姜彩虹,孙志岩,王曦,2009. 航空发动机预测健康管理系统设计的关键技术[J].
航空动力学报(11)：199-204.

姜健,2017. 航空发动机滑油压力和温度最大影响参数的一种确定方法[J]. 燃气
涡轮试验与研究,30(1)：7-13.

姜旭峰,彭秀华,费逸伟,等,2005. 基于灰色关联分析的磨粒识别[J]. 润滑与密封
(5)：112-116.

姜震,王曦,朱美印,等,2019. 变负载流量调节阀电液伺服作动系统研究[J]. 燃气
涡轮试验与研究,32(5)：40-46.

蒋继鹏,2018. 基于数据驱动的航空发动机故障诊断及性能参数预测[D]. 南京：
南京航空航天大学.

景博,杨洲,张劼,等,2011. 故障预测与健康管理系统验证与确认方法综述[J]. 计
算机工程与应用,47(21)：23-27.

孔祥天,2010. 涡扇发动机在线健康诊断技术研究[D]. 南京：南京航空航天大学.

孔祥兴,王曦,2012. 航空发动机双重传感器故障诊断逻辑研究[J]. 航空动力学
报,27(11)：2599-2608.

黎琼炜,2005. 新型油液在线监控技术[J]. 测控技术,24(4)：6-10.

李长征,雷勇,2006. 航空发动机气路故障诊断[J]. 测控技术,25(8)：21-24.

李翠,李效民,钟美芳,2010. 压电式加速度传感器的智能应用[J]. 实验室研究与

探索,29(10):231-234.

李其汉,王延荣,2014. 航空发动机结构强度设计问题[M]. 上海:上海交通大学出版社.

李榕,刘卫国,刘晓剑,2005. 航空用 ARINC429 总线收发系统设计与实现[J]. 计算机测量与控制,13(9):970-972.

李绍成,左洪福,2011. 油液在线监测系统中的磨粒图像处理[J]. 传感器与微系统,30(9):37-43.

李艳军,左洪福,吴振峰,2001. 基于磨粒分析方法的发动机磨损故障智能诊断技术[J]. 南京航空航天大学学报,33(3):221-226.

梁劲塑,2016. 酸值定量分析法在润滑油性能判断中的应用[J]. 石油化工腐蚀与防护,33(1):53-56.

梁旭,李行善,张磊,等,2007. 支持视情维修的故障预测技术研究[J]. 测控技术,26(6):5-8.

林兆福,1989. 航空发动机气动热力参数的趋势分析[J]. 中国民航大学学报(4):1-9.

刘凯,2008. 油液在线监测电容传感器的研制及在线测试方法研究[D]. 沈阳:沈阳理工大学.

刘占生,赵广,龙鑫,2007. 转子系统联轴器不对中研究综述[J]. 汽轮机技术,49(5):321-325.

柳迎春,李洪伟,李明,2015. 军用航空发动机状态监控与故障诊断技术[M]. 北京:国防工业出版社.

龙兵,宋立辉,荆武兴,等,2003. 航天天器故障诊断技术回顾与展望[J]. 导弹与航天运载技术(3):31-37.

卢文秀,褚福磊,2005. 转子系统碰摩故障的实验研究[J]. 清华大学学报(自然科学版),45(5):614-617,621.

鲁峰,黄金泉,2012. 涡扇发动机气路健康的简约卡尔曼滤波估计[J]. 控制理论与应用,29(12):1543-1550.

马辉,杨健,宋溶泽,等,2014. 转子系统碰摩故障实验研究进展与展望[J]. 振动与冲击,33(6):1-12.

马飒飒,许爱华,张群兴,等,2009. 无人机安全监控与健康管理系统研究[J]. 航空维修与工程(4):63-65.

欧阳以燃,孙芳园,2015. 光谱监测技术的研究与应用[J]. 中国新技术新产品(3):8.

彭鸿博,刘孟萌,王悦阁,2014. 基于起飞排气温度裕度(EGTM)的航空发动机寿命预测研究[J]. 科学技术与工程,14(16):160-164.

彭宇,刘大同,彭喜元,2010. 故障预测与健康管理技术综述[J]. 电子测量与仪器学报,24(1):1-9.

皮骏,马圣,贺嘉诚,等,2018. 遗传算法优化的 SVM 在航空发动机磨损故障诊断中的应用[J]. 润滑与密封,43(10):89-97.

邱星辉,韩勤锴,褚福磊,2014. 风力机行星齿轮传动系统动力学研究综述[J]. 机械工程学报,50(11):23-36.

戎翔,2008. 民航发动机健康管理中的寿命预测与维修决策方法研究[D]. 南京:南京航空航天大学.

佘云峰,黄金泉,鲁峰,2011. 涡轴发动机自适应混合诊断模型高斯加权聚类方法[J]. 航空动力学报,26(5):1178-1184.

沈燕良,王建平,曹克强,2004. 飞机滑油系统故障分析[J]. 润滑与密封(3):101-103.

宋汉,2013. 基于信息融合技术的航空发动机故障诊断研究[D]. 长沙:中南大学.

宋云峰,2008. 航空发动机状态监视与故障诊断系统研究[D]. 南京:南京航空航天大学.

宋兆泓,陈光,张景武,等,1993. 航空发动机典型故障分析[M]. 北京:北京航空航天大学出版社.

苏清友,2004. 航空涡喷、涡扇发动机主要零部件定寿指南[M]. 北京:航空工业出版社.

孙博,康锐,谢劲松,2007. 故障预测与健康管理系统研究和应用现状综述[J]. 系统工程与电子技术,29(10):1762-1767.

孙春林,林兆福,1988. 航空发动机状态监控和故障诊断系统[J]. 中国民航学院学报(综合版),10(3):459-467.

孙护国,霍武军,于海滨,2000. 航空发动机滑油系统监控与诊断技术[J]. 航空科学技术(4):23-24.

孙毅刚,刘静雅,赵珍,2014. 基于极限学习机的航空发动机传感器故障诊断[J]. 传感器与微系统,33(8):23-26.

王广,李军,2005. 基于神经网络的航空发动机滑油监测分析[J]. 润滑与密封(5):123-125.

王晗中,杨江平,王世华,2008. 基于 PHM 的雷达装备维修保障研究[J]. 装备指挥技术学院学报,19(4):83-86.

王荣桥,胡殿印,2017. 发动机结构可靠性设计理论及应用[M]. 北京:科学出版社.

王雄威,2013. 基于性能参数预测的航空发动机维修决策支持系统研究[D]. 哈尔滨:哈尔滨工业大学.

王俨剀,廖明夫,丁小飞,2020. 航空发动机故障诊断［M］. 北京：科学出版社.

王俨剀,王理,廖明夫,2012. 航空发动机整机测振中的基本问题分析［J］. 航空发动机,38(3)：49－53.

王喆,刘戬,王飞宇,等,2015. 基于重采样的差分频域分析方法［J］. 计算机学报,38(4)：783－792.

尉询楷,冯悦,杨立,2011. 军用航空发动机预测与健康管理系统现状及发展趋势［J］. 空军装备研究,5(1)：1－4.

尉询楷,李应红,2007. 航空发动机状态监控与诊断现状及发展趋势［C］. 西安：第五届全国技术过程故障诊断与安全性学术会议.

尉询楷,杨立,刘芳,等,2013. 航空发动机预测与健康管理［M］. 北京：国防工业出版社.

文振华,2015. 航空发动机静电监测信号的特征分析及提取［J］. 振动、测试与诊断,35(3)：453－458.

翁史烈,王永泓,2002. 基于热力参数的燃气轮机智能故障诊断［J］. 上海交通大学学报,36(2)：165－168.

吴金栋,2019. 航空发动机气路故障诊断与预测的机器学习方法研究［D］. 南京：南京航空航天大学.

吴学海,2014. 航空发动机的剩余使用寿命预测与健康状态评估［D］. 成都：电子科技大学.

吴振锋,2001. 基于磨粒分析和信息融合的发动机磨损故障诊断技术研究［D］. 南京：南京航空航天大学.

徐平,郝旺身,2016. 振动信号处理与数据分析［M］. 北京：科学出版社.

徐启华,师军,2005. 基于支持向量机的航空发动机故障诊断［J］. 航空动力学报(2)：298－302.

徐清诗,郭迎清,2016. 基于自适应滑模观测器的航空发动机故障诊断［J］. 航空计算技术,46(4)：83－86.

薛薇,2010. 航空推进系统状态监视、故障诊断研究及仿真验证［D］. 西安：西北工业大学.

杨宏伟,谢凤,钟新辉,等,2009. 基于润滑油状态监控的发动机故障诊断［J］. 合成润滑材料,36(4)：40－42.

杨洪富,贾晓亮,任寿伟,2016. 基于数据驱动的航空发动机故障诊断与预测方法综述［J］. 航空精密制造技术,52(5)：6－9.

杨俊,谢寿生,于东军,2005. 基于支持向量机的航空发动机故障诊断［J］. 机械科学与技术,20(2)：123－126.

杨立峰,王亮,冯佳晨,2010. 基于PHM技术的导弹维修保障［J］. 海军航空工程学院学报,25(4):447-450.

杨绵鹏,2014. 某型航空发动机润滑系统颗粒监控技术研究[D]. 南京:南京航空航天大学.

杨咸月,何光辉,1997. 时间序列趋势分析方法的选择及矫正[J]. 上海统计(11):28-29.

杨兴宇,郑晓梅,孙燕涛,等,2018. 航空发动机使用寿命控制技术[M]. 北京:科学出版社.

杨振兴,2012. 基于快速原型的航空发动机健康管理系统研究[D]. 南京:南京航空航天大学.

杨志波,董明,2007. 动态贝叶斯网络在设备剩余使用寿命预测中的应用研究[J]. 计算机集成制造系统,13(9):1812-1815.

杨忠根,任蕾,陈红亮,2010. 系统状态变量分析和系统时域分析的关系[J]. 电气电子教学学报,32(4):9-12.

衣爽,2012. 燃气轮机滑油和燃料系统故障诊断与预测研究[D]. 哈尔滨:哈尔滨工程大学.

余宾,2008. 基于神经网络的飞机发动机性能趋势预测系统[J]. 中国制造业信息化,37(21):58-63.

张宝珍,2008. 国外综合诊断、预测与健康管理技术的发展及应用[J]. 计算机测量与控制,16(5):591-594.

张宝珍,王萍,2008. 预测与健康管理(PHM)技术在国外新一代战斗机发动机中的应用[C],2008年航空试验测试技术峰会,南昌.

张广涛,2013. 航空发动机滑油油量测量关键技术的研究[D]. 沈阳:沈阳航空航天大学.

张海波,陈霆昊,孙健国,等,2011. 一种新的航空发动机自适应模型设计与仿真[J]. 推进技术,32(4):557-563.

张建,李艳军,曹愈远,等,2017. 免疫支持向量机用于航空发动机磨损故障诊断[J]. 北京航空航天大学学报,43(7):1419-1425.

张津,1994. 民用航空发动机状态监视和故障诊断系统研究[J]. 航空动力学报,9(4):339-343.

张经璞,2017. 航空发动机状态监控与典型故障分析[D]. 沈阳:沈阳航空航天大学.

张鹏,黄金泉,2008. 航空发动机气路故障诊断的平方根UKF方法研究[J]. 航空动力学报,23(1):175-179.

张书刚,2014. 民用涡扇发动机在线健康诊断关键技术研究[D]. 西安:西北工业大学.

张帅,李昂,石宏,等,2012. 基于灰色神经网络组合模型的航空发动机磨损趋势预测[J]. 沈阳航空航天大学学报,29(3):84-88.

钟诗胜,雷达,丁刚,2012. 卷积和离散过程神经网络及其在航空发动机排气温度预测中的应用[J]. 航空学报,33(3):438-445.

周俊丽,张驰,2012. 基于油液分析的主动维修在综采设备管理中的应用[J]. 兵器装备工程学报,33(10):72-74.

周梦华,2011. 柴油机磨合过程中油液光谱数据算法研究[D]. 大连:大连海事大学.

周玉辉,康锐,2009. 基于退化失效模型的旋转机械寿命预测方法[J]. 核科学与工程,29(2):146-151.

左洪福,1995. 发动机磨损状态监测与故障诊断技术[M]. 北京:航空工业出版社.

Alwi H, Edwards C, 2008. Fault detection and fault-tolerant control of a civil aircraft using a sliding-mode-based scheme[J]. IEEE Transactions on Control Systems Technology,16(3):499-510.

Archibald Y W, Dekker R, 1996. Modified block-replacement for multiple-component systems[J]. IEEE Transactions on Reliability, 45(1):75-83.

Aretakis N, Mathioudakis K, Stamatis A, 2003. Nonlinear engine component fault diagnosis from a limited number of measurements using a combinatorial approach [J]. Journal of Engineering for Gas Turbines and Power, 125(3):642-650.

Assaf D, Shanthikumar J G, 1987. Optimal group maintenance policies with continuous and periodic inspections[J]. Management Science, 33(11):1440-1452.

Barlow R, Hunter L, 1960. Optimum preventive maintenance policies[J]. Operations Research, 8(1):90-100.

Brotherton T, Volponi A, Luppold R, et al., 2003. eSTORM:enhanced self-tuning on-board real-time engine model[C]. Big Sky:2003 IEEE Aerospace Conference.

Budrow S, 1998. System analysis and integration of diagnostics and health management for the F119-100[R]. Reston:AIAA, AIAA98-3545.

Calkins F T, Flatau A B, Dapino M J, 2007. Overview of magnetostrictive sensor technology[J]. Journal of Intelligent Material Systems and Structures, 18(10):1057-1066.

Ding G, Shisheng Z, 2006. Aircraft engine lubricating oil monitoring by process neural network [J]. Neural Network World, 16(1):15-24.

Dussault P L, 2007. Creating a closed loop evironment for condition based maintenance plus (CMB+) and prognostics health management[C]. 2007 IEEE Autotestcon,

Baltimore.

Feldman A, Kurtoglu T, Narasimhan S, et al. , 2010. Empirical evaluation of diagnostic algorithm performance using a generic framework [J]. International Journal of Prognostics and Health Management, (2): 1 – 28.

Fu X, Gang D, Zhong S. Aeroengine turbine exhaust gas temperature prediction using support vector machines[C]. Advances in Neural Networks – ISNN 2009, 6th International Symposium on Neural Networks, Wuhan.

Gao Z, Breikin T, Hong W, 2006. Sensor fault estimator and its application for linear multi-variable dynamic systems with delayed state and input [C]. IEEE International Conference on Robotics and Bionics,Kunming.

Goyal S K, Kusy M I, 1985. Determining economic maintenance frequency for a family of machines[J]. Journal of the Operational Research Society, 36(12): 1125 – 1128.

Guangbin Y, Ding G, Lin L, et al. , 2014. Aircraft engine fuel flow prediction using process neural network [J]. International Journal of Control and Automation, 7 (3): 53 – 62.

Gupta P, 1984. Advanced dynamics of rolling elements[M]. New York: Springer-Verlag.

Hess A, Calvello G, Dabney T, 2004. PHM — a key enabler for the JSF autonomic logistics support concept[C]. IEEE Aerospace Conference, Big Sky.

Hess A J, Calvello G, Frith P, et al. , 2006. Challenges, issues, and lessons learned chasing the "Big P": real predictive prognostics part 2 [C]. Proceedings of IEEE Aerospace Conference, New York.

Javed K, Gouriveau R, Zerhouni N. SW – ELM: a summation wavelet extreme learning machine algorithm with a priori, parameter initialization [J]. Neurocomputing, 123(1): 299 – 307.

Kacprzynski G J, Roemer M J, Hess A J, et al. , 2001. Extending FMECA- health management design optimization for aerospace applications [C]. Proceedings of IEEE Aerospace Conference, New York.

Kanelopoulos K, Stamatis A, Mathioudakis K, 1997. Incorporating neural networks into gas-turbine performance diagnostics[R]. ASME 97 – GT – 35.

Kellenberger W, 1980. Spiral vibrations due to the seal rings in turbogenerators thermally induced interaction between rotor and stator [J]. ASME Jornal of Mechanical Design, 102(1): 177 – 184.

Kiakojoori S, Khorasani K, 2016. Dynamic neural networks for gas turbine engine degradation prediction, health monitoring and prognosis [J]. Neural Computing and Applications,27(8): 1 - 36.

Kobayashi T, 2003. Aircraft engine sensor/actuator/component fault diagnosis using a bank of Kalman filters[R]. Cleveland: NASA Glenn Research Center, CR - 2003 - 212298.

Lahriri S, Weber H I, Santos I F, et al. , 2012. Rotor - stator contact dynamics using a non-ideal drive-theoretical and experimental aspects[J]. Journal of Sound and Vibration, 331(20): 4518 - 4536.

Leao B P, Yoneyama T, Rocha G C, et al. , 2008. Prognostics performance metrics and their relation to requirements, design, verification and cost-benefit[C]. 2008 International Conference on Prognostics and Health Management, Denver.

Lei D, Zhong S, 2013. Prediction of aircraft engine health condition parameters based on ensemble ELM [J]. 哈尔滨工业大学学报(英文版), 20(3): 7 - 11.

Line J K, Clements N S, 2006. Prognostics usefulness criteria[C]. Big Sky: 2006 IEEE Aerospace Conference.

Litt J S, Simon D L, Garg S, et al. , 2005. A survey of intelligent control and health management technologies for aircraft propulsion systems[J]. Journal of Aerospace Computing, Information and Communication,1(12): 543 - 563.

Liu Z, Cai Z, Tan X, 2011. Forecasting research of aero-engine rotate speed signal based on ARMA model [J]. Procedia Engineering(15): 115 - 121.

Lu F, Jiang J P, Huang J Q, 2017. Dual reduced kernel extreme learning machine for aero-engine fault diagnosis[J]. Aerospace Science and Technology, 71: 742 - 750.

Mazhar M I, Kara S, Kaebernick H, 2007. Remaining life estimation of used components in consumer products: life cycle data analysis by Weibull and artificial neural networks[J]. Journal of Operations Management, 25(6): 1184 - 1193.

McCall J J, 1965. Maintenance policies for stochastically failing equipment: a survey [J]. Management Science, 11(5): 493 - 524.

Okumoto K, Elsayed E A, 1981. An optimum group maintenance policy[J]. Naval Research Logistics Quarterly, 30(4): 667 - 674.

Pandya Y, Parey A, 2013. Failure path based modified gear mesh stiffness for spur gear pair with tooth root crack[J]. Engineering Failure Analysis(27): 286 - 296.

Patrick R, Smith M J, 2010. Integrated software platform for fleet data analysis, enhanced diagnostics, and safe transition to prognostics for helicopter component CBM[C]. 2010 Annual Conference Proceedings of the Prognostics and Health

Management Society, Rochester.

Paul G, Agnes M, Bently D E, 2015. Thermal bending of the rotor due to rotor-to-stator rub[J]. International Journal of Rotating Machinery, 6(2): 91 – 100.

Pennacchi P, Bachschmid N, Tanzi E, 2009. Light and short arc rubs in rotating machines: experimental tests and modelling[J]. Mechanical Systems and Signal Processing, 23(7): 2205 – 2227.

Pierskalla W P, Voelker J A, 1976. A survey of maintenance models: the control and surveillance of deteriorating systems[J]. Naval Research Logistics Quarterly, 23(3): 353 – 388.

Ritchken P, Wilson J G, 1990. (m, T) group maintenance policies[J]. Management Science, 36(5): 632 – 639.

Roemer M J, Byington C S, Kacprzynski G J, et al., 2006. An overview of selected prognostic technologies with application to engine health management[C]. ASME Turbo Expo: Power for Land, Sea, and Air, American Society of Mechanical Engineers, Barcelona.

Sain S R, 1997. The nature of statistical learning theory[J]. Technometrics, 38(4): 409.

Saxena A, Celaya J, Saha B, et al., 2010. Metrics for offline evaluation of prognostic performance[J]. International Journal of Prognostics and Health Management, 1(1): 4 – 23.

Sherif Y S, Smith M L, 1981. Optimal maintenance models for systems subject to failure—a review[J]. Naval Research Logistics Quarterly, 28(1): 47 – 74.

Sikorska J Z, Hodkiewicz M, Ma L, 2011. Prognostic modelling options for remaining useful life estimation by industry[J]. Mechanical System and Signal Processing, 25(5): 1803 – 1836.

Simon D L, Garg S, Venti M, 2004. Propulsion control and health management (PCHM) technology for flight test on the C – 17 T – 1 Aircraft[R]. Cleveland: NASA Glenn Research Center, NASA /TM – 2004 – 21330.

Tian Z, Wong R, Safaei R, 2010. A neural network approach for remaining useful life prediction utilizing both failure and suspension histories[J]. Mechanical Systems and Signal Processing, 24(5): 1542 – 1555.

Vachtsevanos G, Lewis F, Roemer M, et al., 2006. Intelligent fault diagnosis and prognosis for engineering systems [M]. New York: John Wiley and Sons.

Valdez-Flores C, Feldman R M, 1989. A survey of preventive maintenance models for stochastically deteriorating single—unit systems[J]. Naval Research Logistics, 36

(4): 419 - 446.

van Dijkhuizen G, van Harten A, 1997. Optimal clustering of repetitive frequency-constrained maintenance jobs with shared setups [J]. European Journal of Operational Research, 99(3): 552 - 564.

Vapnik V N, Lerner A Y, 1963. Recognition of patterns with help of generalized portraits[J]. Avtomatika i Telemekhanika, 24(6): 774 - 780.

Vittal S, Hajela P, Joshi A, 2004. Review of approached to gas turbine life management [C]. AIAA/ISSMO Multidisciplinary Analysis and Optimization Conference, New York.

Volponi A, Simon D L, 2008. Enhanced self tuning on-board real-time model (eSTORM) for aircraft engine performance health tracking[R]. East Hartford: Pratt and Whitney Group.

Volponi A J, Depold H, Ganguli R, et al., 2013. The use of Kalman filter and neural network methodologies in gas turbine performance diagnostics, engineering for gas turbines and power[J]. Journal of Engineering for Gas Turbines and Power, 125 (4): 917 - 924.

Wang S S, Wang W M, Shi Y Q, et al., 2011. Gas turbine condition monitoring and prognosis: a review[J]. Advanced Engineering Forum(2 - 3): 694 - 699.

Wang W, 2007. An adaptive predictor for dynamic system forecasting [J]. Mechanical System and Signal Processing, 21(2): 809 - 823.

Wang X, Chen X, 2014. A support vector method for modeling civil aircraft fuel consumption with ROC optimization[C], 2014 Enterprise Systems Conference, Shanghai.

Wilson J G, Benmerzouga A, 1990. Optimal m-failure policies with random repair time [J]. Operations Research Letters, 9(3): 203 - 209.

Wilson J G, Benmerzouga A, Anderson C K, 2008. Group maintenance policies[M]. New York: John Wiley and Sons.

Xue F, Bonissone P, Varma A, et al., 2008. An instance-based method for remaining useful life estimation for aircraft engines [J]. Journal of Failure Analysis and Prevention, 8(2): 199 - 206.

You C X, Huang J Q, Lu F, 2014. Recursive reduced kernel based extreme learning machine for aero-engine fault pattern recognition [J]. Neurocomputing (214): 1038 - 1045.

Zedda M, Singh R, 1998. Fault diagnosis of a turbofan engine using neural networks-a quantitative approach [C]. 34th AIAA/ASME/SAE/ASEE Joint Propulsion

Conference and Exhibit, Cleveland.

Zedda M, Singh R, 2002. Gas turbine engine and sensor fault diagnosis using optimization techniques[J]. Journal of Propulsion and Power, 18(5): 1019 - 1025.

Zhou H W, Huang J Q, Lu F, 2017. Reduced kernel recursive least squares algorithm for aero-engine degradation prediction [J]. Mechanical System and Signal Processing(95): 446 - 467.

Zio E, Maio F D, 2010. A data-driven fuzzy approach for predicting the remaining useful life in dynamic failure scenarios of a nuclear system [J]. Reliability Engineering and System Safety, 95(1): 49 - 57.

Zio E, Peloni G, 2011. Particle filtering prognostic estimation of the remaining useful life of nonlinear components[J]. Reliability Engineering and System Safety, 96 (3): 403 - 409.